基于“职业教育改革方案”和“提质培优”下的服装设计与工艺专业建设系列教材

服装立体裁剪

主编　赵金娜　于学敏　郑华玉
参编　尹世芳　马晓东　刘贵超

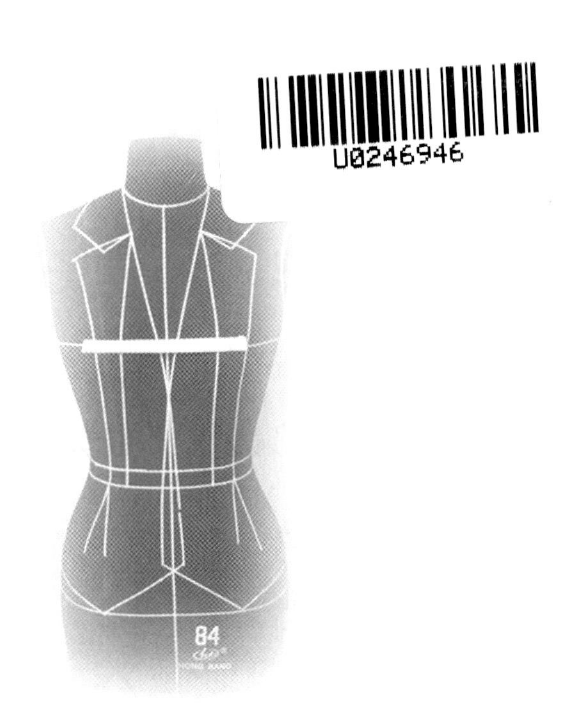

合肥工业大学出版社

图书在版编目(CIP)数据

服装立体裁剪/赵金娜,于学敏,郑华玉主编．—合肥:合肥工业大学出版社,2023.6
ISBN 978-7-5650-6077-9

Ⅰ.①服… Ⅱ.①赵… ②于… ③郑… Ⅲ.①立体裁剪 Ⅳ.①TS941.631

中国版本图书馆 CIP 数据核字(2022)第 175773 号

服装立体裁剪

主编 赵金娜 于学敏 郑华玉　　责任编辑 毕光跃　　责任印制 程玉平

出 版	合肥工业大学出版社	版 次	2023 年 6 月第 1 版
地 址	合肥市屯溪路 193 号	印 次	2023 年 6 月第 1 次印刷
邮 编	230009	开 本	787 毫米×1092 毫米 1/16
电 话	理工图书出版中心:0551-62903204	印 张	11.25
	营销与储运管理中心:0551-62903198	字 数	257 千字
网 址	press.hfut.edu.cn	印 刷	安徽联众印刷有限公司
E-mail	hfutpress@163.com	发 行	全国新华书店

ISBN 978-7-5650-6077-9　　定价:33.00 元

前　言

在过去的社会中，人们对服装的要求更多趋于实用性与功能性。随着人类文明的进步、科学技术的发展和物质水平的提高，服装的精神性已越趋明显。它不仅是一种物质现象，而且包含着丰富的文化内涵。随着服装学科研究的不断深入和国际交流的广泛开展，服装产业的背景发生了巨大变化，服装企业对设计师的要求日益提高，这也对职业教育服装专业教学提出了新的挑战。

服装立体裁剪是在人体或人体模型上直接进行服装三维立体设计。服装立体裁剪能解决平面结构设计难以解决的不对称、多皱褶的复杂造型，便于加深对平面结构设计理论的理解，充分达到技术美与艺术美的高度统一。

随着经济的发展与社会的进步，人们的衣着打扮已不断趋向多样化与个性化。特别是高级成衣及时装等更呈现出风格各异、样式时尚、结构多变的特点。有鉴于此，通过研究立体裁剪的方法来快捷而又合理地获得优美的服装造型与板型，以表达设计师所追求的独特的着装风貌，已越来越得到人们的重视。要体现多样化的服装立体形态所呈现的着装风貌，就必须研究和掌握与其相依托的立体裁剪方法。

服装作为技术与艺术结合的产物，日益成为人们美化身体、展现个性、体现审美情趣的重要载体。服装立体裁剪作为服装结构设计的重要技术，是将面料在人体或人体模型上直接塑型、裁剪，并最终获得平面样板。从设计到成衣等环节对充分表达服饰的外形美及结构美产生了重要影响。因此，在服装立体裁剪教学中，不仅要教会学生裁剪的技巧，而且应渗透美的教育理念，加强学生审美能力的培养，以适应服装艺术专业教学的需求。

由于作者的水平有限，书中难免存在疏漏之处，敬请广大读者批评、指正。

编　者

2023 年 5 月

目　录

绪论　立体裁剪概述

1. 立体裁剪的概念

立体裁剪是不同于平面剪裁的一种裁剪方法，是完成服装款式造型的重要方法之一。它的操作方法是将布料直接覆盖在人台或者人体上，通过分割、折叠、抽缩、拉展等技术手法制成预先构思好的服装造型，裁剪后从人台或者人体上取下裁好的布样再平面修正，并且转换得到更加精确、得体的纸样，再制成服装的技术手法。

2. 立体裁剪的起源与发展

立体裁剪的起源悠久，在远古时代，我们的祖先为防御寒冷，将树叶或者兽皮连在一起，在人体上比画求得大致得体的效果，并加以分割、固定，形成服装，这便产生了原始的裁剪技术，也便形成了立体裁剪的雏形，如图 0－1 所示。

图 0－1　用树叶或者兽皮制作的衣服

随着时代的进步和科技的发展，经过多年的总结与归纳，人类逐渐掌握了简单的数据运算和图形绘制，于是产生了平面裁剪技术。追溯历史，服装经历了漫长的演变，十三世纪的欧洲，服装开始注意和谐的整体效果，表现为三维造型。在十五世纪的哥特式时期，耸胸、卡腰、蓬松的裙身，标志着立体造型兴起，如图 0－2 所示。十八世纪，洛可可式服装风格确立，强调三围的差别，注重立体效果的服装造型，裙子装饰着层层的花边、缎带及蝴蝶结，如图0－3所示。文艺复兴后，立体裁剪技术有了很大的发展。

图 0－2　哥特式时期的服饰

图 0－3　洛可可式服饰

真正运用立体裁剪作为生产设计灵感手段的是二十世纪二十年代的设计大师、“斜裁女王”玛德琳·维奥内特（Madeleine Vionnet，见图 0－4），她认为“利用人体模型进行立体裁剪造型是设计服装的唯一途径”，并在设计的基础上首创了斜裁法，使服装进入了一个新的领域，打破了平面裁剪上用直纱、横纱的风格。她的设计强调女性的自然身体曲线，反对紧身衣等填充、雕塑女性身体轮廓的方式。在她的影响下，成长了一代又一代的新生设计师，如三宅一生、让·保罗·戈蒂埃、约翰·加利亚诺等。

图 0－4　玛德琳·维奥内特

我国服装裁剪一直以来都是以平面裁剪为主，并逐渐形成了适合亚洲人特色的较为完整的平面裁剪理论体系。随着现代服饰文化与服装工业的发展、世界各种文化的大交融，服装产品进入了个性化时代，人们对服装款式、制作、个性化的要求也在不断提高，对服装设计与裁剪技术也提出了更高的要求。我国引入立体裁剪的时间较短，但发展迅猛。在二十世纪八十年代，由部分高校率先将立体裁剪技术引入教学课程内容，并且作为一门新的课程逐渐在全国服装专业课程中普及开来，现已成为服装专业学生重要的必修课。

3. 立体裁剪与平面裁剪的比较

平面裁剪就是根据服装款式造型，以及人体的身体测量数据，利用数据公式进行合理制图，得出服装款式样板。平面裁剪的尺寸较为固定，松量设定，比例分配较为合理，具有较强的操作性和可行性，它是总结实践经验后的理论升华。

立体裁剪直接以人台或人体为中心进行服装造型的塑照，在制作过程中就能显现出服装的造型效果，以便制作者及时观察、修改，同时有利于服装初学者对服装各部位的省、褶、裥以及归、拔、推等工艺手段处理的理解。立体裁剪可以解决平面裁剪中难以解决的问题（如布料厚薄的估算、悬垂程度、皱褶量的大小等）、有助于对平面裁剪的理解，是确定各种平面裁剪方法的依据。立体裁剪也存在用料大、费时等问题。

4. 立体裁剪的工作步骤

立体裁剪的工作步骤包括：①款式确定，款式分析；②款式分解；③粘贴款式标识线；④坯布准备，整理；⑤初步造型；⑥造型确认，标点描线；⑦整理坯布，假缝试样；⑧样板调整。

5. 基础工具的介绍

下列是服装立体裁剪的基础工具介绍，分析立体裁剪制作过程中所涉及的工具及使用方法。

1）剪刀（见图0－5）。应使用服装专业的裁布剪刀，多采用9＃或10＃剪刀。

2）针包（见图0－6）。在针包上插上别针，佩戴在手腕上，立体裁剪操作时方便取针，随取随用。

图0－5　剪刀

图0－6　针包

3）熨斗（见图0－7）。立体裁剪中熨烫、整理布片，定型裁片，以蒸汽熨斗为佳。

4）软尺（见图0－8）。测量相关部位的长度或弧线长等。

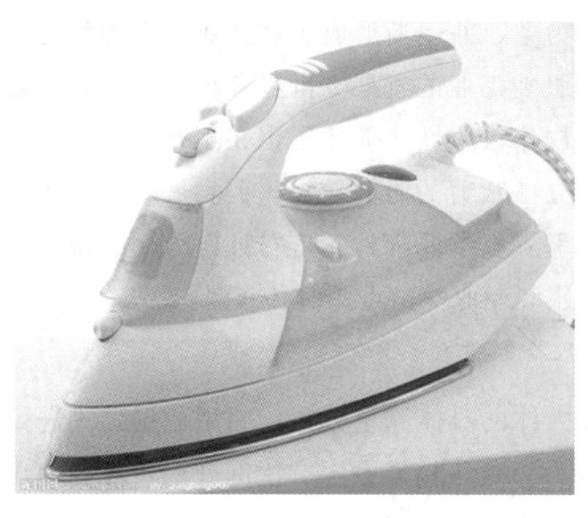

图 0-7　熨斗

图 0-8　软尺

5）放码尺（见图 0-9）。用于裁片的轮廓划线、调整，放缝份等。

6）袖窿尺（见图 0-10）。用于绘制弧线部分，如衣片中的袖窿弧线、袖山弧线等。

图 0-9　放码尺

图 0-10　袖窿尺

7）滚轮（见图 0-11）。滚轮也称点线器，用于拷贝布样的轮廓线，并将其描绘到样板纸上。

8）铅笔（见图 0-12）。绘制时使用，多用 2B 铅笔。

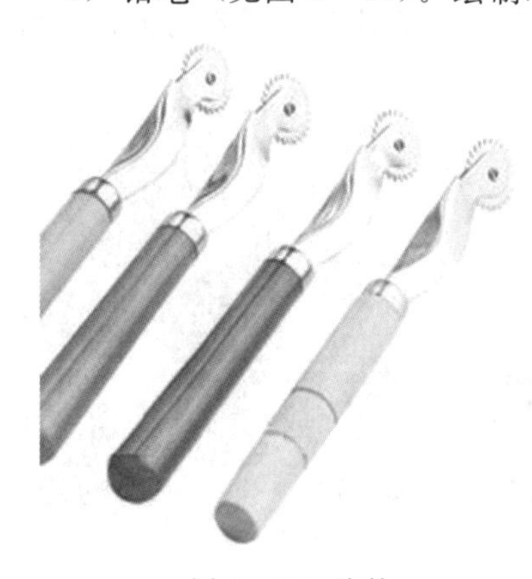

图 0-11　滚轮

图 0-12　铅笔

9）画粉（见图 0-13）。用于在布样上做标记。

10）剪口钳（见图 0-14）。多用于在纸样的对应部位打剪口，起对位的作用。

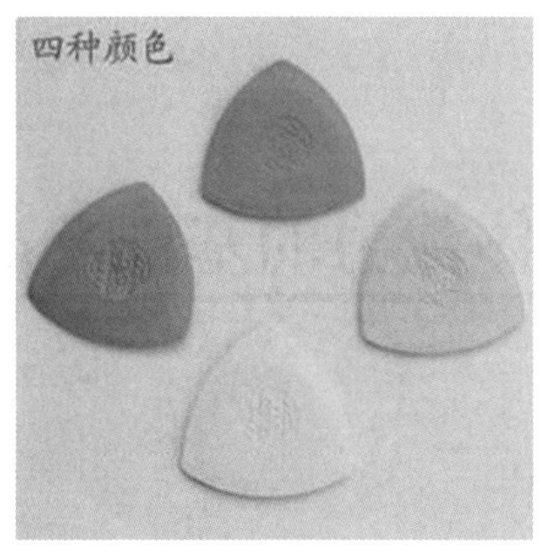

图 0－13　画粉

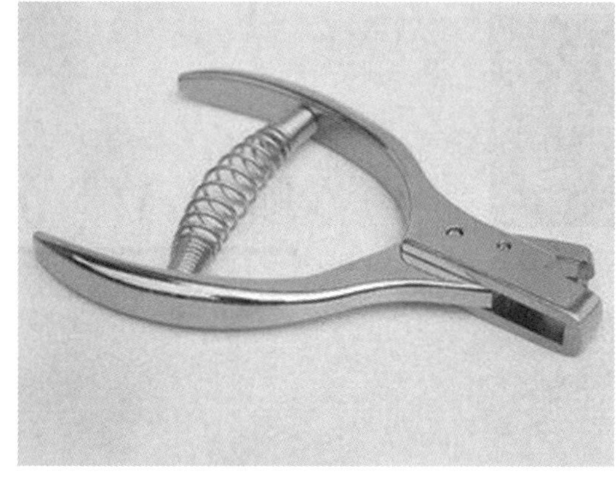

图 0－14　剪口钳

11）别针（见图 0－15）。用于布片间或布片与人台的固定，立裁的专业针有很多。

12）手缝针（见图 0－16）。用于衣片的临时固定或假缝。

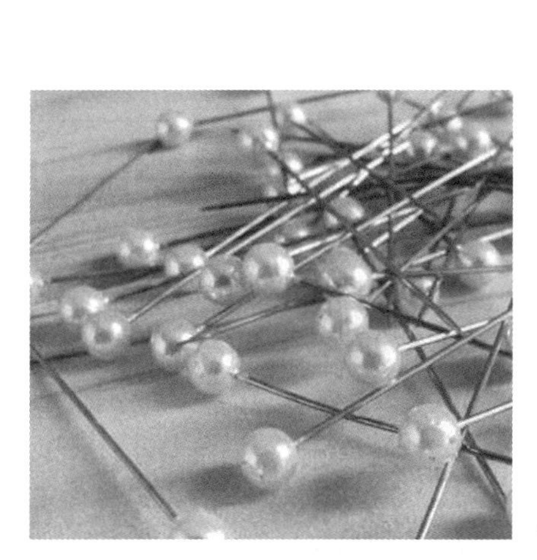

图 0－15　别针

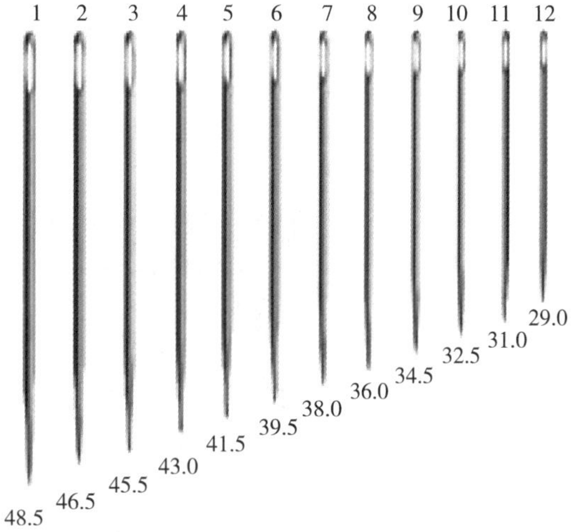

1 2 3 4 5 6 7 8 9 10 11 12

48.5 46.5 45.5 43.0 41.5 39.5 38.0 36.0 34.5 32.5 31.0 29.0

图 0－16　手缝针

13）标识线（见图 0－17）。粘贴在人台上的基准线和款式造型线上，一般可用 0.3～0.5cm 宽的美纹纸。由于颜色众多，建议挑选与人台对比鲜明的颜色。

图 0－17　标识线

思考与练习

1. 你还见过哪些立体裁剪的工具？
2. 你知道如何使用这些立体裁剪工具吗？

项目1　立体裁剪的基础及准备

任务一　立体裁剪插针包的制作

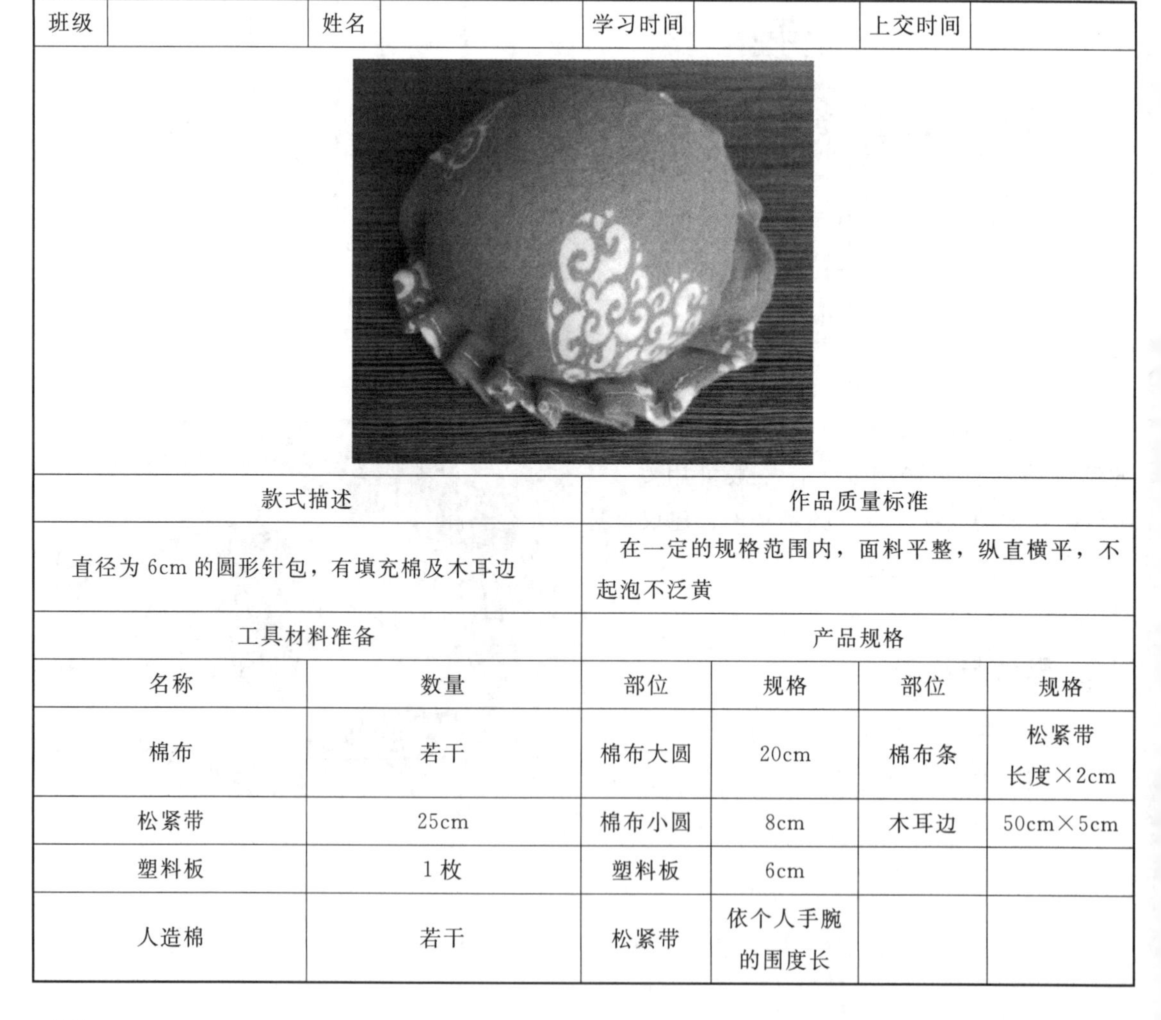

<table>
<tr><td>班级</td><td></td><td>姓名</td><td></td><td>学习时间</td><td></td><td>上交时间</td><td></td></tr>
<tr><td colspan="8"></td></tr>
<tr><td colspan="4">款式描述</td><td colspan="4">作品质量标准</td></tr>
<tr><td colspan="4">直径为6cm的圆形针包，有填充棉及木耳边</td><td colspan="4">在一定的规格范围内，面料平整，纵直横平，不起泡不泛黄</td></tr>
<tr><td colspan="4">工具材料准备</td><td colspan="4">产品规格</td></tr>
<tr><td colspan="2">名称</td><td colspan="2">数量</td><td>部位</td><td>规格</td><td>部位</td><td>规格</td></tr>
<tr><td colspan="2">棉布</td><td colspan="2">若干</td><td>棉布大圆</td><td>20cm</td><td>棉布条</td><td>松紧带长度×2cm</td></tr>
<tr><td colspan="2">松紧带</td><td colspan="2">25cm</td><td>棉布小圆</td><td>8cm</td><td>木耳边</td><td>50cm×5cm</td></tr>
<tr><td colspan="2">塑料板</td><td colspan="2">1枚</td><td>塑料板</td><td>6cm</td><td></td><td></td></tr>
<tr><td colspan="2">人造棉</td><td colspan="2">若干</td><td>松紧带</td><td>依个人手腕的围度长</td><td></td><td></td></tr>
</table>

一、任务与操作技术要求

插针包是立裁实训课程的基础工具之一。本任务主要是通过针线的缝合制作一个插针包，以便立体裁剪操作时使用和放置插针。

插针包在制作过程中松紧的固定容易出现脱针、脱线现象，在填充棉的过程中也容易使包体不够圆润、饱满等。所以在制作过程中要求面料包裹塑料板紧贴，不松垮；包体填充棉要充分，捏合圆润；松紧带的长度符合个人手腕的围度长，松紧适宜；用暗针固定包体和塑料板上的面料时，要充分，不露线、不掉棉。

二、插针包简介

插针包是服装立体裁剪的实训工具，在立体裁剪中主要是为了方便操作取针，辅助完成立裁的款式制作。

插针包由半球体、塑料板、松紧带、人造棉等构成，形成一个类似于半圆的蘑菇造型。

三、制作过程介绍

1. 准备工作

1）材料：布、塑料板、棉花、松紧带等。

2）工具：手缝针、线等。

2. 制作过程

1）材料准备，如图1-1所示。

2）在布边处用手工针沿小圆盘边缘密针缝纫，抽缩，如图1-2所示。

3）抽紧小圆盘面料上的缝线，将硬底板包于其中，缝线穿插固定，如图1-3所示。

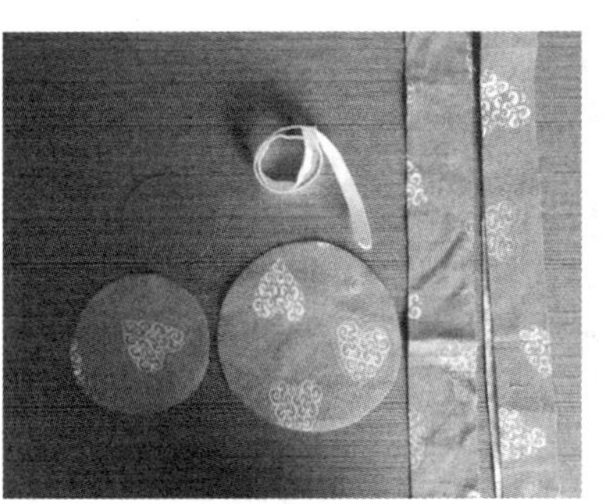

图1-1　材料准备

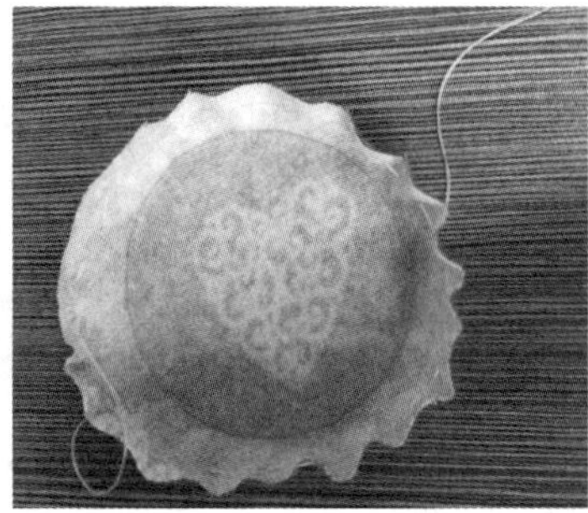

图1-2　缝纫，抽缩

图1-3　将硬底板包于其中，缝线穿插固定

4）选取匹配腕围长度的橡皮筋，将橡皮筋包布反面缝合，翻至正面，橡皮筋穿于其中，两头固定，如图1-4所示。

5）将橡皮筋两端缝合于针插底板，如图1-5所示。

6）将花边均匀缝合于针插底板边缘，如图1-6所示。

7）将大圆片面料边缘密针缝纫，抽缩，塞入填充棉，整理成半球状，如图1-7所示。

8）沿针插底板边缘以暗针针法紧密缝合针插球身与底板，针插包制作完成，如图 1-8 所示。

图 1-4　将橡皮筋包布反面缝合

图 1-5　将橡皮筋两端缝合于针插底板

图 1-6　将花边均匀缝合于针插底板边缘

图 1-7　塞入填充棉，整理成半球状

图 1-8　插针包制作完成

思考与练习

1. 如何确定松紧带的长度？
2. 你还见过哪些样式的插针包？
3. 你能试着做做看吗？

任务二　立体裁剪人台的贴线

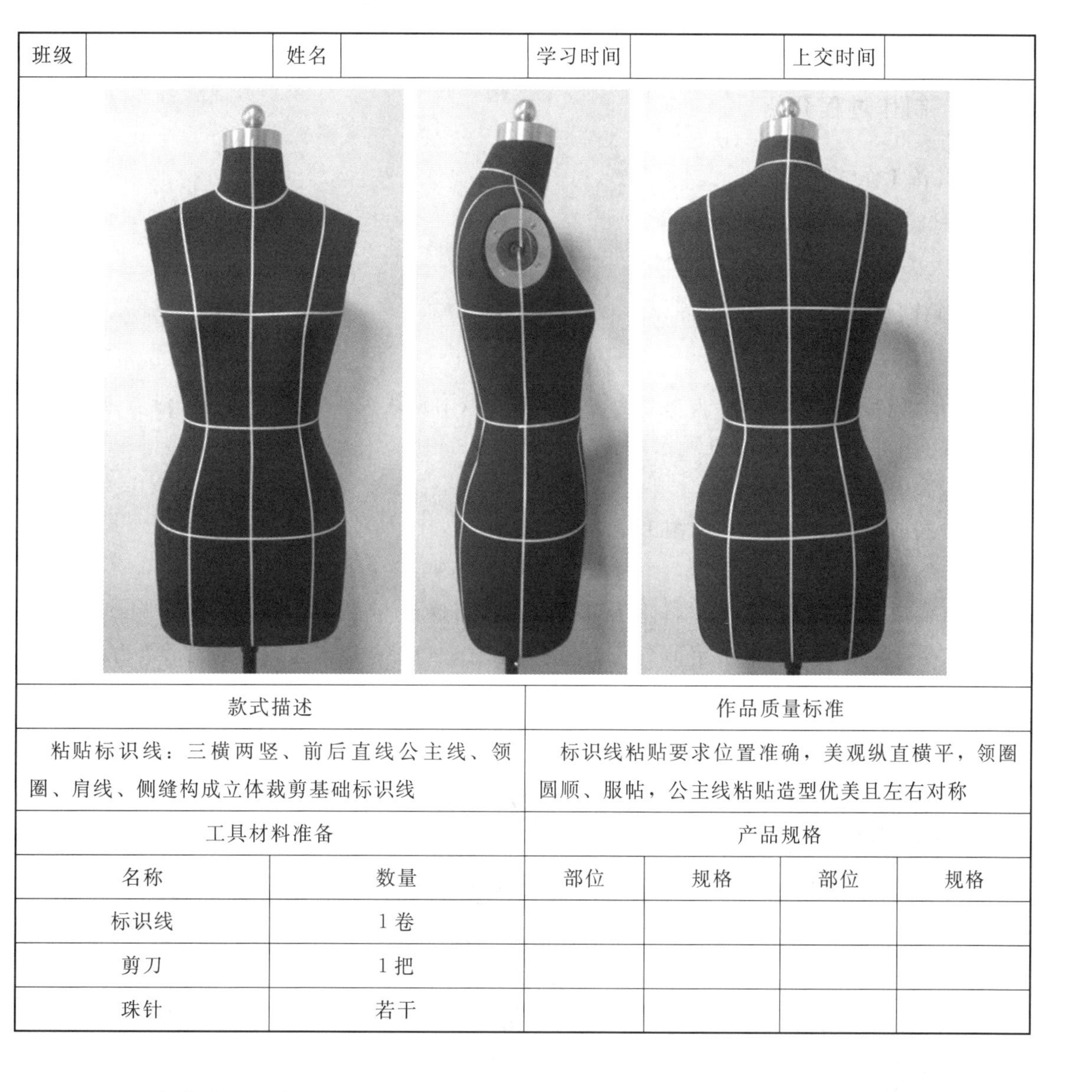

班级		姓名		学习时间		上交时间	

款式描述	作品质量标准
粘贴标识线：三横两竖、前后直线公主线、领圈、肩线、侧缝构成立体裁剪基础标识线	标识线粘贴要求位置准确，美观纵直横平，领圈圆顺、服帖，公主线粘贴造型优美且左右对称

工具材料准备		产品规格			
名称	数量	部位	规格	部位	规格
标识线	1卷				
剪刀	1把				
珠针	若干				

一、任务与操作技术要求

人台标识线分基础标识线和造型标识线，本任务是学习基础标识线的粘贴，是与人台的颜色区别较大的标识线在人台上的粘贴。标识线在人台上的粘贴是标记人体体型的特征位置及重要的结构位置。

人台标识线的粘贴是服装立体裁剪的基础部分，属于准备阶段。人台标识线是服装立体裁剪的“尺子”，标识线粘贴的准确性直接影响服装的塑型效果，为服装与人体的准确对位裁剪和规范化的立体操作，以及纸样获取提供保证。因此粘贴一定要准确、造型优美。

二、服装立体裁剪人台基础标识线的粘贴简介

立体裁剪基础标识线由三横两竖（前后中心线、胸围线、腰围线、臀围线）、前后直线公主线、领圈、肩线、侧缝线构成。要求标识线粘贴的位置准确、美观，线条纵直横平，领圈圆顺、服帖，公主线粘贴造型优美且左右对称。

三、制作过程介绍

1. 准备工作

1）标识线一卷。

2）大头针、剪刀等。

2. 制作过程

（1）前中心线

拿一条细绳，在细绳的一头系上重物，在前颈点附近用大头针固定细绳，沿着细绳平行贴出作为前中心线，如图 1－9 所示。

（2）后中心线

方法同前中心线的粘贴，如图 1－10 所示。

（3）粘贴胸围线

将人台放置在平面物体上，将隐形笔固定在人台底盘（见图 1－11）。确定胸高点（BP 点）的位置，将人台底盘调节至 BP 点的高度（见图 1－12）；以人台底盘的隐形笔为中心统

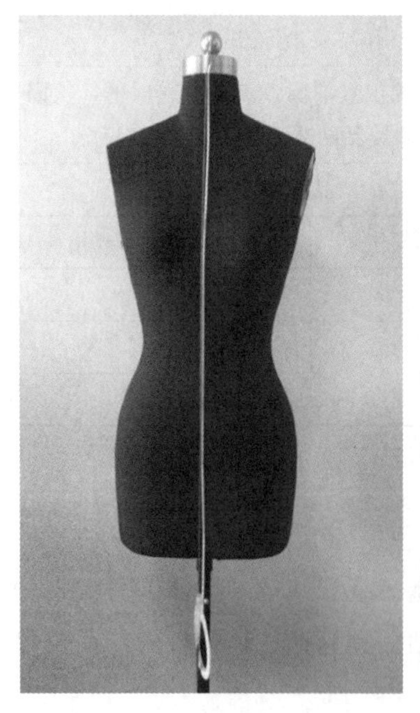

图 1－9　前中心线

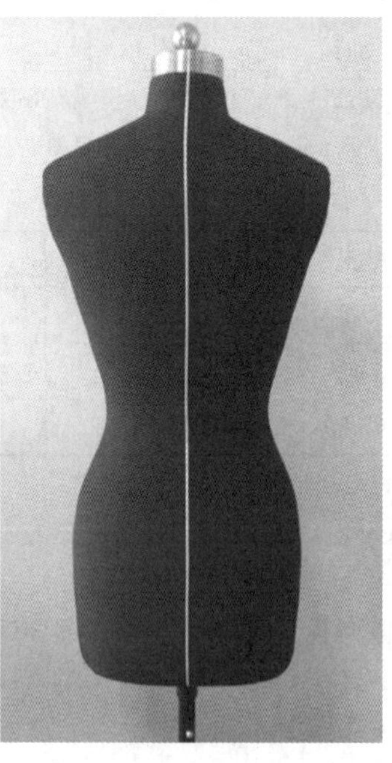

图 1－10　后中心线

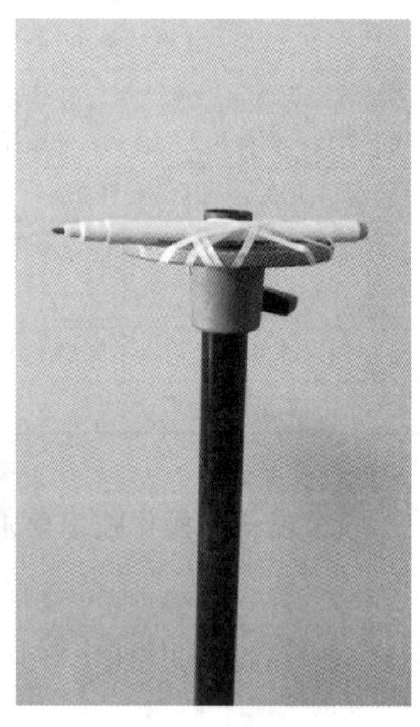

图 1－11　将隐形笔固定在人台底盘

一高度旋转，使隐形笔点影绘制在人台相应的位置上（见图 1－13）；依据人台上的笔迹粘贴胸围线，根据胸围点影贴出胸围线（见图 1－14）。从胸围线向下 16cm 左右在人台最细处确定腰围线（见图 1－15）；同胸围线点影的方法，在人台腰围部统一高度的位置并旋转点影，根据点影贴出腰围线（见图 1－16）。

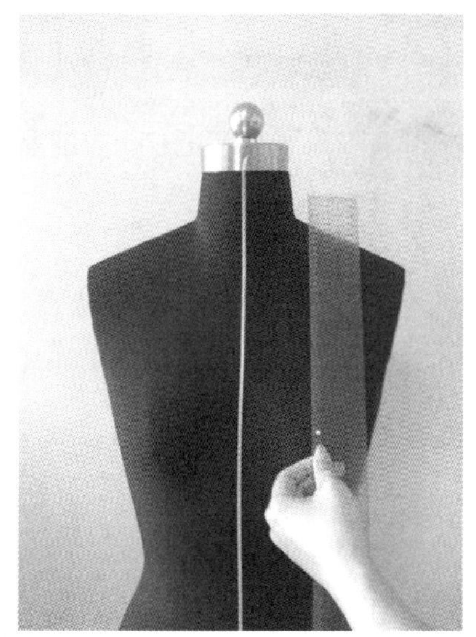

图 1－12　确定 BP 点的位置

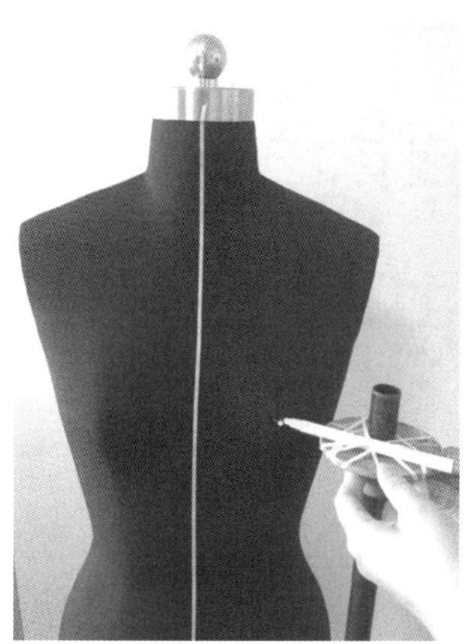

图 1－13　隐形笔点影绘制在人台相应的位置上

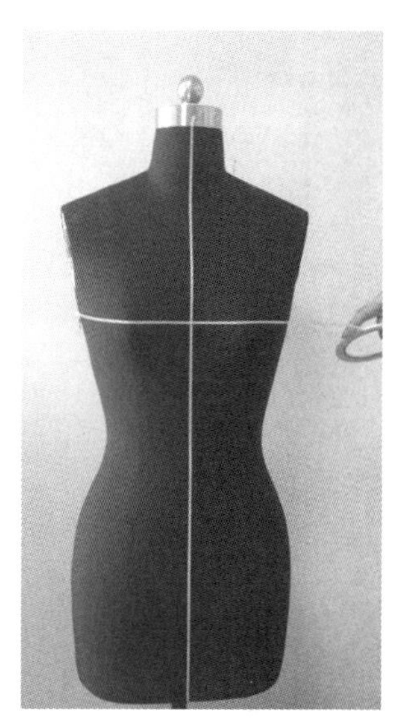

图 1－14　贴出胸围线

（4）粘贴臀围线

腰围线向下 17～18cm，确定臀围线的位置（见图 1－17）；同胸围线点影的方法，在统一高度点影，依据臀围线点影，贴出臀围线（见图 1－18）。

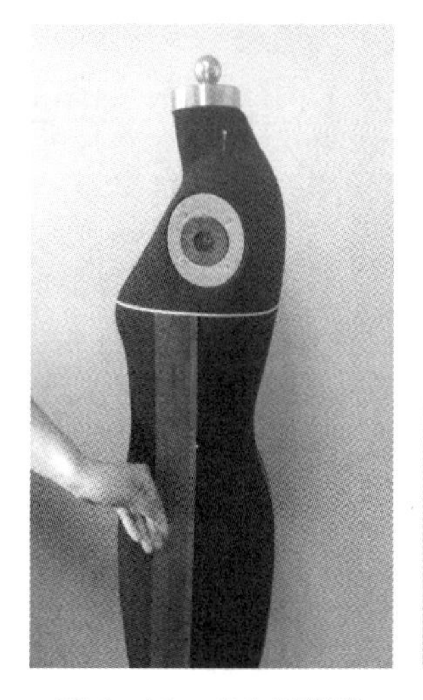

图 1－15　确定腰围线

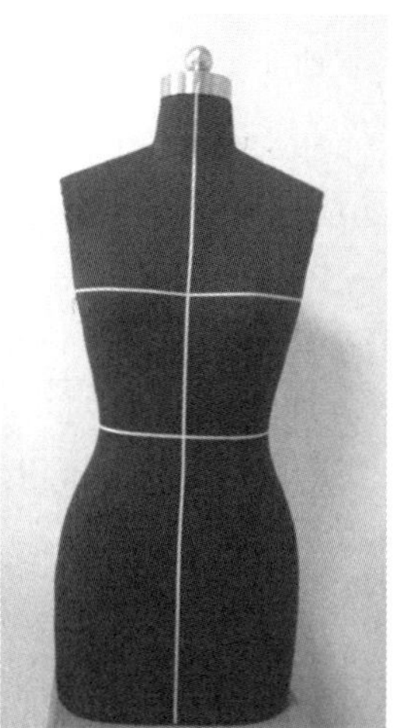

图 1－16　贴出腰围线

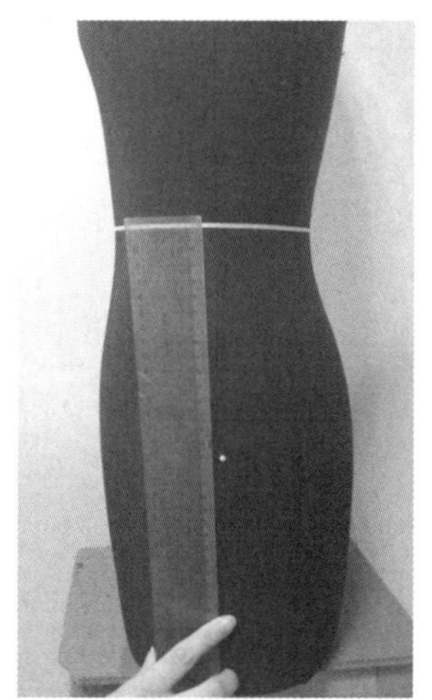

图 1－17　确定臀围线的位置

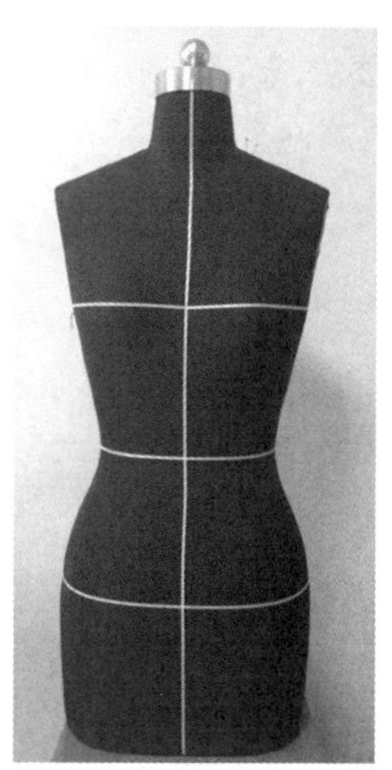

图 1－18　贴出臀围线

（5）粘贴领围线

依据人台领围处线迹贴出领围线（见图 1－19），要求弧线光滑、顺畅。

（6）粘贴肩线

沿人台肩线贴出肩线，如图 1－20 所示。

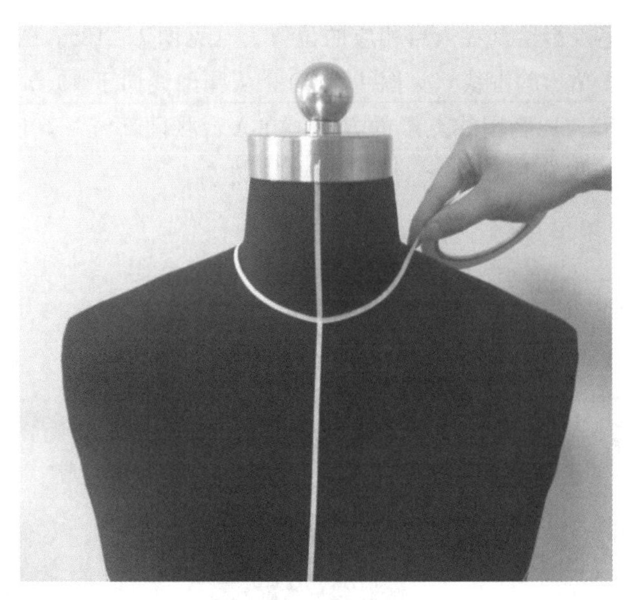

图 1－19　贴出领围线

（7）粘贴侧缝线

人台侧缝线（近 1/2 前后胸围，向后 1～2cm）粘贴侧缝线，如图 1－21 所示。

（8）粘贴左侧公主线

确定肩线 1/2 的位置为起点，经 BP 点，左侧前腰围线 1/2 处，沿着标记点，粘出前公主线，公主线垂直于下摆，如图 1－22 所示。

（9）粘贴右侧公主线

以前中心线为对称轴点影，依据标记点粘贴右侧公主线；粘贴标识线，调整公主线线条，要求线条顺畅，造型优美、左右对称，如图 1－23 所示。

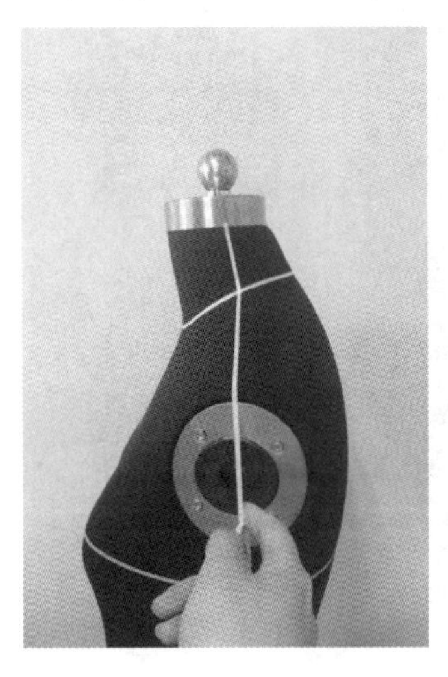

图 1－20
贴出肩线

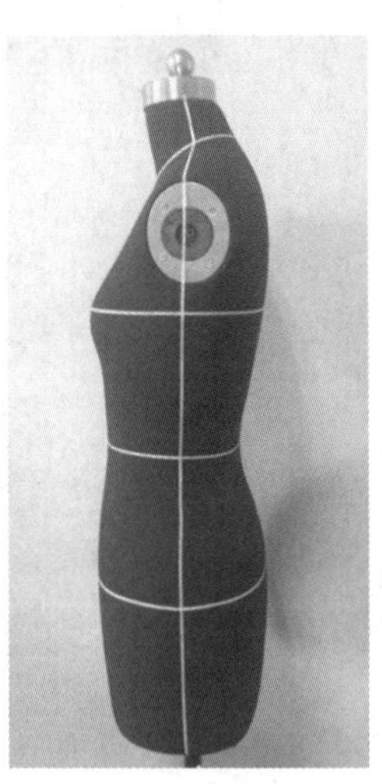

图 1－21
粘贴侧缝线

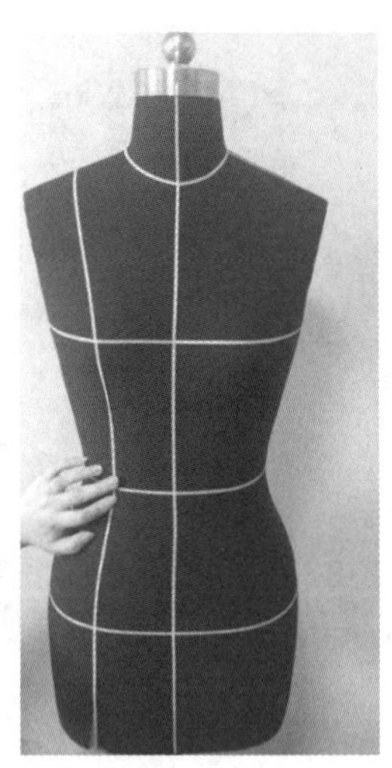

图 1－22
粘贴左侧公主线

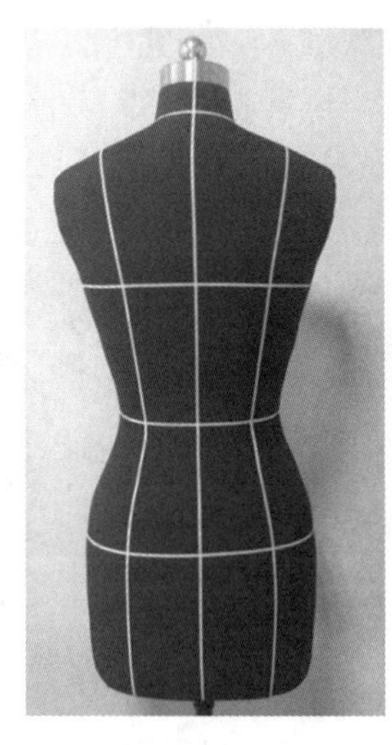

图 1－23
粘贴右侧公主线

（10）调整试样，完成整体造型

整理坯布，调整试样，完成整体造型，如图 1－24 所示。

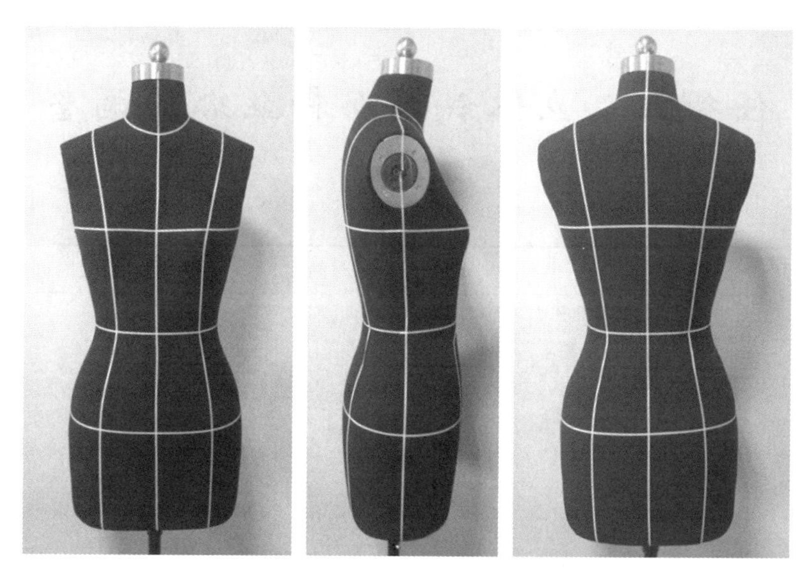

图 1-24　立位裁剪人台贴线的整体造型

思考与练习

1. 标识线的粘贴如何保持纵直横平？
2. 基础标识线与造型线的区别是什么？

任务三　立体裁剪面料丝绺的调整

班级		姓名		学习时间		上交时间	

款式描述	作品质量标准
按规格撕下面料，进行熨烫	在一定的规格范围内，面料平整，纵直横平，不起泡不泛黄

工具材料准备		产品规格			
名称	数量	部位	规格	部位	规格
熨斗	1台	长	50cm		
白坯布	1块	宽	32cm		
珠针	1枚				

一、任务与操作技术要求

本任务是要通过熨斗的加热熨烫使面料纬斜，丝绺纵直横平。通过本任务的学习和技能训练过程，我们要熟悉面料的熨烫知识，掌握熨烫面料的基本方法。

二、立体裁剪面料的整烫简介

立体裁剪面料的整烫是立体裁剪非常重要的基础步骤，不仅决定了产品的平整度，而且会影响产品的效果。

面料在制作时就易出现纬斜，且制作时规格面料是通过整批面料的撕扯取得的，易造成不平整，所以要进行面料丝绺的调整。

立体裁剪面料的整烫首先通过熨斗的整烫，使面料平整。要注意面料熨烫时的温度、湿度和压力的控制。切不可漏水滴在面料上，以免因面料的缩水而引起凹凸不平。

在熨烫面料时要注意手法的掌握，切不可随意、毫无章法。

三、制作过程介绍

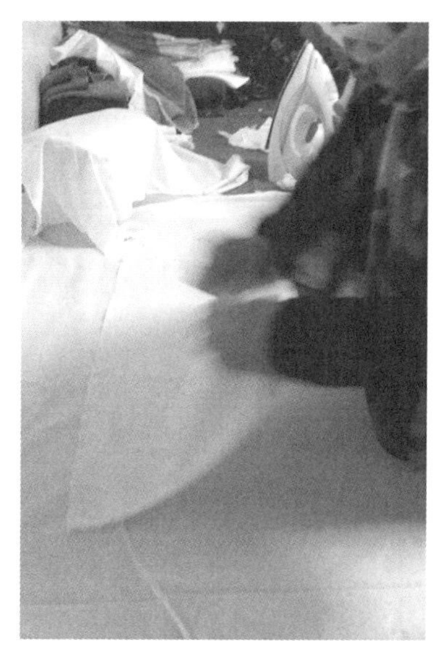
图1-25 取适量面料

1. 准备工作

1）白坯布。白坯布的规格长50cm、宽32cm。

2）工具。熨斗、大头针等。

2. 制作过程

1）取适量面料，如图1-25所示。

2）抽纱。整理面料，挑起经纱（和纬纱）一根抽掉，如图1-26所示。

3）观察面料的纬斜方向，从相反的方向用力拉，调整其纱线的方向，如图1-27所示。

4）将熨斗调节温度至棉，待温度到达后，从面料的中心点开始向面料的四个方向，即垂直着上下、左右进行熨烫，如图1-28所示。不可打圈，也不可斜角拖动面料，以免造成面料丝绺变形。

5）将面料整烫平整，完成熨烫，如图1-29所示。

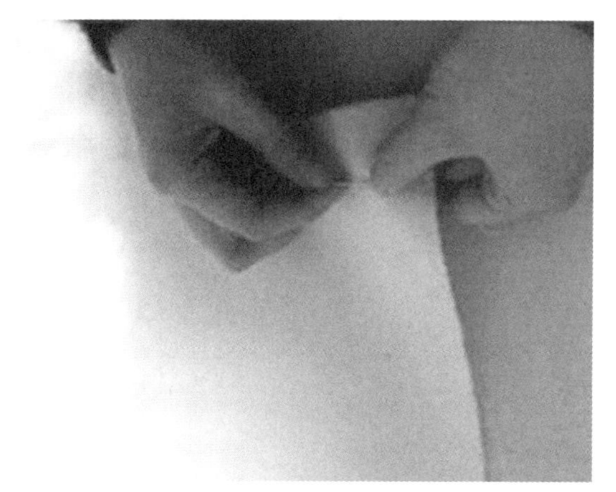
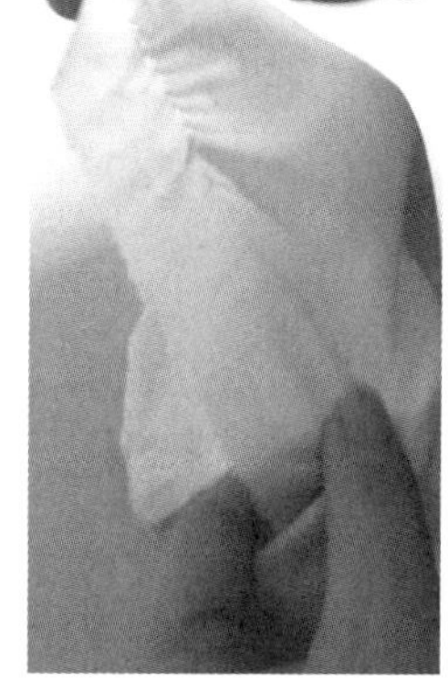
图1-26 抽纱

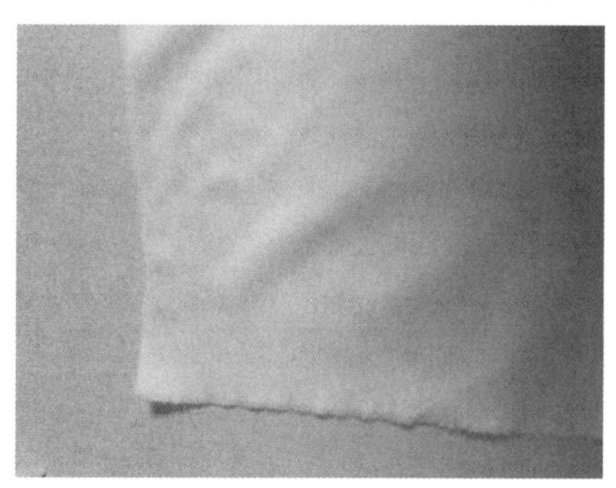
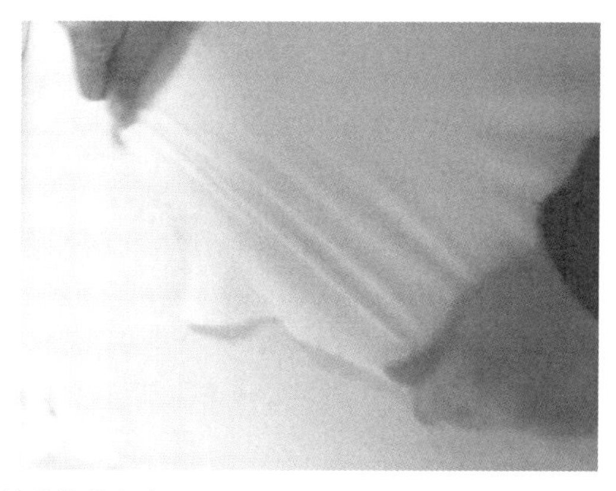
图1-27 调整纱线的方向

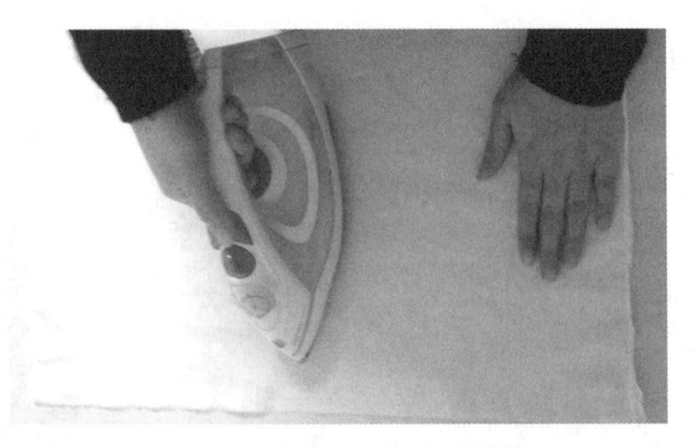

图 1-28　垂直着上下、左右进行熨烫

图 1-29　将面料整烫平整，完成熨烫

思考与练习

1. 试述取料后如何调整纬斜。
2. 挑纱的作用是什么？
3. 试述熨烫时熨斗的使用注意事项。

任务四 立体裁剪基础针练习

<table>
<tr><td>班级</td><td></td><td>姓名</td><td></td><td>学习时间</td><td></td><td>上交时间</td><td></td></tr>
<tr><td colspan="8"></td></tr>
<tr><td colspan="4">款式描述</td><td colspan="4">作品质量标准</td></tr>
<tr><td colspan="4">立裁基础针法介绍</td><td colspan="4">在一定的规格范围内，立裁针排列整齐、美观，方向一致</td></tr>
<tr><td colspan="4">工具材料准备</td><td colspan="4">产品规格</td></tr>
<tr><td colspan="2">名称</td><td colspan="2">数量</td><td>部位</td><td>规格</td><td>部位</td><td>规格</td></tr>
<tr><td colspan="2">人台</td><td colspan="2">1个</td><td>棉布</td><td>50cm ×10cm</td><td></td><td></td></tr>
<tr><td colspan="2">棉布</td><td colspan="2">若干块</td><td></td><td></td><td></td><td></td></tr>
<tr><td colspan="2">立裁针</td><td colspan="2">若干</td><td></td><td></td><td></td><td></td></tr>
</table>

一、任务与操作技术要求

本任务是介绍服装立体裁剪的基础针法。在服装立体裁剪操作中，正确使用大头针非常关键，不仅能促进服装款式造型的准确表达，而且能促进对服装的款式表现。基础针法的使用是在一定的规格范围内，立裁针之间的距离为2～3cm。为了立裁针在服装裁片的表现更加美观，要求立裁针的斜角尽量一致，一般在30°左右；每一立裁针的落针距服装裁片光边处0.2cm左右，落针距服装裁片边缘过内，容易使裁片边起翘，不仅破坏款式造型结构的正确表达，而且容易影响款式的美观度；为了安全用针，防止立裁针尖穿过布片后针尖过多地裸露在款式上，立裁针尖露在布片外大约为0.2cm，因为立裁针裸露过多容易使操作人在操作过程中受到被扎、戳等不必要的伤害。

二、大头针的别针方法简介

大头针的别针方法根据功能性可分为两类：第一类为固定面料坯布与人台的针法，第二类为固定坯布与坯布的针法。

固定面料坯布与人台的针法常用双针交叉针法和单针斜插法，简称双针法和单针法。插针时，针扎入人台时不宜过深，不宜超过针身长度的 1/3，别针的位置要恰当，不宜过多。

使用固定坯布与坯布的针法时，要求大头针的针距均匀，方向一致，针身别插坯布跨度要小，不宜超过针身长度的 1/3。

三、练习过程介绍

1. 准备工作

1）白坯布。白坯布的规格长 50cm、宽 32cm。

2）工具。熨斗、大头针、人台等。

2. 练习过程

（1）单针法

单针法（见图 1-30）是服装立裁操作时最为常见的针法之一，主要是用于将面料固定在人台上。别针时，立裁针的倾斜方向应与坯布的受力方向相反。

（2）双针法

双针法（见图 1-31）是服装立裁操作时最为常见的针法之一，主要是用于将面料固定在人台上或者立裁操作时，某处的松量固定。立裁针在左面的向左扎，立裁针在右面的向右扎，形成交叉形状。

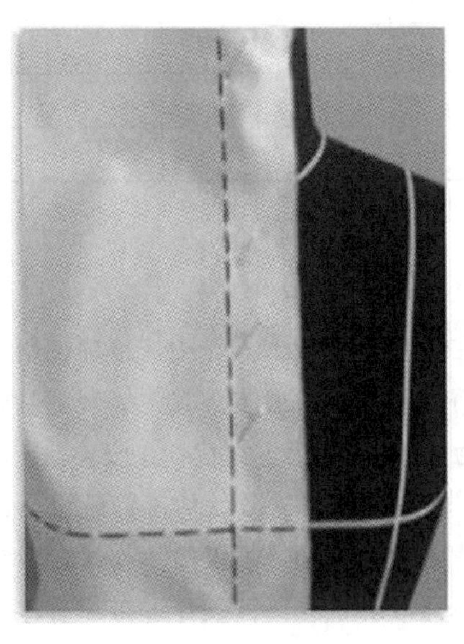

图 1-30　单针法

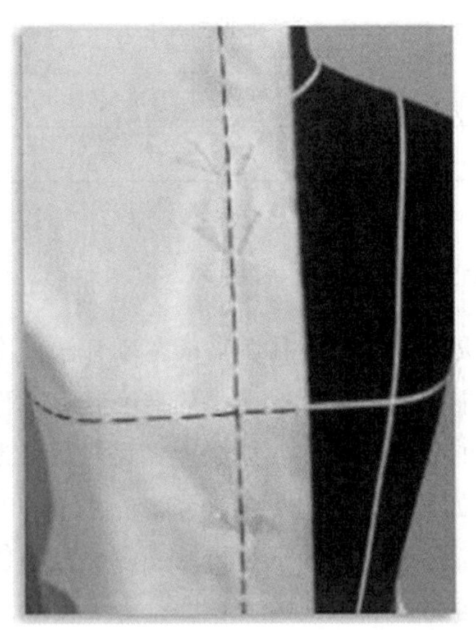

图 1-31　双针法

（3）叠缝别针

叠缝别针（见图 1-32）是服装立裁操作时最为常见的针法之一，主要用于立裁过程中的款式造型和整理。将一块坯布折进一定的缝份压在另一块坯布上，沿上层坯布的边缘止口，用大头针将上、下层坯布固定在一起，一般为三层坯布固定，两根针的间距为 2～3cm。

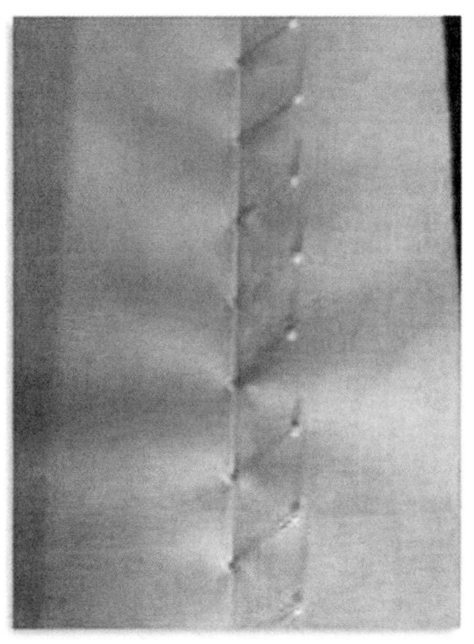
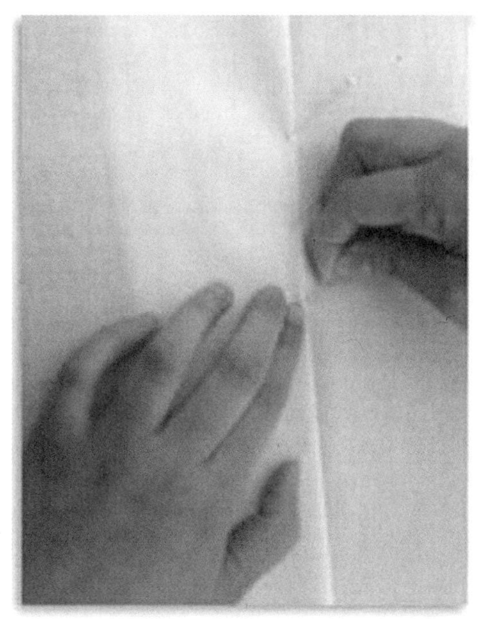

图 1 - 32　叠缝别针

(4) 捏合别针

捏合别针指将两块坯布捏合到一起，并用立裁针固定（见图 1 - 33）。捏合别针多用于样衣在确定造型过程中的固定与调整，如省道、肩缝、侧缝等处的固定与调整。

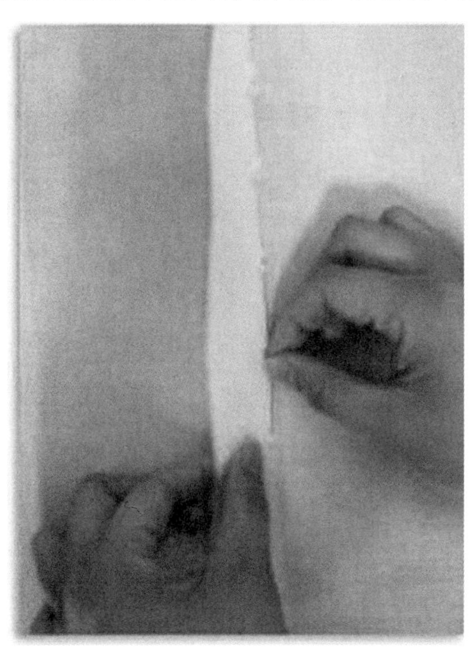
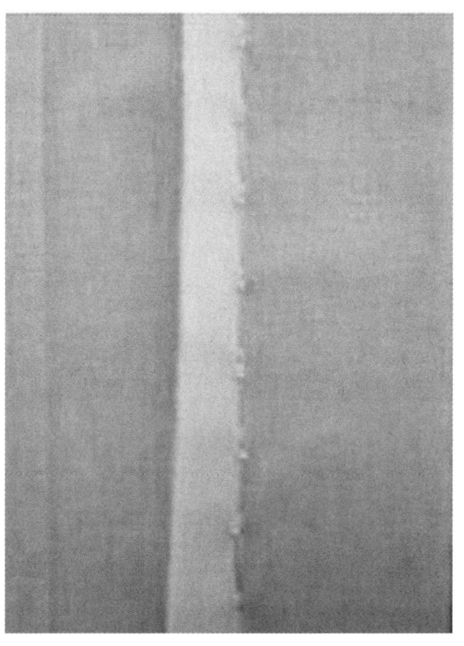

图 1 - 33　捏合别针

(5) 搭缝别针法

搭缝别针法是指将一块坯布搭到另一块坯布上，并固定（见图 1 - 34）。搭缝别针法多用于立体裁剪过程中坯布的扩展与拼接。

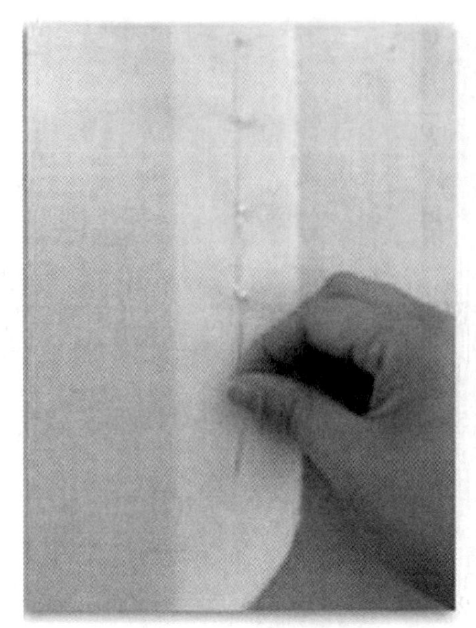
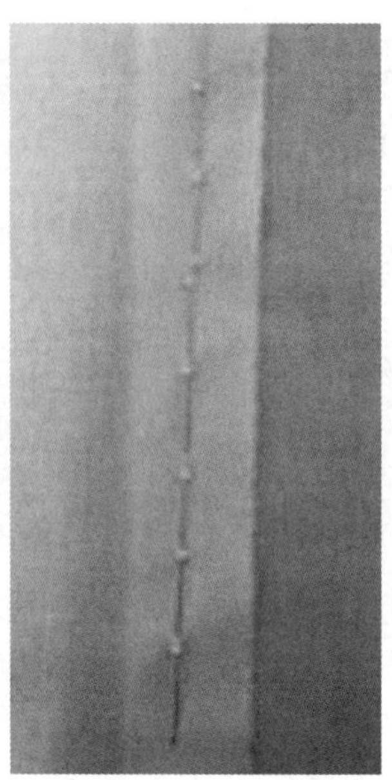

图 1 - 34　搭缝别针法

思考与练习

1. 试述各种立裁针法的作用。
2. 如何正确使用立裁针法?
3. 你还知道哪些立裁针法?

项目2　半身裙的立体裁剪制作

任务一　基础直裙的立体裁剪

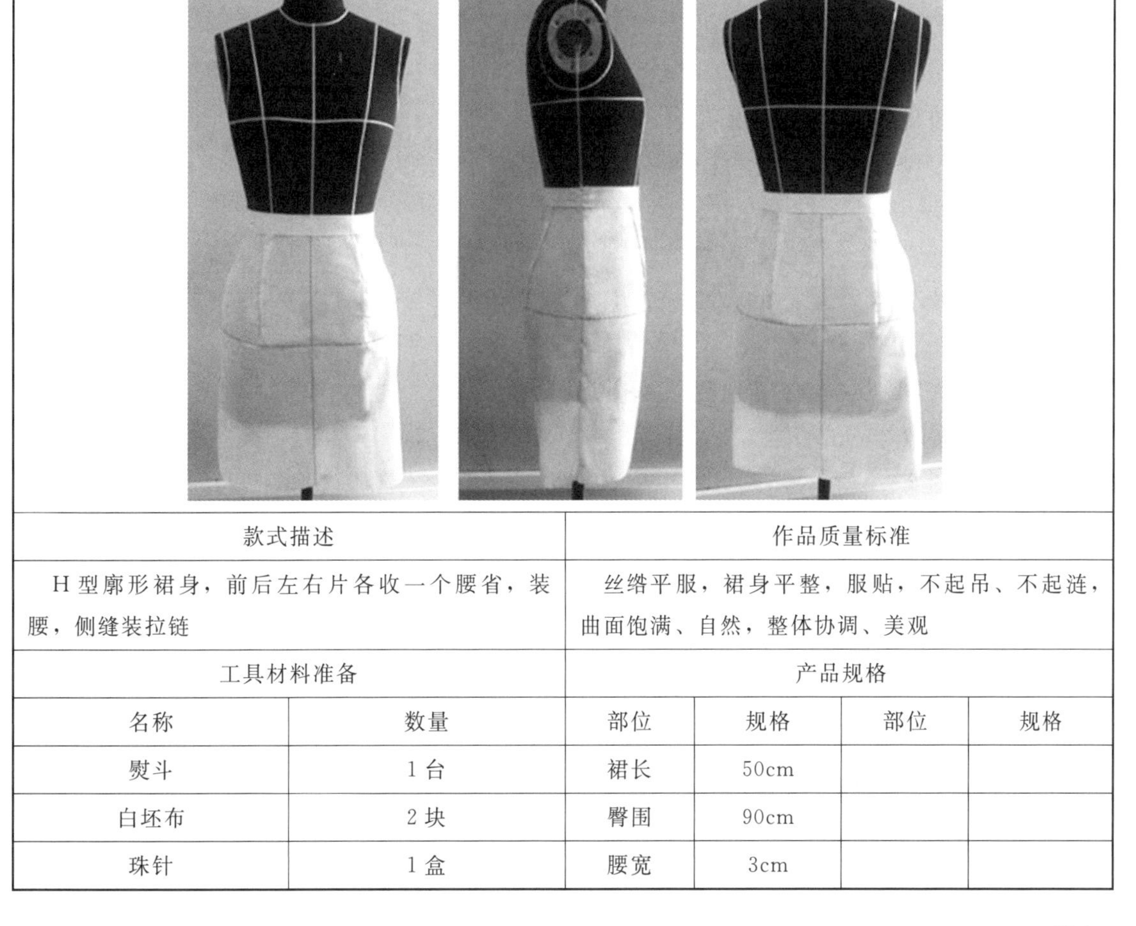

班级		姓名		学习时间		上交时间	

款式描述	作品质量标准
H型廓形裙身，前后左右片各收一个腰省，装腰，侧缝装拉链	丝绺平服，裙身平整，服贴，不起吊、不起涟，曲面饱满、自然，整体协调、美观

工具材料准备		产品规格			
名称	数量	部位	规格	部位	规格
熨斗	1台	裙长	50cm		
白坯布	2块	臀围	90cm		
珠针	1盒	腰宽	3cm		

一、任务与操作技术要求

本任务为基础直身裙的立体裁剪制作，通过制作，完成基础裙装立体裁剪。

本任务的学习至关重要，本款式是接触立体裁剪制作成品的首个项目，学生不仅要熟悉立裁的基础手法，而且要正确运用基础针法，掌握立体裁剪的塑型流程。

基础直裙的制作要求丝绺顺直不起皱、不起涟，前后中心线和臀围线对齐，保持顺直和水平；腰头宽窄一致、无起涟；裙身平服拼接处不起吊；前后腰部收省顺直，省尖自然消失，省大和省长合适，左右省位对称；直裙的腰围和臀围曲面饱满、自然，直裙整体协调、美观。

二、基础直裙的制作简介

基础直裙的制作能够帮助学生更好地理解立体裁剪的制作过程，正确地运用立体裁剪的手法，为今后裙装变化款制作做铺垫。本款基础大身为 H 型，装腰、侧腰装拉链，前后片各收 2 个省。

三、制作过程介绍

1. 准备工作

（1）白坯布估料

基础直裙前片、后片各 1 片。

前片、后片规格：长度＝裙长＋8cm 左右；宽度＝臀围/2＋6cm 左右。

腰头：长度＝腰围＋8cm 左右。

（2）画辅助线

坯布中心线：对应人台中心线，单位规格尺寸内，二等分。

坯布水平线：对应人台臀围线，单位规格尺寸内，从腰围线往下量取 25cm 左右。

辅助线如图 2－1 所示。

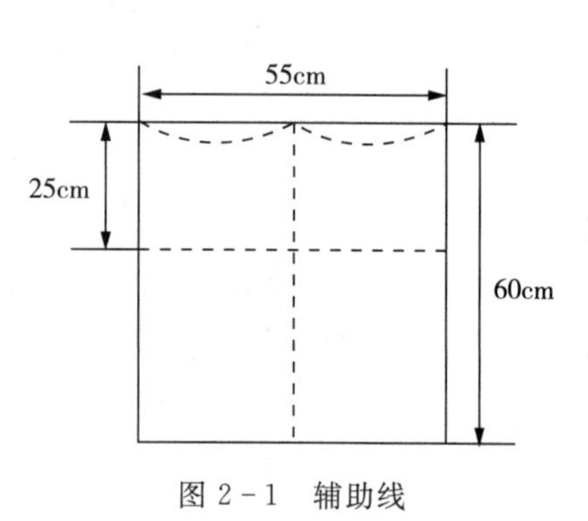

图 2－1　辅助线

（3）工具

熨斗、大头针、人台、标示带等。

2. 制作过程

1）腰围标识线处下 3cm 为装腰的宽度，粘贴裙大身腰口线，如图 2－2 所示。

2）臀部加放松量（见图 2－3）在坯布的水平线上加放松量约 0.5cm，水平线与人台臀围线相重合，可用双针固定。

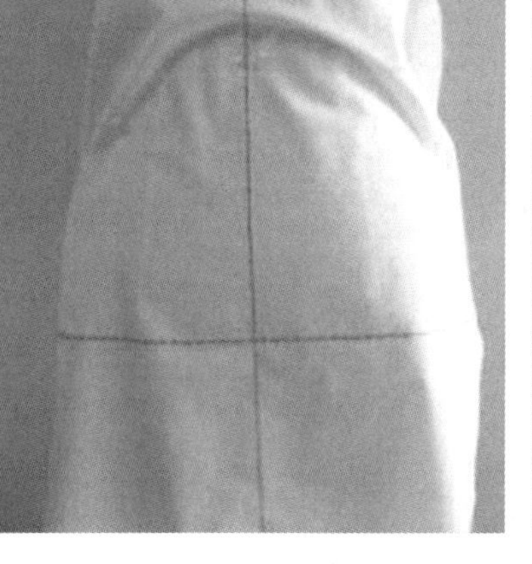

图2-2 粘贴裙大身腰口线　　图2-3 臀部加放松量

3）确定前腰省（见图2-4）。坯布围度线与人台臀围线水平，臀围线以下面料丝绺保持垂直。在坯布对应人台的腰口与侧缝处打刀口，抚平固定；将腰围余量推向省中心点上方处，这样臀腰差的余量就出现了，将腰口的余量处理为一个省缝。

4）别合腰省（见图2-5）。对应人台公主线，在腰口出捏合省缝，省尖离臀围线3cm左右，用捏合针法将腰省别合固定。

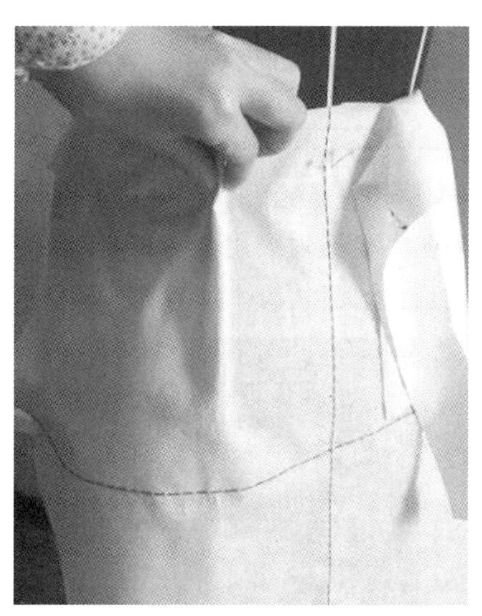
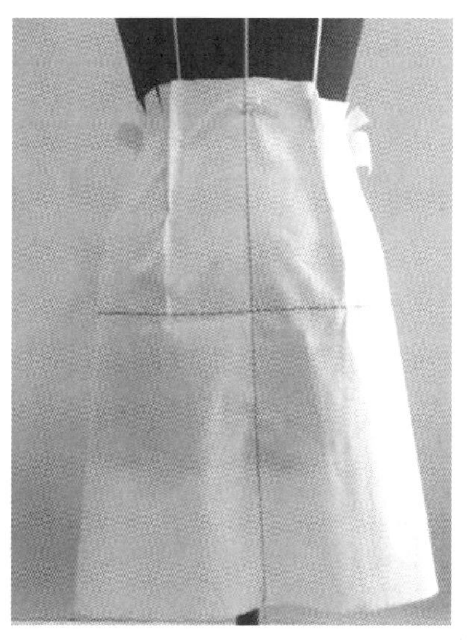

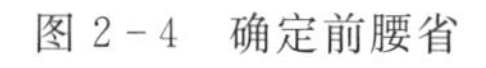
图2-4 确定前腰省　　图2-5 别合腰省

5）点影。在面料上对应人台的标识轮廓线和腰省进行点画，注意在交接处的对应位置的点画。

6）调整点影，修改样板。将直裙前片取下，根据点影，调整绘制省道、侧缝和腰口线。并修改样板为净样，放缝1cm左右。

7）直裙后片的制作。用相同方法完成直裙后片的制作。

8）别合省道线和直裙前后侧缝线（见图2-6）。用立裁针将直裙前后片依据人台中心线和臀围线固定，沿人台侧缝线整理布片。用叠别针固定前后侧缝和腰省，并检查整体造型效果。

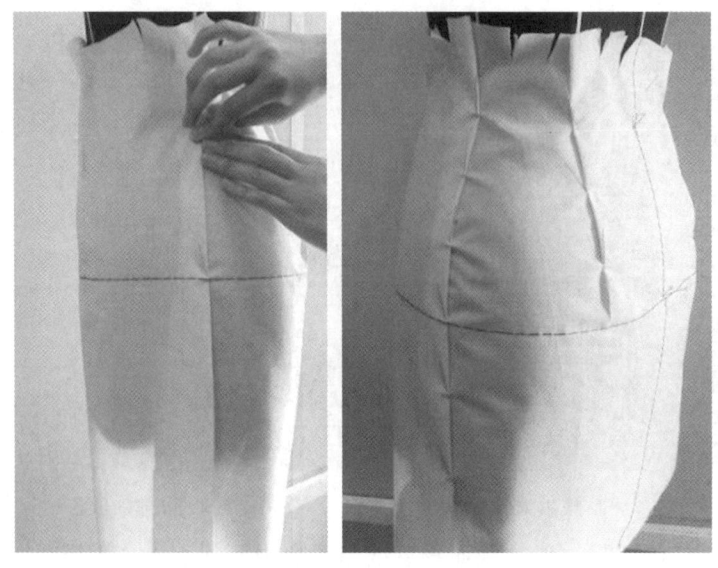

图 2-6　别合省道线和直裙前后侧缝线

9）折烫腰布取裙腰用布三折折熨裙腰。

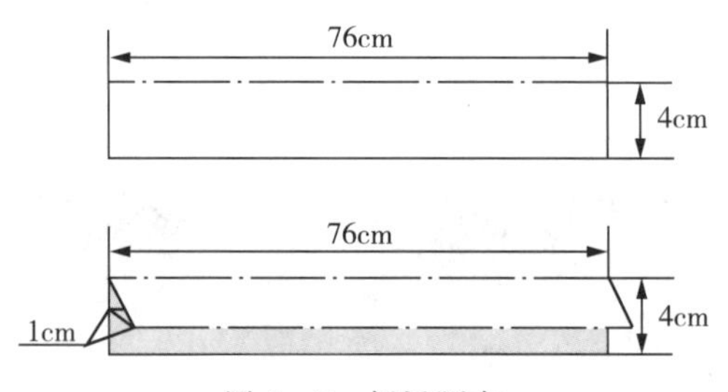

图 2-7　折烫腰布

10）装腰（见图 2-8）。将裙腰布绕腰口一圈，根据划线用叠别针固定腰布，注意腰布的平服，以及腰布与侧缝处对齐，应考虑拉链的位置，用立裁针固定。

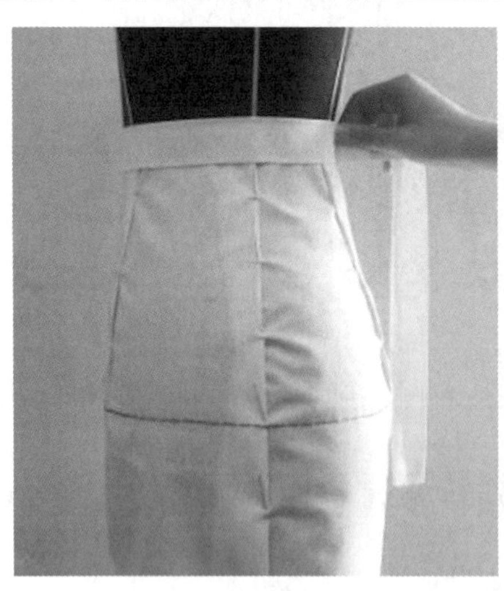

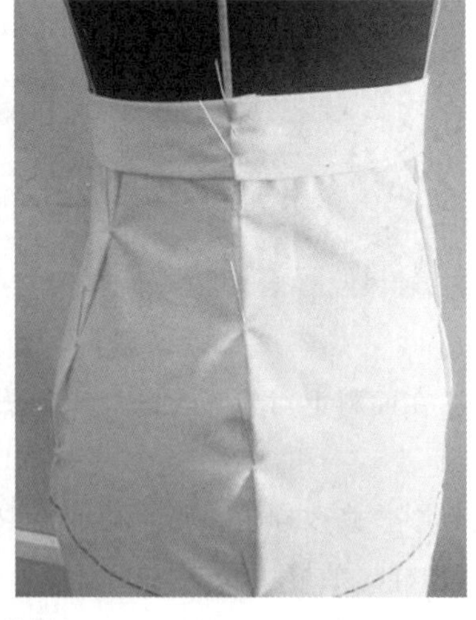

图 2-8　装腰

11）成品完成，调整补正（见图 2-9）。直裙的成品试样完成，检查裙身丝绺平整状态，有无起皱、起涟；裙腰、臀松量是否恰当，并进行微调整。

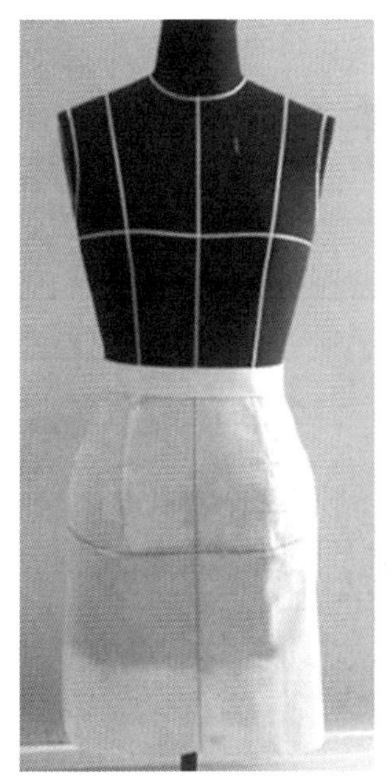
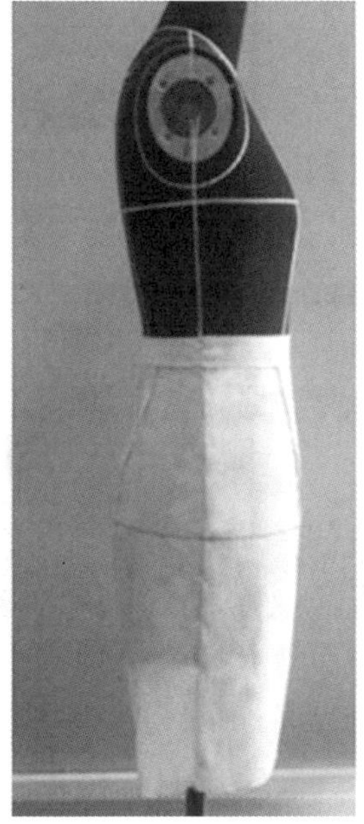
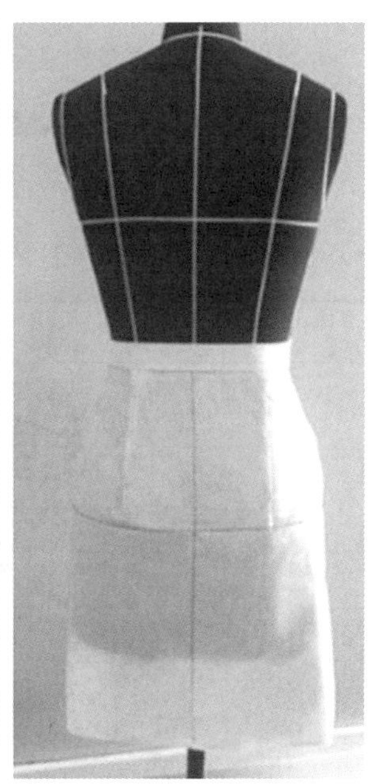

图 2-9　成品完成，调整补正

思考与练习

1. 试述服装立裁的制作流程。
2. 坯布中心线和水平线的作用是什么？
3. 基础直裙如何抓省？
4. 如何对服装立裁的制作进行评分？

任务二　褶裙的立体裁剪

<table>
<tr><td>班级</td><td></td><td>姓名</td><td></td><td>学习时间</td><td></td><td>上交时间</td><td></td></tr>
<tr><td colspan="8"></td></tr>
<tr><td colspan="4">款式描述</td><td colspan="4">作品质量标准</td></tr>
<tr><td colspan="4">本款基本型为A型，有育克分割，裙身不对称褶裥设计</td><td colspan="4">丝绺平服，裙身平整，服贴，不起吊、不起涟；褶裥均匀、平整；曲面饱满、自然，整体协调、美观</td></tr>
<tr><td colspan="4">工具材料准备</td><td colspan="4">产品规格</td></tr>
<tr><td colspan="2">名称</td><td colspan="2">数量</td><td>部位</td><td>规格</td><td>部位</td><td>规格</td></tr>
<tr><td colspan="2">熨斗</td><td colspan="2">1台</td><td>裙长</td><td>45cm</td><td></td><td></td></tr>
<tr><td colspan="2">白坯布</td><td colspan="2">5块</td><td>臀围</td><td>90cm</td><td></td><td></td></tr>
<tr><td colspan="2">珠针</td><td colspan="2">1盒</td><td>腰宽</td><td>3cm</td><td></td><td></td></tr>
<tr><td colspan="2">标识线</td><td colspan="2">一卷</td><td></td><td></td><td></td><td></td></tr>
</table>

一、任务与操作技术要求

本任务为半身裙的立体裁剪褶裙的练习，通过制作，理解褶裥的形成原理及立体裁剪的制作手法。

本款式是在基础直裙的基础上进行款式变化。它包含了对裙装育克的分割、不对称褶裥的设计和制作以及省道的转移，是在基础直裙的基础上对裙装的立体裁剪制作款式服装化的进一步提升。

制作要求育克腰口省道转移且平整、无起涟；裙身平服拼接处不起吊；腰部育克与裙身拼接平整伏贴，前片褶量分配大小适量，褶裥造型自然。

二、不对称褶裥裙简介

该款不对称褶裥裙是百褶裙的一种，该裙以A型为轮廓，有育克不对称分割，裙身有不对称褶裥设计。本款基础大身为A型，装腰、侧腰装拉链，前后片育克拼接，前片左侧有3个褶裥，褶裥大4cm。

三、制作过程介绍

1. 准备工作

(1) 白坯布估料

褶裥裙前、后片各1片，前后片育克各1片。

前片、后片大身规格：长度＝大身裙长＋8cm左右；宽度＝臀围/2＋6cm左右。

前后育克：长度＝育克长＋8cm左右；宽度＝育克下端宽＋6cm左右。

腰带：长度＝腰围＋8cm左右

(2) 画辅助线

辅助线如图2－10所示。

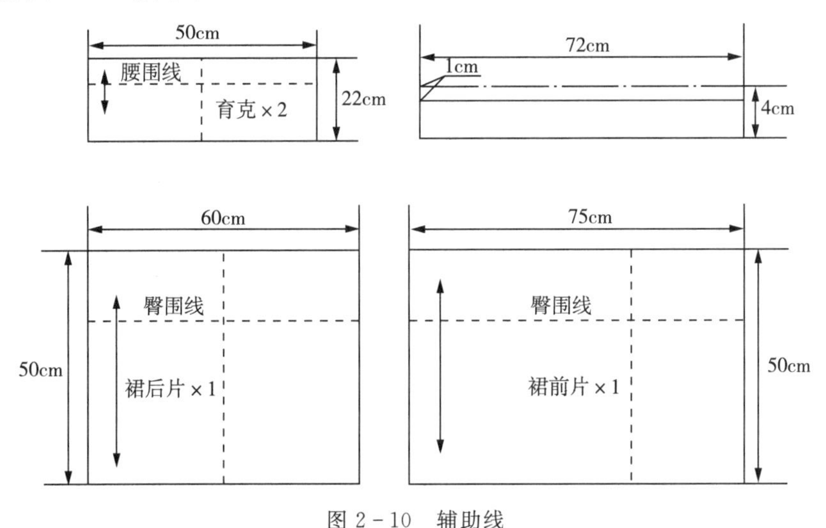

图2－10　辅助线

(3) 工具

熨斗、大头针、人台、标识带等。

2. 制作过程

1) 贴置款式造型分割线（见图2－11）。

2) 固定前片育克（见图2－12）。将坯布的中心线与水平线对准人台上的前中标识线，并用双针法沿面料中心线左右两边固定。

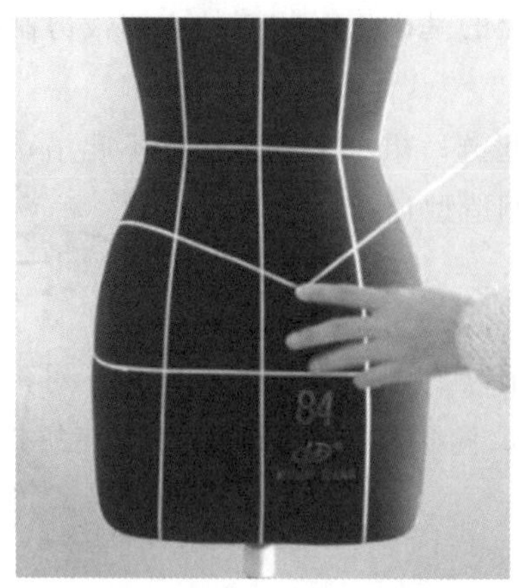

图 2-11　贴置款式造型分割线

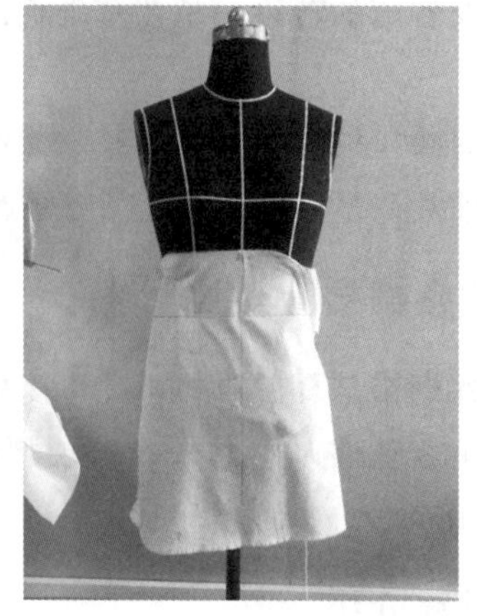

图 2-12　固定前片育克

3）制作、修剪育克（见图 2-13）。将坯布上多余的量转移至育克下端，进行省道转移；并根据造型线修剪育克造型，进行点影。

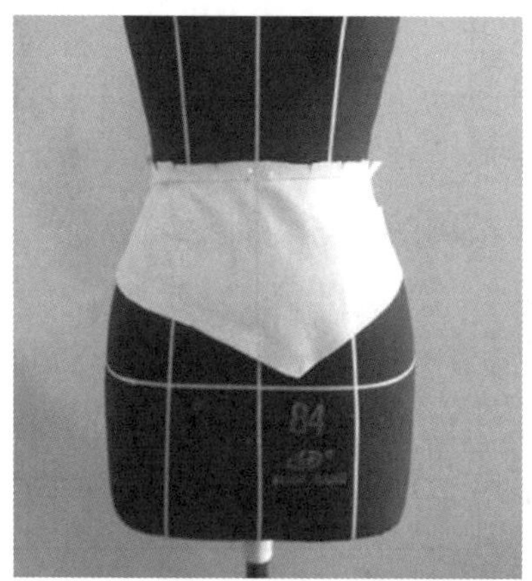

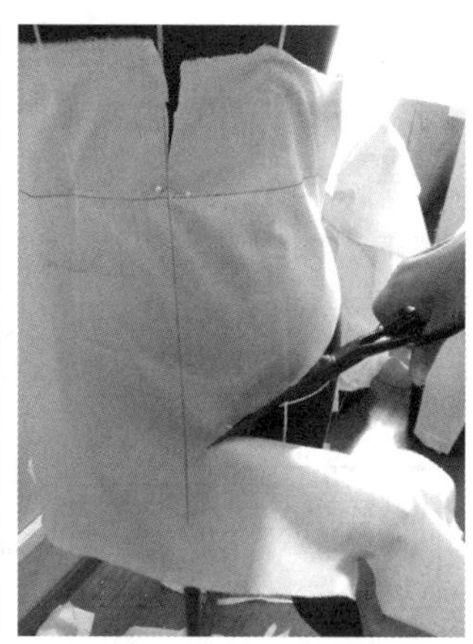

图 2-13　制作、修剪育克

4）固定前片裙身坯布（见图 2-14）。将坯布的中心线和水平线分别与人台上的前中标识线和臀围标识线对齐，并用双针法沿面料中心线左右两边固定。

5）制作前片褶裥（见图 2-15）。根据款式要求制作褶裥，褶裥大 4cm。

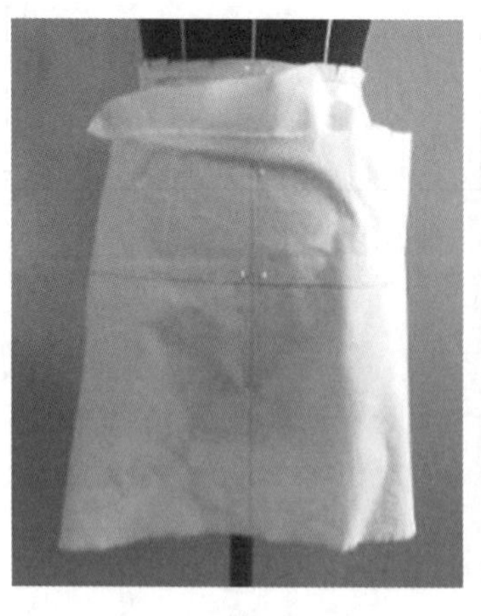

图 2-14　固定前片裙身坯布

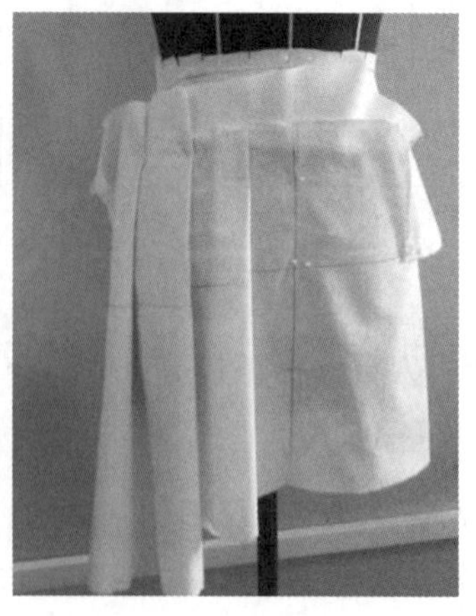

图 2-15　制作前片褶裥

6）修剪裙身缝份并与前片育克合拼（见图 2-16）。修剪裙身缝份，将育克覆盖裙身，折叠缝边，并用叠别针固定。

7）固定后片育克坯布（见图 2-17）。将后片育克坯布固定于人台上，将坯布中心线对应人台后中心线并固定。

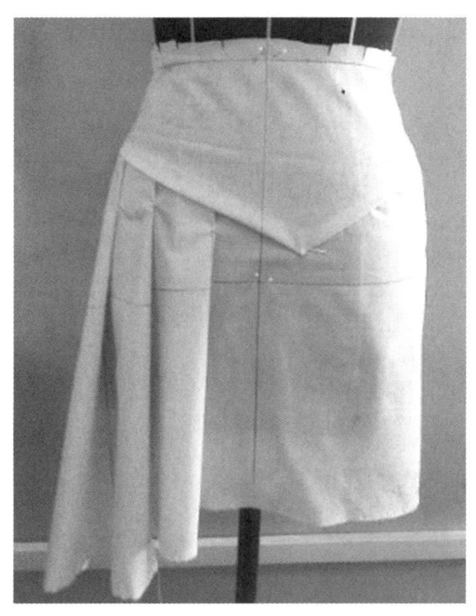

图 2-16　修剪裙身缝份并与前片育克合拼

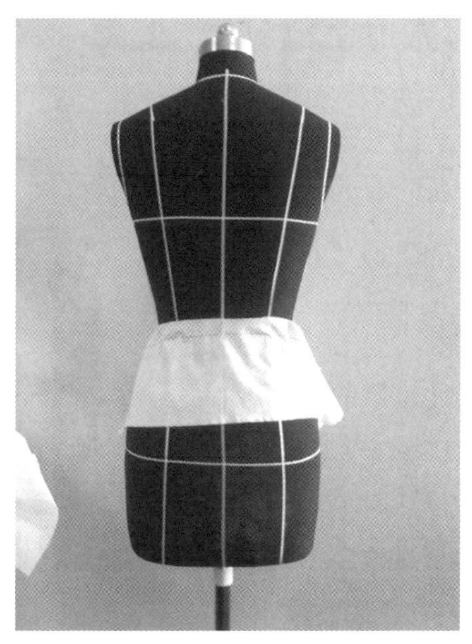

图 2-17　固定后片育克坯布

8）后片育克制作（见图 2-18）。将后片育克坯布腰口打剪口，转移腰部省道，并固定，根据造型线点影。

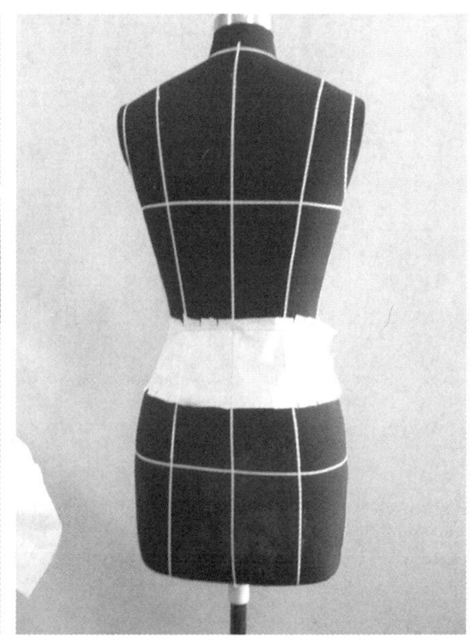

图 2-18　后片育克制作

9）后片裙身坯布固定（见图 2-19）。将后片坯布固定于人台上，将坯布的中心线和水平线分别与人台上的后中标识线和臀围标识线对齐，并用双针法沿面料中心线左右两边固定。

10）后片坯布塑型（见图 2－20）。将裙身上端多余的臀腰差转移至下摆，固定；点影，沿点影剪去多余坯布，折叠缝边，与前片固定。

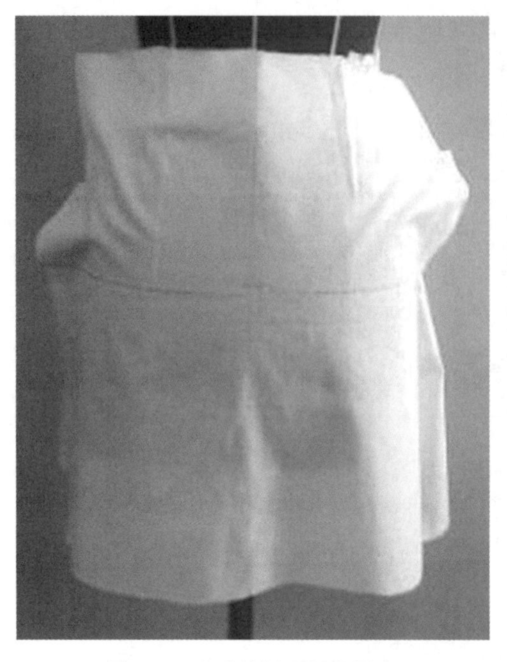

图 2－19　后片裙身坯布固定

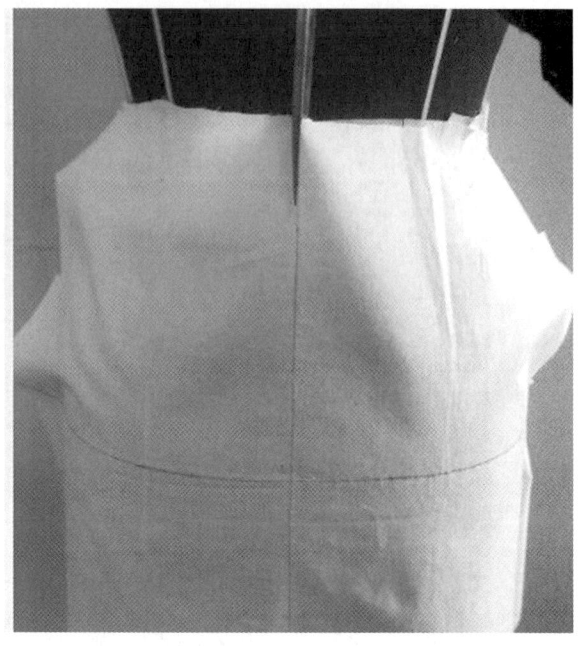

图 2－20　后片坯布塑型

11）装腰（见图 2－21）。配置裙腰，调整补正。

12）修正下摆，如图 2－22 所示。

13）成品完成，调整补正（见图 2－23）。褶裙的成品完成，进行微调整。

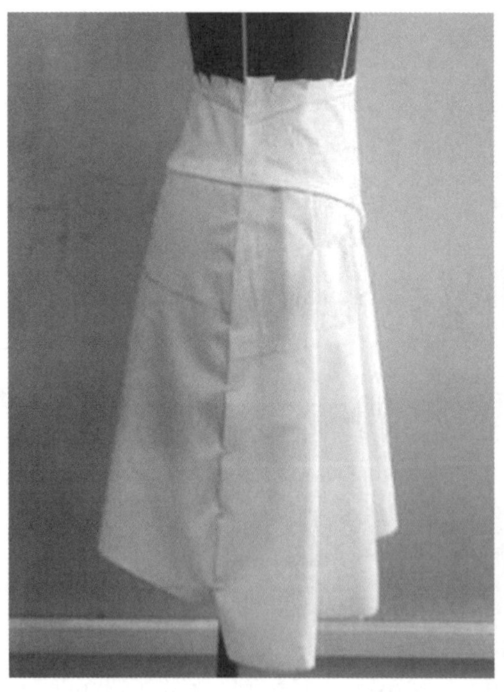

图 2－21　装腰

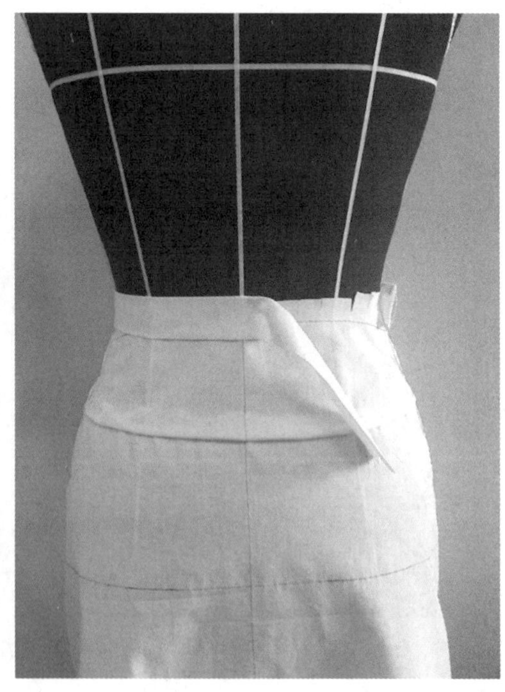

图 2－22　修正下摆

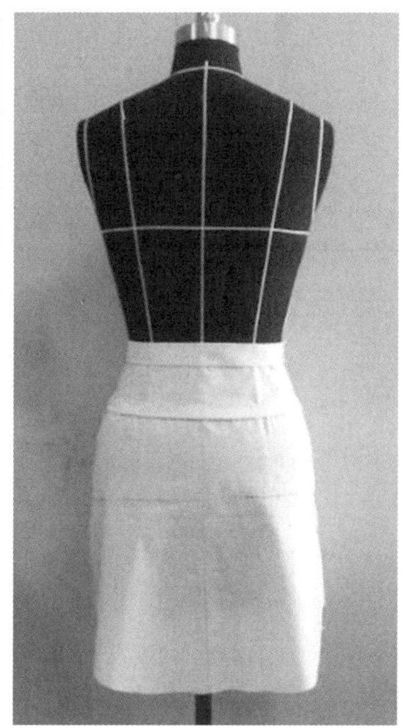

图 2－23　成品完成，调整补正

思考与练习

1. 如何处理本款褶裙的臀腰差？
2. 制作褶裙完成后，为什么裁片臀围线等与人台的对应线不重叠？
3. 裙身褶裥量如何处理？

任务三　波浪裙的立体裁剪

班级		姓名		学习时间		上交时间	

款式描述		作品质量标准			
两片式斜裙式样变化，正常腰，腰部无省，裙身为 8 个浪		波浪裙波浪清晰，大小均衡，分布均匀，波浪自然富有动感			
工具材料准备		产品规格			
名称	数量	部位	规格	部位	规格
熨斗	1 台	裙长	100cm		
白坯布	3 块	腰围	76cm		
珠针	1 盒	腰贴	4cm		

一、任务与操作技术要求

波浪裙又称斜裙或者喇叭裙、太阳裙，是属于斜裙的款式变化之一。它利用斜纹面料的悬垂性，使裙下摆形成自然的波浪纹，给人以俏皮感，是女性最喜爱的裙种之一。

波浪裙的结构设计运用手法较多，可通过接片、插片裙、圆裙结构和横剪接波浪结构设计等。

本任务为波浪裙的制作，通过制作，理解波浪裙波浪的形成和制作方法，并且学会运用在不同款式的变化上。要求完成后的波浪裙的波浪清晰，大小均衡，分布均匀，波浪自然、富有动感。

二、波浪裙简介

波浪裙，通过丝绺上提形成高低起伏的波浪纹。本款的波浪裙呈A型，正常腰，腰部无省，裁片共前后片两片，拉链在左右侧缝处，长度为25cm左右。

三、制作过程介绍

1. 准备工作

（1）白坯布估料

喇叭裙前、后片各1片。

前片、后片规格：长度＝裙长＋30cm左右；宽度＝120～150cm。

腰头：长度＝腰围＋8cm左右。

（2）画辅助线

坯布中心线：对应人台中心线，单位规格尺寸内，二等分。

坯布水平线：对应人台腰围线，单位规格尺寸内，确定上围线往下量取30cm左右。

辅助线如图2－24所示。

（3）工具

熨斗、大头针、人台等。

2. 制作过程

1）确定波浪点（见图2－25）。根据款式，在腰围线上根据款式要求平均腰围长设定波浪点的位置A、B、C、D、E点（其中C、E是左侧与右侧的侧缝点）。

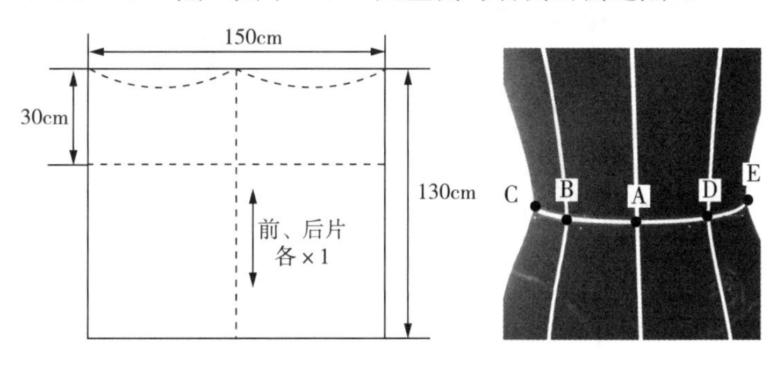

图2－24　辅助线　　图2－25　确定波浪点

2）固定坯布（见图2－26）。将坯布的中心线和水平线分别与人台上的前中标识线和腰围标识线对齐，并用双针法沿坯布中心线左右两边固定。

3）前中心点A浪剪口（见图2－27）。做前中A波浪时，在前中线打一剪口，深度距腰线约0.15cm。

4）制作前中心A浪（见图2－28）。左侧坯布以插针点（即波浪点）A点为原点，向下缓缓旋转，使裙摆形成波浪。前中A波浪位于裙片正中，为使左右丝缕对称，波浪均匀，因此，先旋转左侧坯

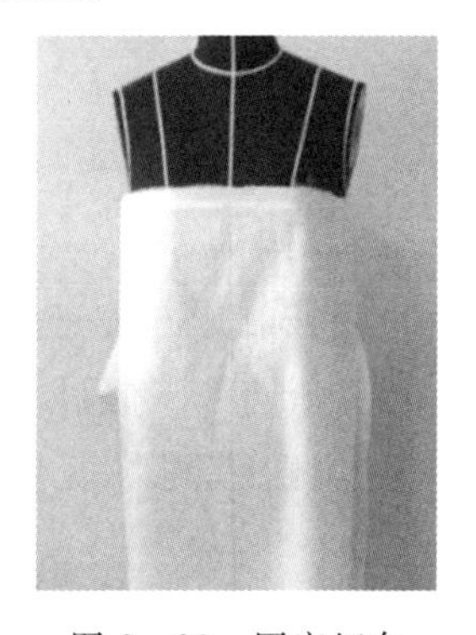

图2－26　固定坯布

布，形成波浪 1/2 的波浪量，而右侧的波浪量，可以稍后拷贝左侧结构或再旋转右侧坯布 1/2 的波浪量，补足整个量。

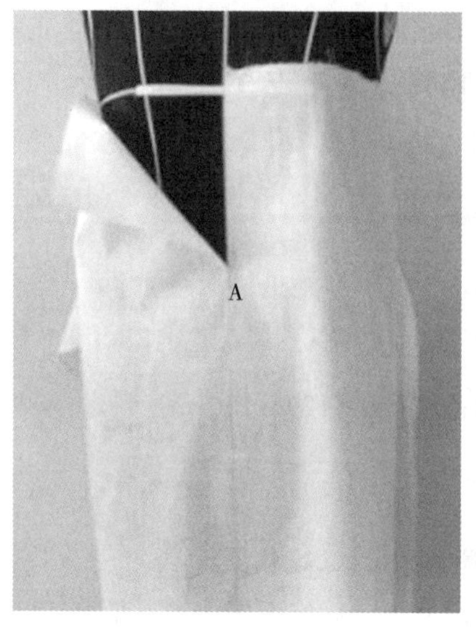

图 2-27 前中心点 A 浪剪口

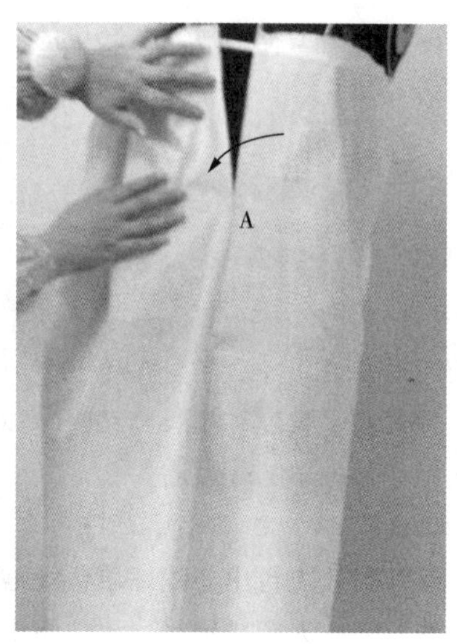

图 2-28 制作前中心 A 浪

5）制作 B 浪（见图 2-29）。在 A 浪完成后，抚平到 B 点浪的面料。在第二波浪 B 点位置插针固定，对准插针点 B 打剪口，深度距腰线约 0.15cm 左右，修剪多余缝量。同样以 B 插针点为原点，将 B 点左侧坯布向下旋转形成波浪，经过调整使 B 波浪与前中 A 波浪大小一致。

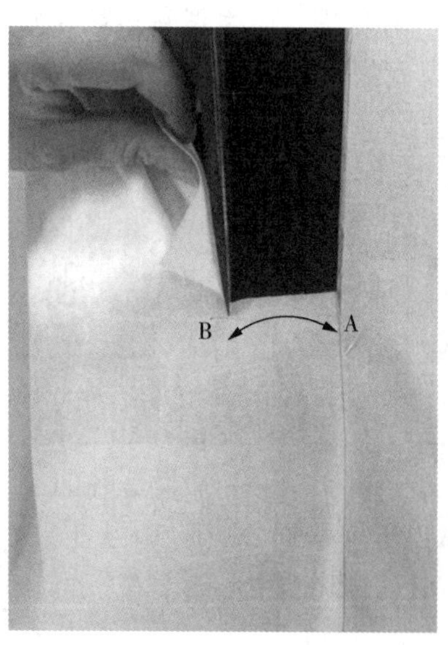

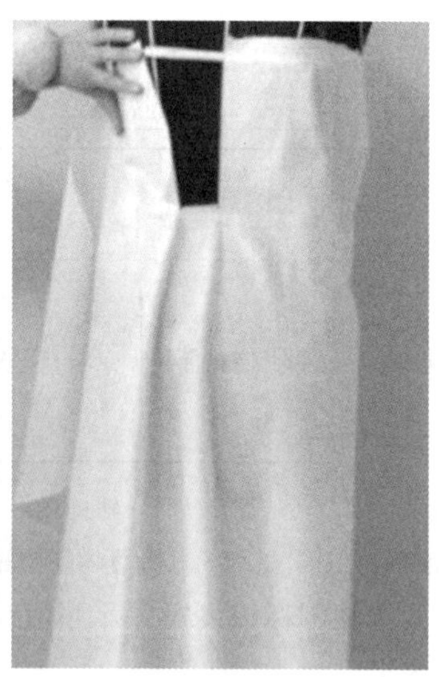

图 2-29 制作 B 浪

6）按制作方法完成其他浪（见图 2-30）。用相同的方法完成前片其他波浪造型处理，每做一个波浪，都需要与已完成的波浪比较，以保证最终所有波浪大小均衡。

7）侧缝点影（见图 2-31）。在完成侧缝 C 点 1/2 波浪，并根据侧缝线点影，完成侧缝线。

图 2－30　按制作方法完成其他浪

8）完成后片波浪裙的制作（见图 2－32）。确定后片的波浪位置，将后片固定于人台上，用相同的方法制作后片波浪。

9）别合侧缝（见图 2－33）。根据前、后片波浪斜别侧缝。

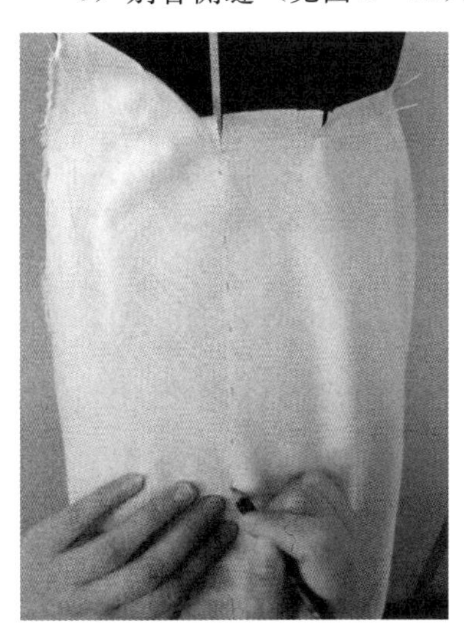

图 2－31　侧缝点影

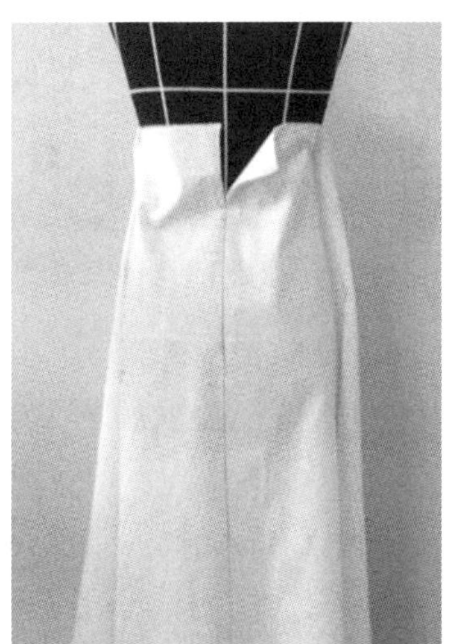

图 2－32　完成后片波浪裙的制作

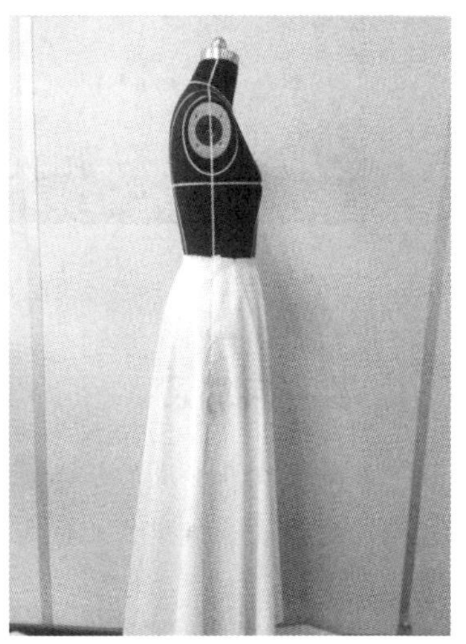

图 2－33　别合侧缝

10）确定波浪裙长（见图 2－34）。用尺子测量裙摆与地面的尺寸，用立裁针确定位置。

11）修正下摆（见图 2－35）。调整补正，修剪裙子底摆，注意底摆圆顺。

12）上腰贴（见图 2－36）。在以完成的群口出，将腰贴与腰口假缝。

13）制作完成（见图 2－37）。

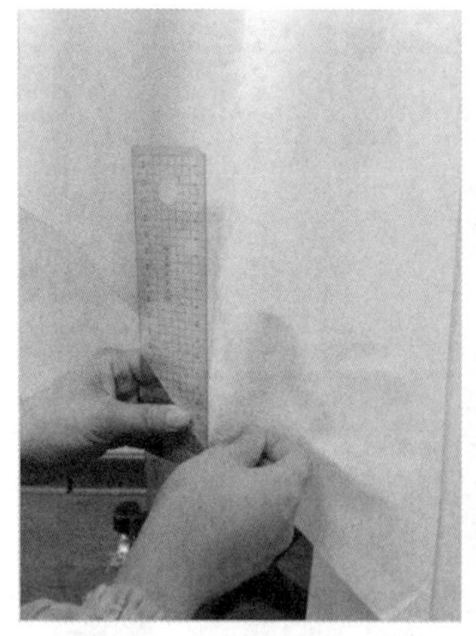

图 2-34　确定波浪裙长

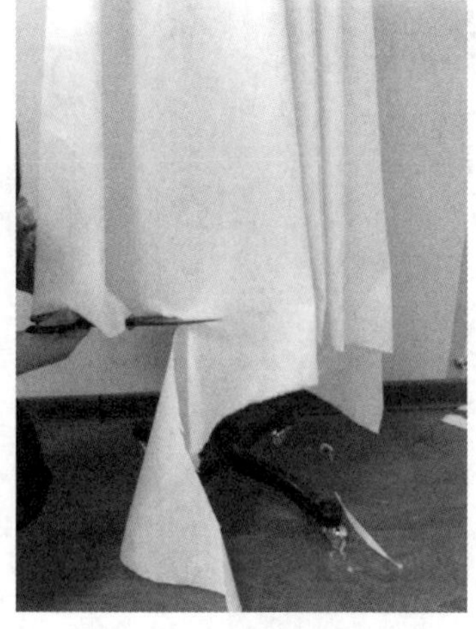

图 2-35　修正下摆

图 2-36　上腰贴

图 2-37　波浪裙制作完成

思考与练习

1. 简述波浪形成的基本原理。
2. 对于波浪裙裙长的修剪，你还有其他方法吗？

项目 3　基础上衣的立体裁剪

任务一　基础上衣的立体裁剪

<table>
<tr><td>班级</td><td></td><td>姓名</td><td></td><td>学习时间</td><td></td><td>上交时间</td><td></td></tr>
<tr><td colspan="8">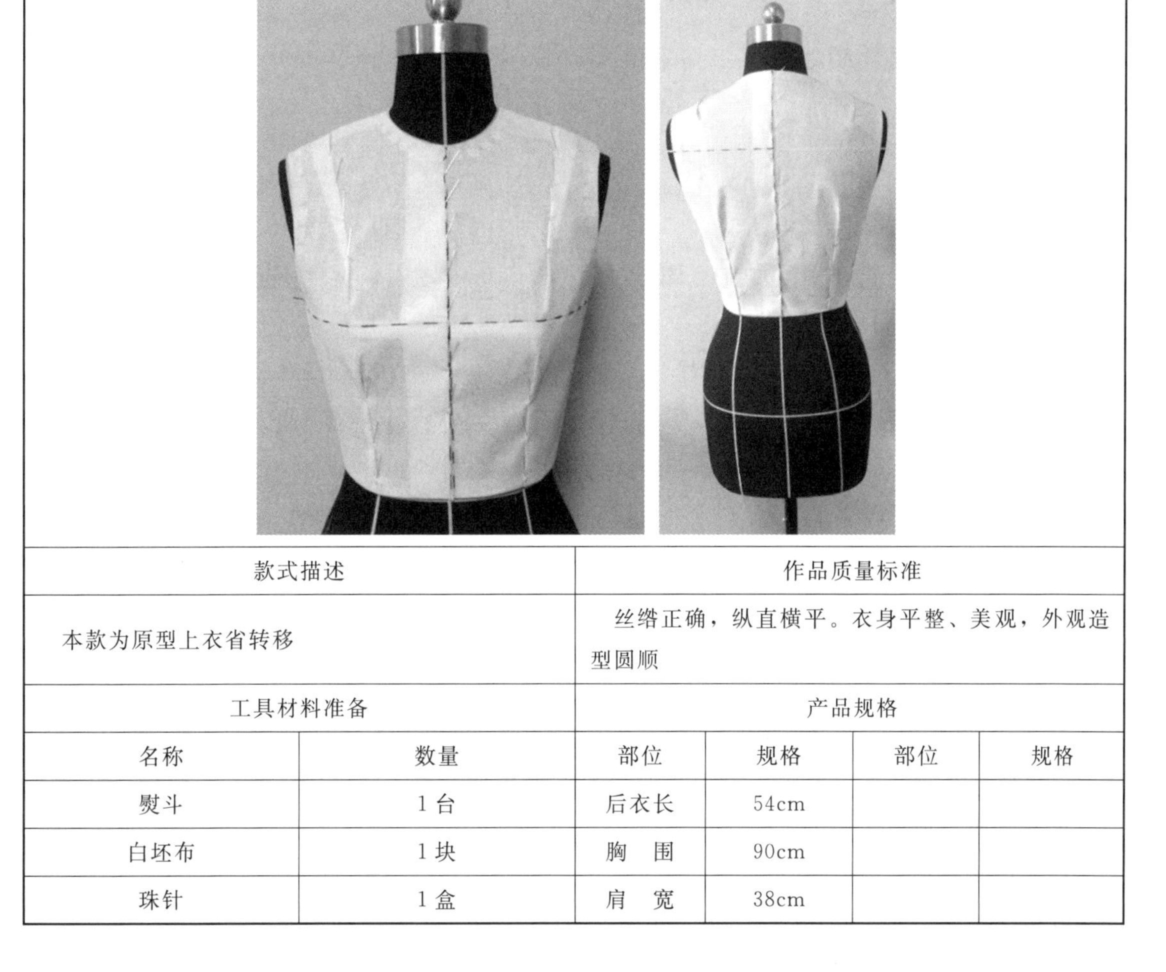</td></tr>
<tr><td colspan="4">款式描述</td><td colspan="4">作品质量标准</td></tr>
<tr><td colspan="4">本款为原型上衣省转移</td><td colspan="4">丝绺正确，纵直横平。衣身平整、美观，外观造型圆顺</td></tr>
<tr><td colspan="4">工具材料准备</td><td colspan="4">产品规格</td></tr>
<tr><td colspan="2">名称</td><td colspan="2">数量</td><td>部位</td><td>规格</td><td>部位</td><td>规格</td></tr>
<tr><td colspan="2">熨斗</td><td colspan="2">1 台</td><td>后衣长</td><td>54cm</td><td></td><td></td></tr>
<tr><td colspan="2">白坯布</td><td colspan="2">1 块</td><td>胸　围</td><td>90cm</td><td></td><td></td></tr>
<tr><td colspan="2">珠针</td><td colspan="2">1 盒</td><td>肩　宽</td><td>38cm</td><td></td><td></td></tr>
</table>

一、任务与操作技术要求

本任务为基础上衣的立体裁剪制作。省道设计是女装结构设计中的灵魂，是因为女性人体的结构——胸部隆起而产生的，为了使服装适身合体，我们需要掌握省道的设计变化，女装的结构设计才会变得得心人手。通过完成本模块，不仅能认识省的产生、作用，同时理解省量转移与分配的方法，而且能更好地认识衣身结构的状态、更好地掌握保持衣身结构的方法与要求。

基础上衣款式是上衣在立裁制作的基础款式，能够帮助我们以后学习、掌握女装中省道的形成和应用。基础上衣是以女性人台的 BP 点为中心点，在肩部收肩省是一项有针对性的专项练习，力求衣身平整美观，外观造型圆顺；对省道的形态和形成有一个更好地把握，且要求成品面料丝绺正确，纵直横平，保持整体整洁、美观。

二、基础上衣立体裁剪简介

本任务是基础上衣的立体裁剪制作，能够帮助我们更好地理解省道设计与应用，可以依据 BP 点凸出的需要，在肩部进行省道设计，其省道的指向为 BP 点。该模块是通过基础上衣省道设计与应用的练习了解省道产生的原因和抓省的方法。

三、制作过程介绍

1. 准备工作

（1）白坯布估料

基础上衣前、后片各 2 片。

前、后片规格：长度＝颈侧点经 BP 点到腰线＋10cm 左右；宽度＝前中线点起至侧缝点的宽度＋10cm 左右。

（2）画辅助线

面料丝绺调整完成后，在坯布上绘出各辅助线条，要求各裁片丝绺纵直横平。衣片对应人台中线和胸围、背宽围度线，如图 3－1 所示。

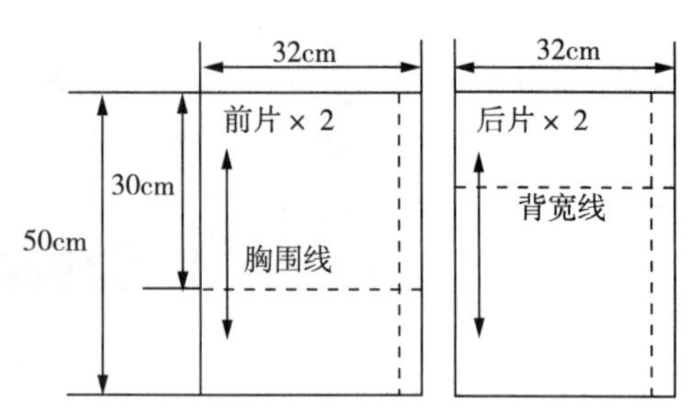

图 3－1　辅助线

（3）工具

熨斗、大头针、人台等。

2. 制作过程

（1）定前片

将前片布固定于人台上，注意将坯布的中心线和围度线分别与人台的前中心线和胸围线对齐；胸部乳沟处为使坯布固定而不会凹陷，造成长度不足，应在 BP 点上方固定一块宽约 1cm 的卷边直丝面料，用大头针固定，如图 3－2 所示。

（2）前胸片加放松量

在 BP 点附近的胸围线上捏起 0.5cm 左右的放松量，在侧缝处用立裁针固定，调整制作时注意保持衣身丝绺的平直，如图 3-3 所示。

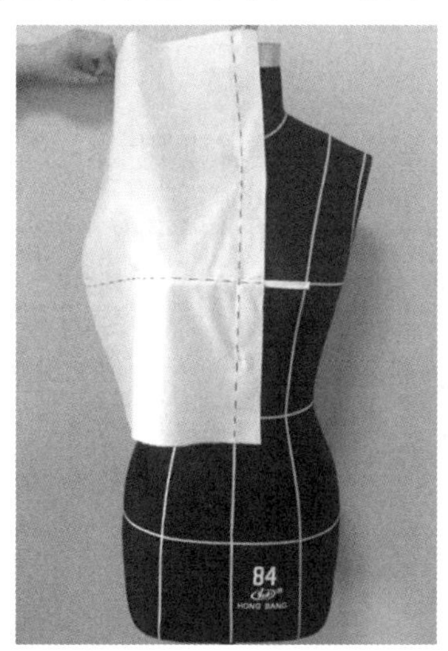

图 3-2　定前片

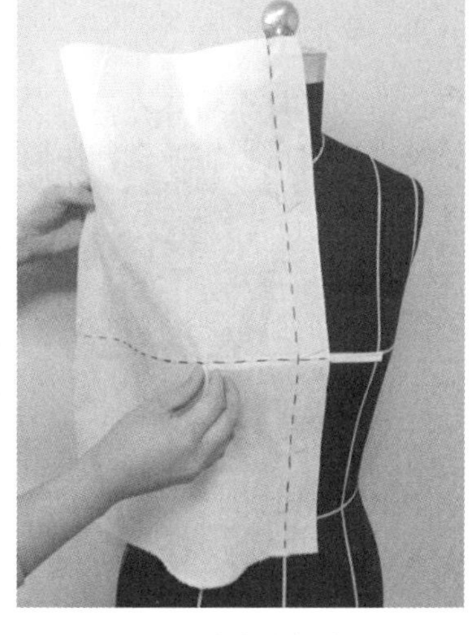

图 3-3　前胸片加放松量

（3）修剪领口

抚平前胸坯布，沿前中心线剪至距领口线 2cm 处，横剪一块坯布（宽度为 3cm 左右），如图 3-4 所示。

（4）制作前领圈

顺着颈围抚平布料，一边抚平一边打刀口垂直于领围标识线；肩部抚平，沿领口线修剪，使布料与人台的颈围自然贴合，颈围处留 2cm 左右的缝份，在颈肩点用立裁针固定，如图 3-5所示。

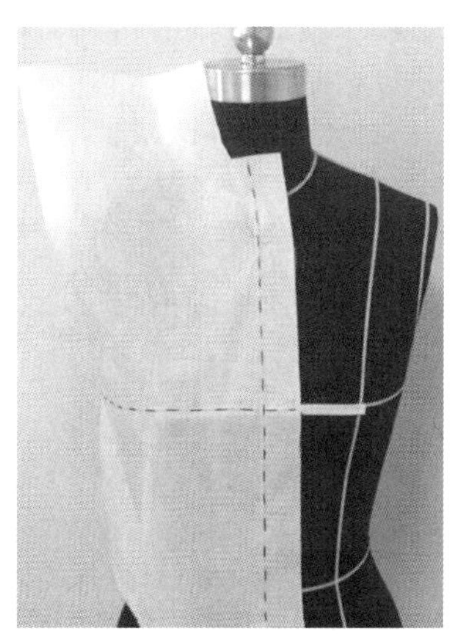

图 3-4　修剪领口

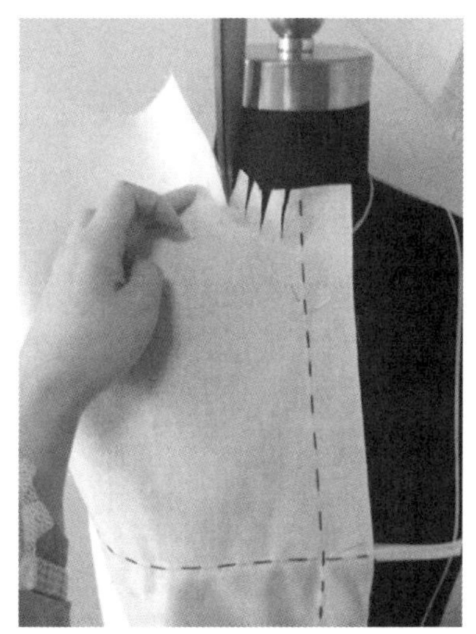

图 3-5　制作前领圈

（5）修剪袖窿与肩部

坯布围度线与人台胸围线对应，初修剪肩部及袖窿部多余的坯布，如图 3-6 所示。

（6）做肩省

在胸围线保持水平的基础上，在肩部确保侧颈部附近坯布平服的同时，把多余的坯布量沿公主线抓出肩省的量，如图 3－7 所示；用捏合针固定并调整，横别针确定省尖，省尖距 BP 点 3cm 左右，侧缝顺势向下，面料抚平，捏合腰部多余的量。

（7）捏腰省

抚平腰部坯布，使坯布自然贴合人台，从腰围线开始，指向 BP 点，捏出省道，省道的位置、量、方向、长度确定后，用抓合针法固定，如图 3－8 所示。

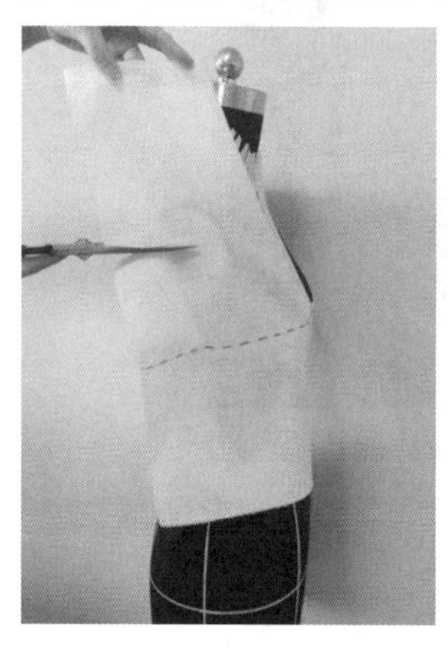

图 3－6　修剪袖窿与肩部

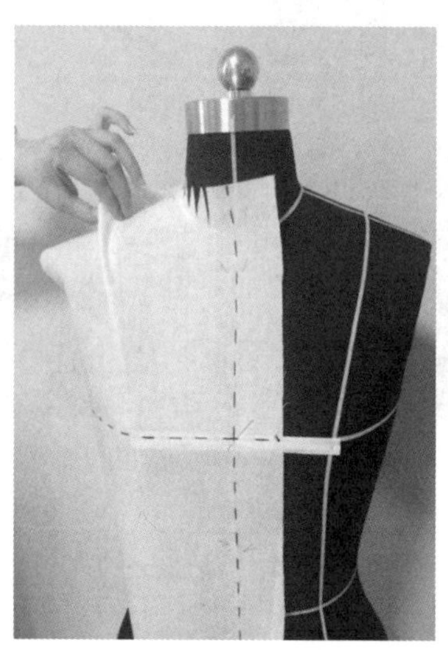

图 3－7　做肩省

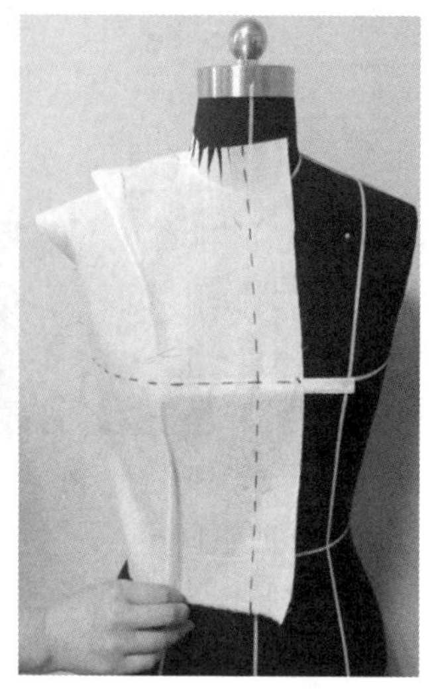

图 3－8　捏腰省

（8）修剪侧缝及下摆

为使腰部坯布适身合体，在腰部收腰省；为使腰部收省平服，修剪侧缝线处及腰围线处多余的布料，并打缝份剪口，注意剪口的深度，如图 3－9 所示。

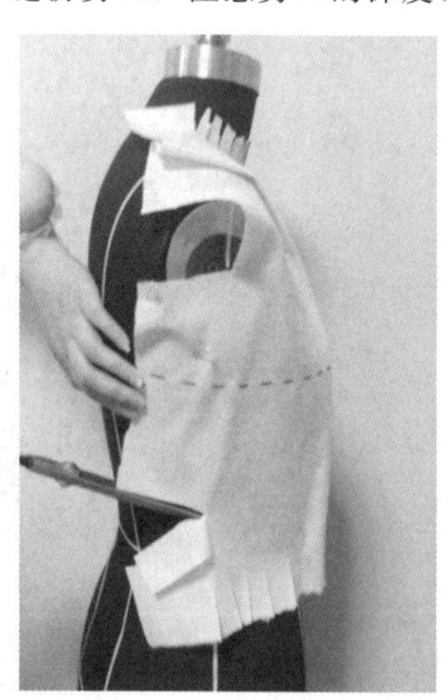

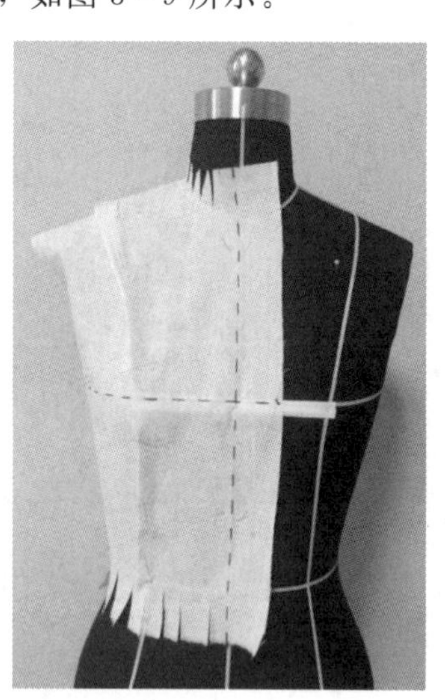

图 3－9　修剪侧缝及下摆

（9）点影标记

用铅笔依据人台标识线做点影（领围、肩线、袖窿、侧缝、腰围线），如图 3－10 所示。

（10）调整版型

将点画好的坯布取下，修顺结构轮廓线，并确认对位记号，如图 3－11 所示。

(11) 拓版放缝

另取一坯布置于前片下，沿轮廓线修剪多余缝份，领围、袖窿、肩缝、侧缝 1cm 左右，腰围线 1.5cm 左右，并在领围、袖窿处打刀口，如图 3 - 12 所示。

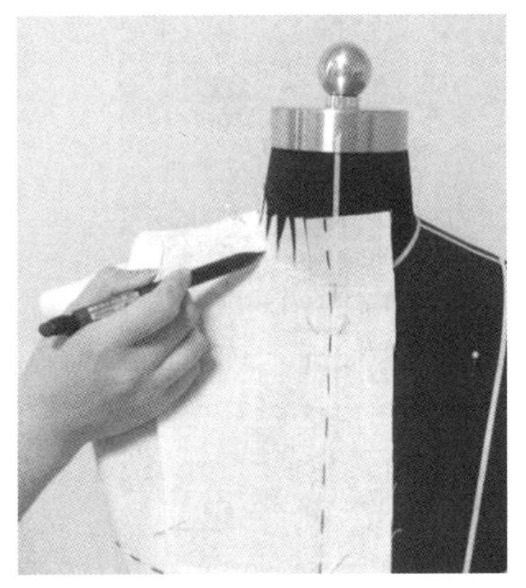

图 3 - 10　点影标记

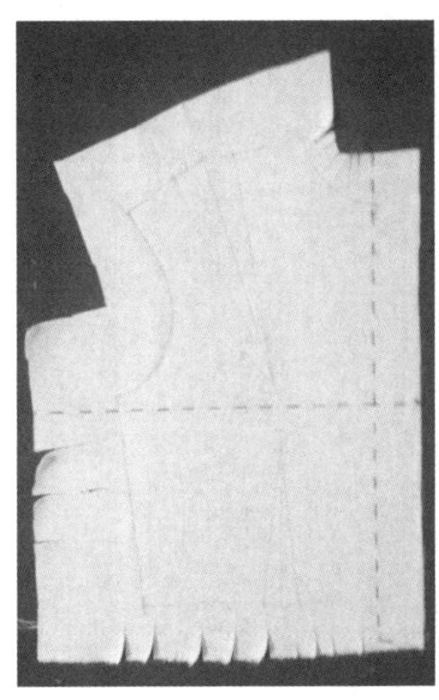

图 3 - 11　调整版型

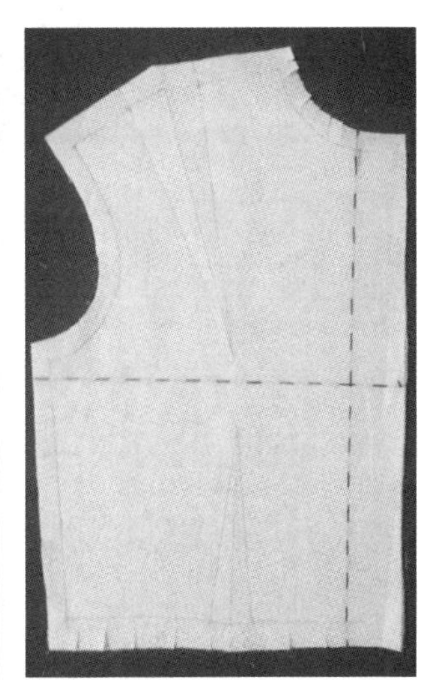

图 3 - 12　拓版放缝

(12) 做省道标记

省位及省尖用针垂直插入衣片，依据针位在另一面点画，确保左右两片衣片省的大小、位置及省尖一致；并勾画右前片省道，如图 3 - 13 所示。

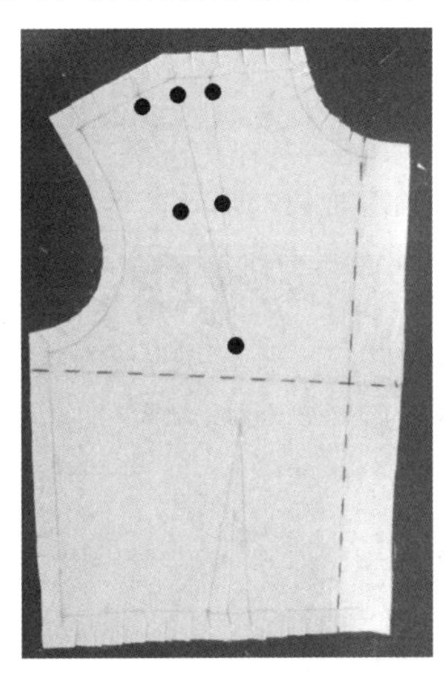

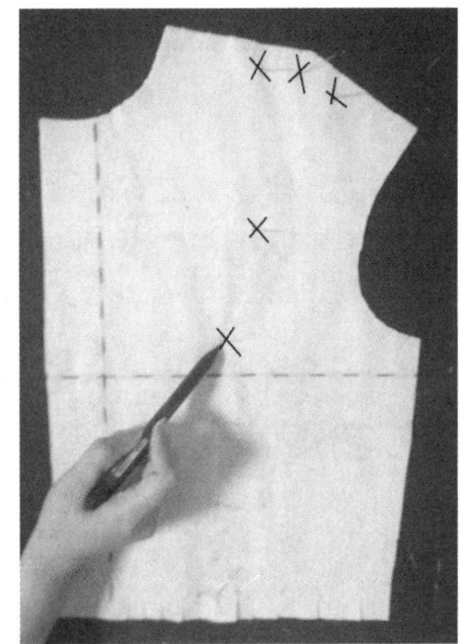

图 3 - 13　做省道标记

(13) 别合前片衣身，调整试样

用叠别针别合衣身，将版型调整完成的衣片样板固定在人台上，按绘制的前中线、省线、肩线、侧缝线分别别合，领围弧线及袖窿弧线、腰围线折叠至反面，整理坯布，调整试样，如图 3 - 14 所示。

(14) 固定后片坯布

将后片坯布固定于人台上，注意将坯布的中心线和围度线分别与人台的后中心线和背宽线对齐，并用立裁针固定，如图 3－15 所示。

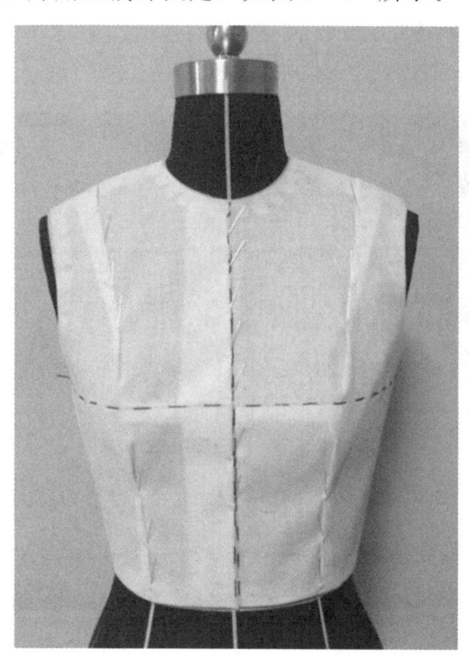

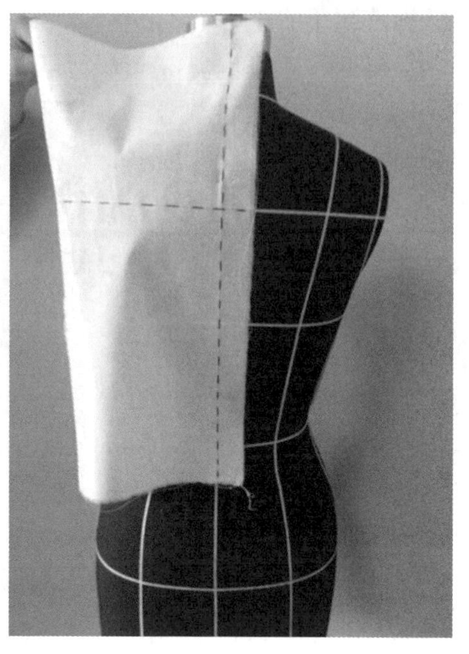

图 3－14　别合前片衣身，调整试样

图 3－15　固定后片坯布

（15）修剪后领

抚平坯布，沿后中心线剪至距领口线 2cm 处，横剪一块坯布（宽度为 3cm 左右），然后一边抚平一边打刀口垂直于领围标识线；肩部抚平，沿领口线修剪；在颈肩点用立裁针固定，如图 3－16 所示。

（16）修剪肩线

抚平肩部坯布，预留肩缝 3cm 左右的缝份，如图 3－17 所示。

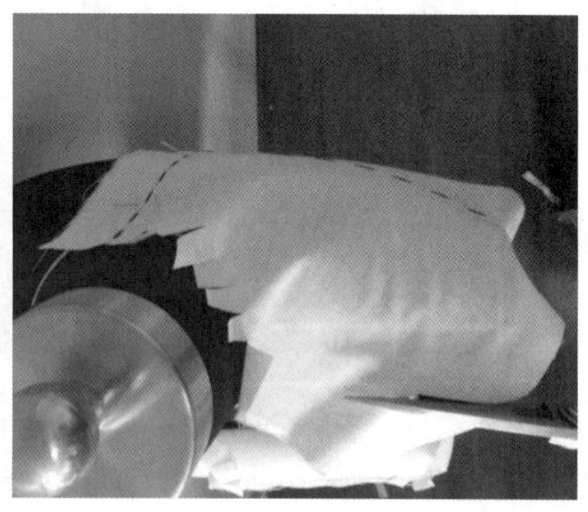

图 3－16　修剪后领

图 3－17　修剪肩线

（17）别合肩省

抚平颈侧处肩部坯布，背宽线对应不变的基础上将肩膀多余的坯布量抓合，省尖点，指向肩胛骨方向，保证肩部平服，别合肩省，如图 3－18 所示。

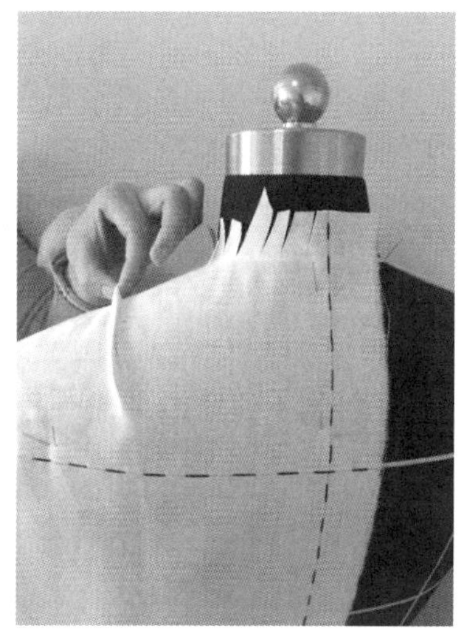
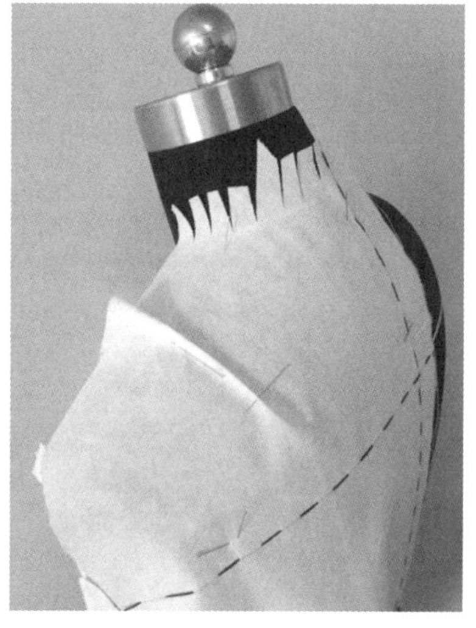

图 3－18　别合肩省

(18) 修剪侧缝及下摆

为了使腰部坯布适身合体，在腰部收腰省，为使腰部收省平服，修剪侧缝线处及腰围线处多余的布料，并打缝份剪口，注意剪口的深度，如图 3－19 所示。

(19) 捏腰省

抚平腰部坯布，使坯布自然贴合人台，从腰围线开始，指向 BP 点，捏出省道；省道的位置、量、方向、长度确定后，用抓合针法固定，如图 3－20 所示。

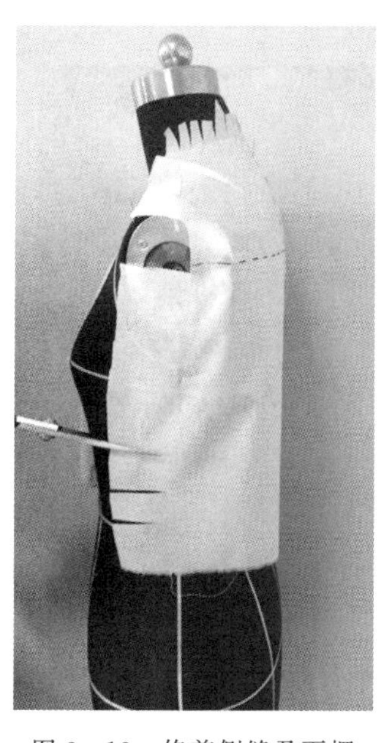

图 3－19　修剪侧缝及下摆

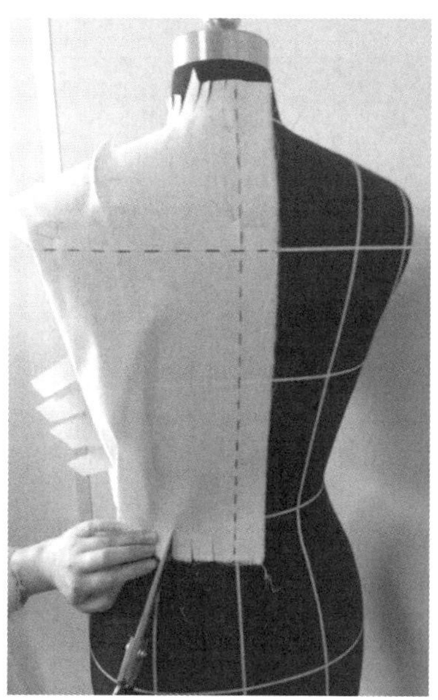
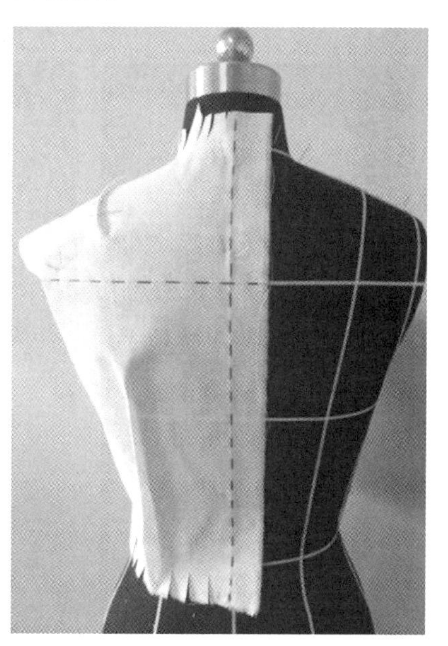

图 3－20　捏腰省

(20) 点影标记

用铅笔依据人台标识线做点影，如图 3－21 所示。

(21) 调整版型

将点画好的坯布取下，修顺轮廓线，并确认对位记号，如图 3－22 所示。

（22）拓版

取另一片坯布放置于前片裁片下，沿轮廓线修剪多余缝份，领围、袖窿、肩缝、侧缝1cm，左右腰围线1.5cm左右；并在领围袖窿处打刀口，如图3-23所示。

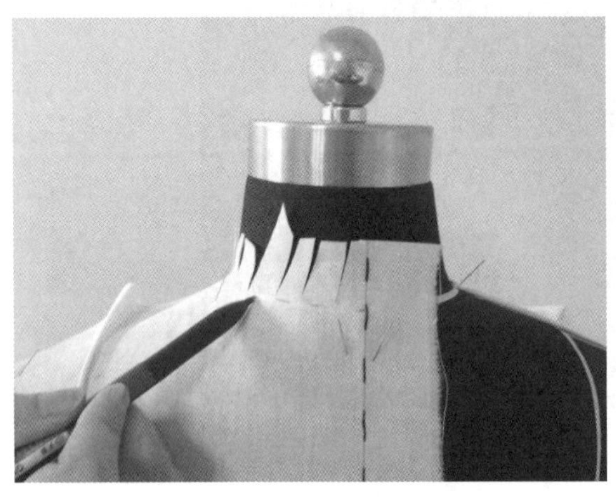

图3-21　点影标记

图3-22　调整版型

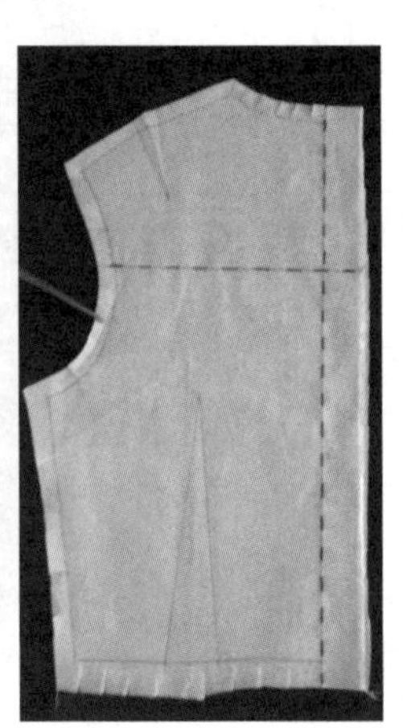

图3-23　拓版

（23）折叠缝边

沿后片样板轮廓线折叠缝边，如图3-24所示。

（24）做省道标记

省位及省尖用针垂直插入衣片，根据针位在另一面点画，确保左右两片衣片省的大小、位置及省尖一致，并勾画省道，如图3-25所示。

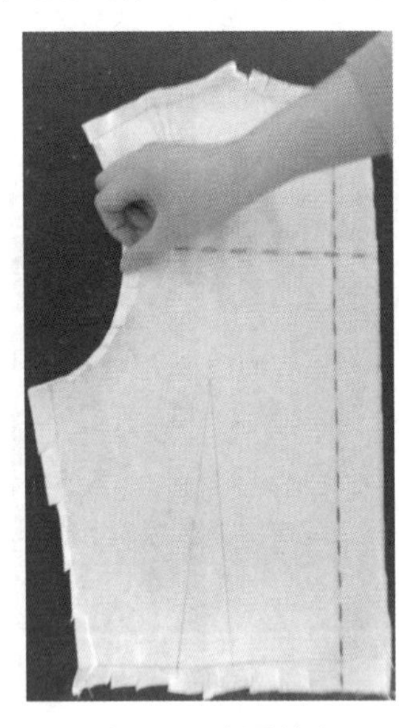

图3-24　折叠缝边

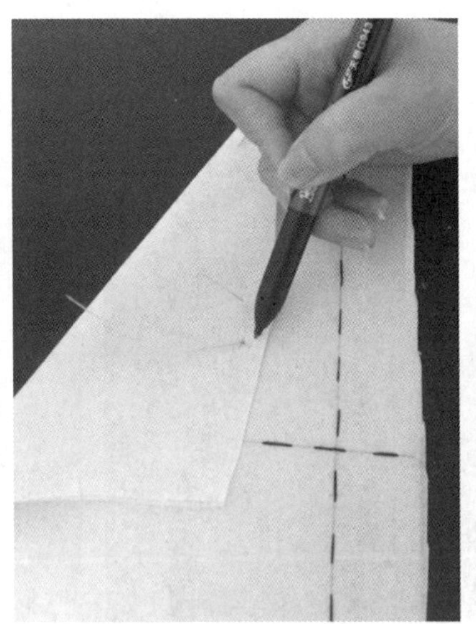

图3-25　做省道标记

（25）别合前后身

用立裁针别合前后中线、肩线、侧缝线，如图3-26所示。

（26）折叠缝边

分别将衣身领围、袖窿、下摆线缝份翻叠，藏进衣身里，如图3-27所示。

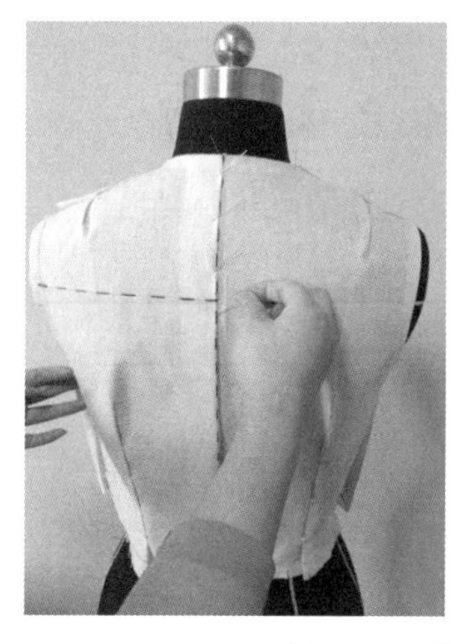
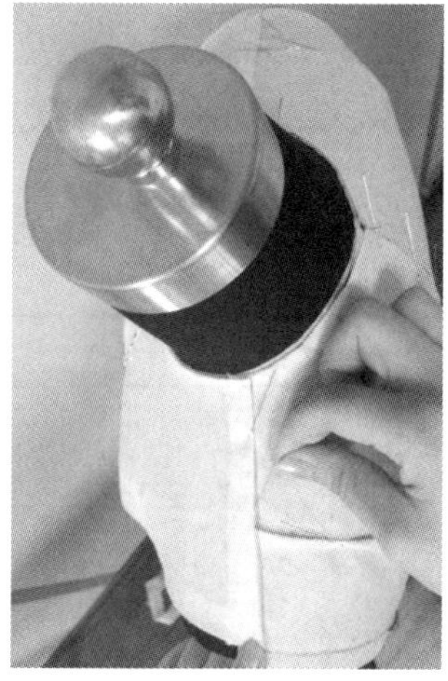

图 3-26 别合前后身

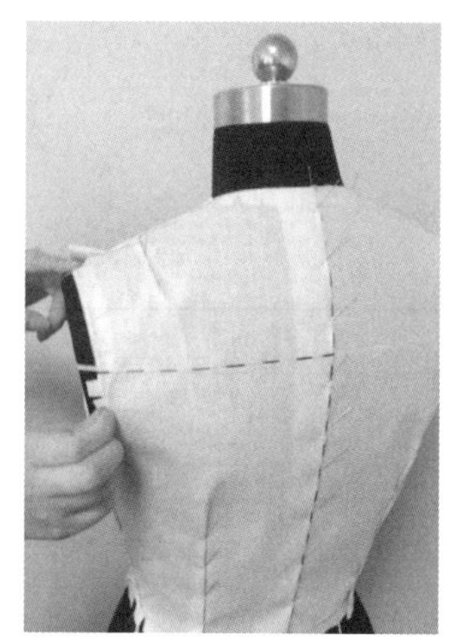

图 3-27 折叠缝边

(27) 调整试样，完成整体造型

整理坯布，调整试样，完成整体造型，如图 3-28 所示。

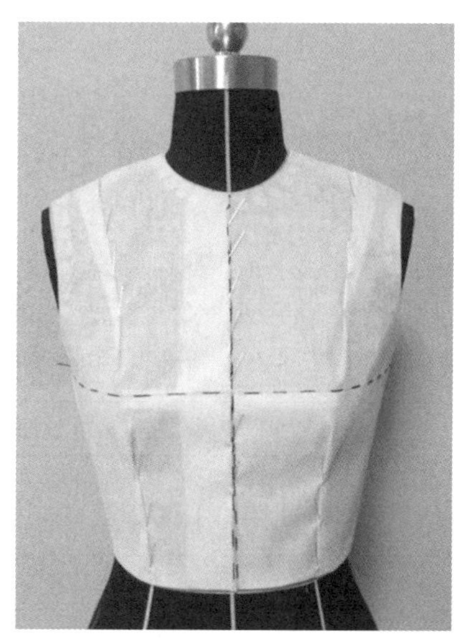
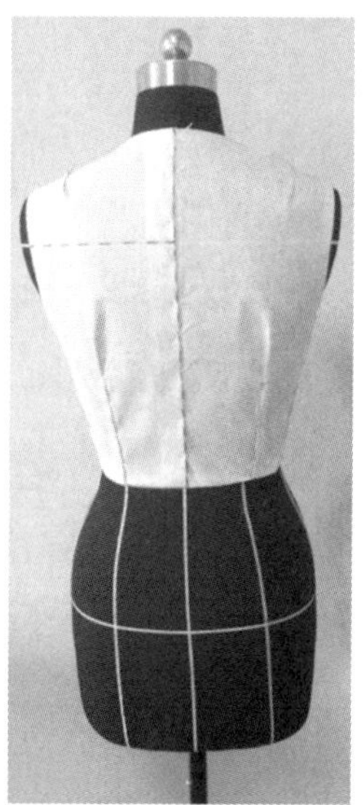

图 3-28 调整试样，完成整体造型

思考与练习

1. 在修剪衣身领围时容易多剪，如何剪开领围？

2. 在抓省的时候，如何确保省尖点？

任务二　基础上衣变化款的立体裁剪

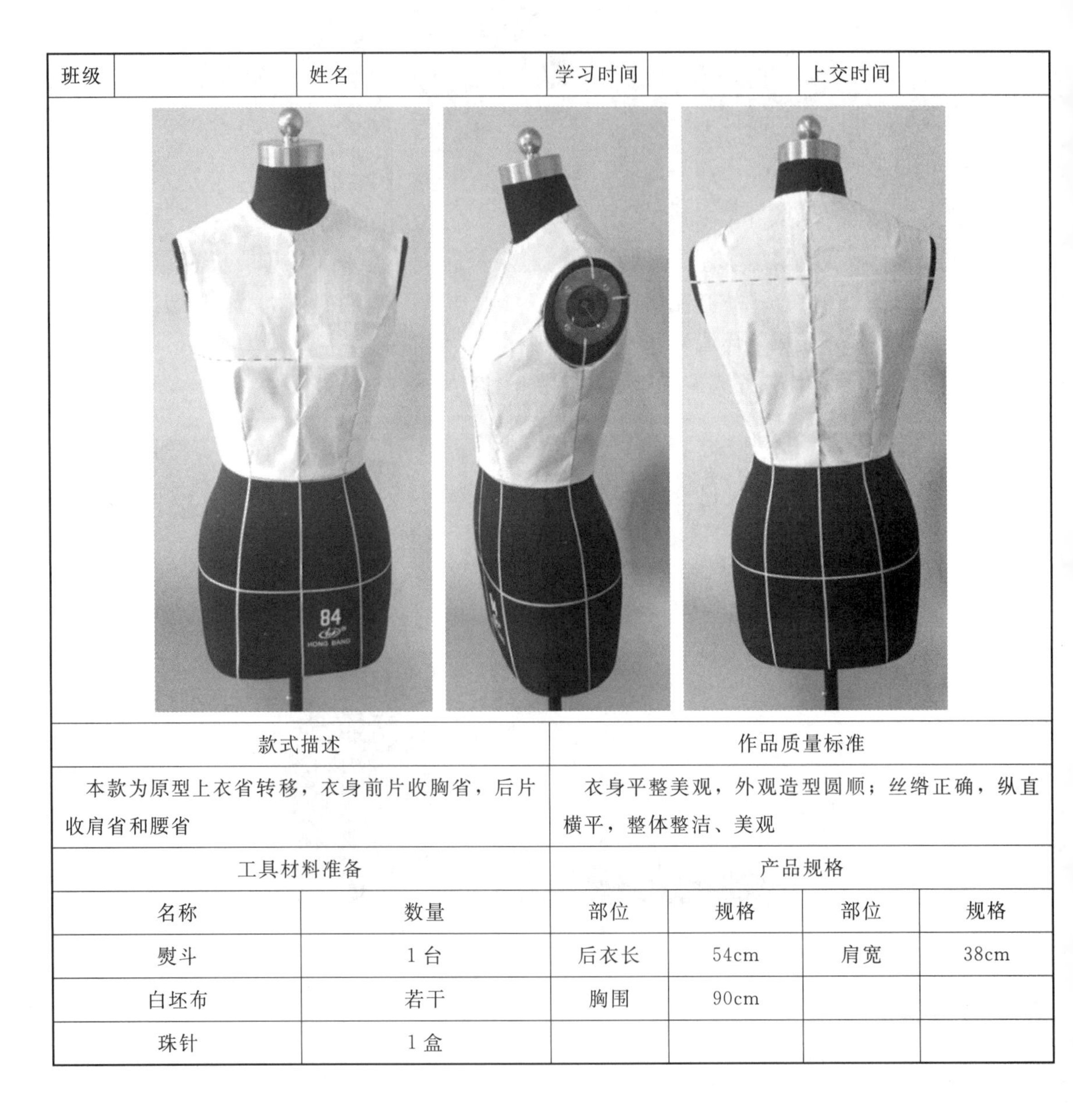

班级		姓名		学习时间		上交时间	

款式描述	作品质量标准
本款为原型上衣省转移，衣身前片收胸省，后片收肩省和腰省	衣身平整美观，外观造型圆顺；丝绺正确，纵直横平，整体整洁、美观

工具材料准备		产品规格			
名称	数量	部位	规格	部位	规格
熨斗	1台	后衣长	54cm	肩宽	38cm
白坯布	若干	胸围	90cm		
珠针	1盒				

一、任务与操作技术要求

本任务为基础上衣变化款的立体裁剪。省道设计是女装结构设计中的灵魂，我们只有掌握了省道的设计变化，女装的结构设计才会变得得心入手。通过完成本任务，不仅认识省的产生、作用，同时理解省量转移与分配的方法，而且能更好地认识衣身结构的状态、更好地掌握保持衣身结构的方法与要求。

基础上衣变化款式是上衣在立裁制作中以人台 BP 点为中心点，继而开展对不同位置、大小和数量的不同转变，是一项有针对性的专项练习，力求衣身平整、美观，外观造型圆顺；对省道的形态和形成有一个更好地把握，且要求成品面料丝绺正确，纵直横平，保持整体整洁、美观。

二、基础上衣变化款的立体裁剪制作简介

本任务是基础上衣变化款的立体裁剪制作，能帮助我们更好地理解省道设计与应用，可以依据 BP 点凸出时不同部位的需要，从各个方向进行省道设计，其省道的指向均为 BP 点。该任务是通过上衣省道的不同位置、形态和大小来强化省道的设计与应用的练习，从而掌握省道的产生的原因与转移的方法。

三、制作过程介绍

1. 准备工作

（1）白坯布估料

基础上衣前、后片各 2 片。

前、后片规格：长度＝颈侧点经 BP 点到腰线＋10cm 左右；宽度＝前中线点起至侧缝点的宽度＋10cm 左右。

（2）画辅助线

面料丝绺调整完成后，在坯布上绘出各辅助线条，要求各裁片丝绺纵直横平。

衣片对应人台中线和胸围、背宽围度线，如图 3－29 所示。

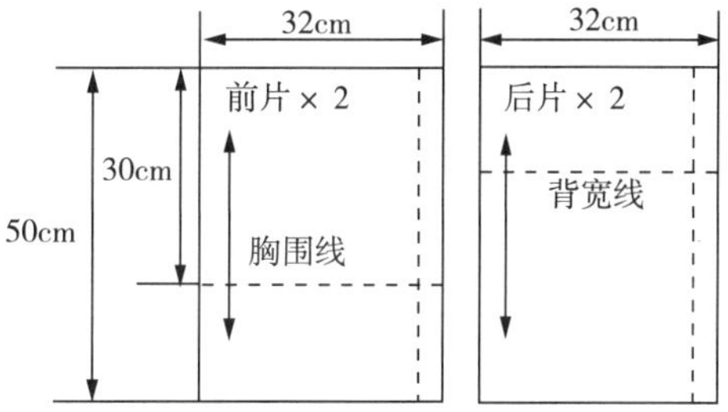

32cm　32cm　前片×2　后片×2　30cm　50cm　胸围线　背宽线

图 3－29　辅助线

（3）工具

熨斗、大头针、人台等。

2. 制作过程

（1）粘贴造型线

根据款式粘贴胸省位置，如图 3－30 所示。

（2）固定坯布

将前片布固定于人台上，注意将坯布的中心线和围度线分别与人台的前中心线和胸围线对齐；胸部乳沟处为使坯布固定不会凹陷，造成长度不足，应在 BP 点上方固定一块宽约 1cm 宽的卷边直丝面料，用大头针固定，如图 3－31 所示。

（3）前胸片加放松量

在 BP 点附近的胸围线上捏起 0.5cm 左右的放松量，在侧缝处用立裁针固定，调整制作时注意保持衣身丝绺的平直，如图 3－32 所示。

（4）修剪领口

抚平前胸坯布，沿前中心线剪至距领口线 2cm 处，横剪一块坯布（宽度为 3cm 左右），

如图 3－33 所示。

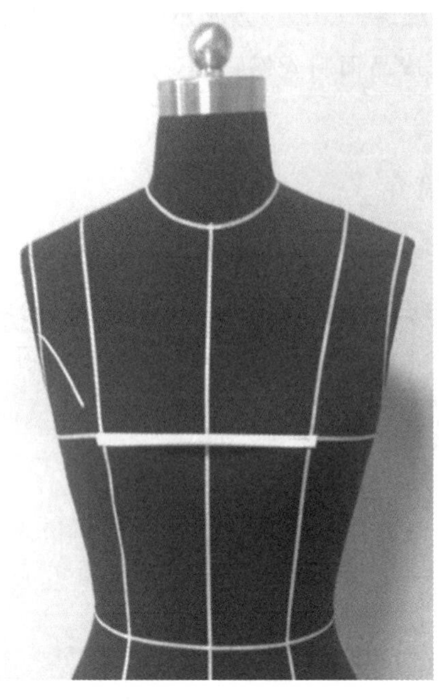

图 3－30　粘贴造型线

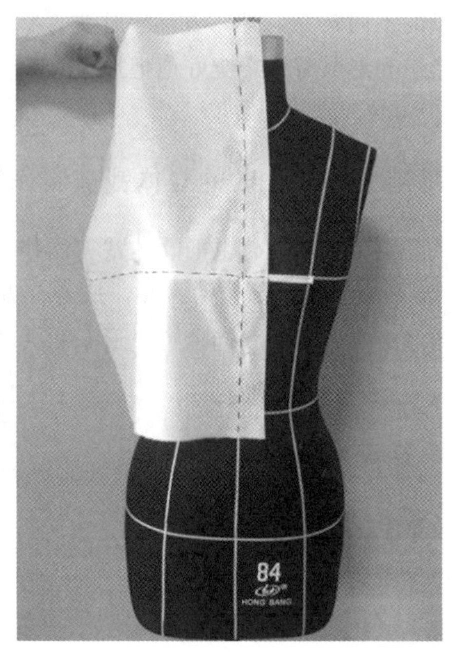

图 3－31　固定坯布

（5）制作前领圈

顺着颈围抚平布料，一边抚平一边打刀口垂直于领围标识线；肩部抚平，沿领口线修剪，使布料与人台的颈围自然贴合，颈围处留 2cm 左右的缝份，在颈肩点用立裁针固定，如图 3－34所示。

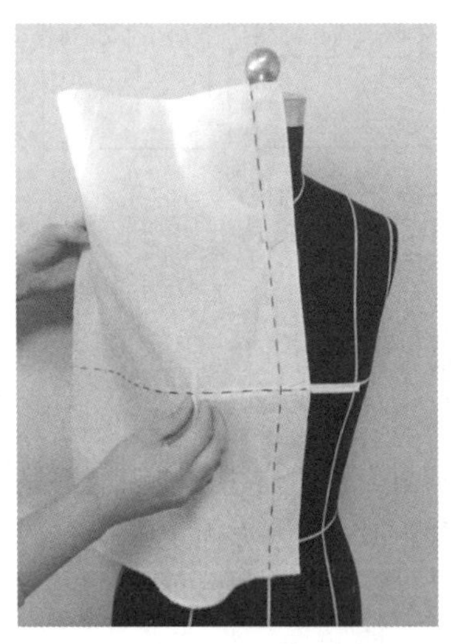

图 3－32　前胸片加放松量

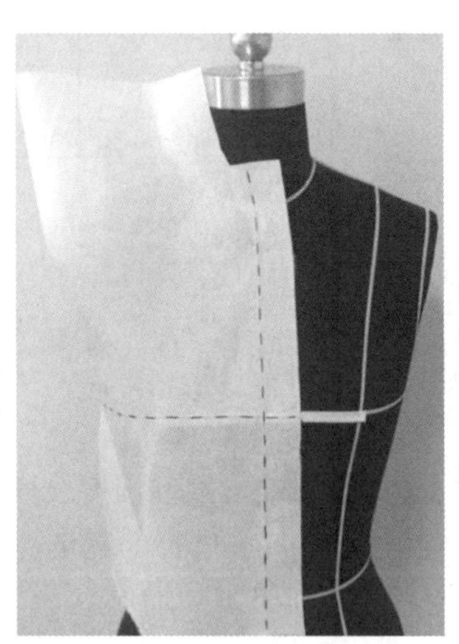

图 3－33　修剪领口

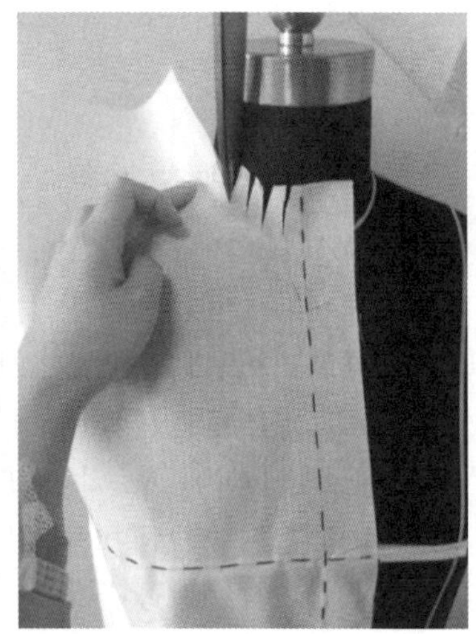

图 3－34　制作前领圈

（6）修剪袖窿与肩

初修剪肩部及袖窿部多余的坯布，如图 3－35 所示。

（7）修剪肩部

抚平肩部，固定肩点，修剪多余的坯布，缝份预留 3cm 左右，如图 3－36 所示。

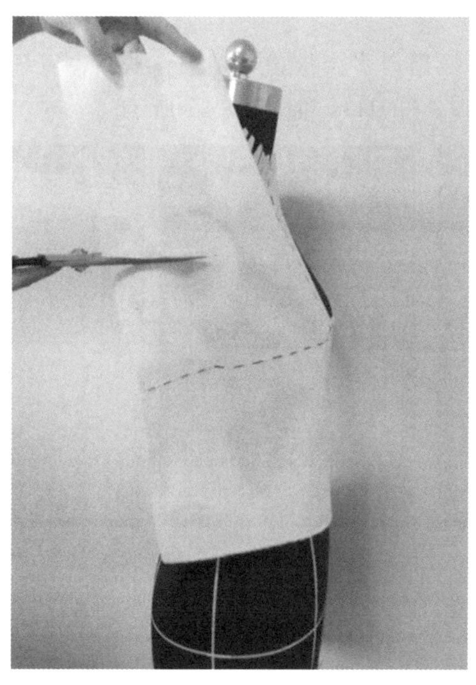

图3－35　修剪袖窿与肩

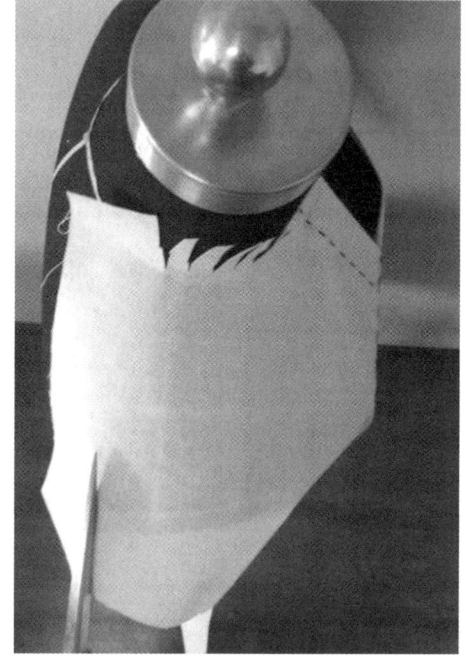

图3－36　修剪肩部

(8) 捏出袖窿省

胸围线保持平直，在保留胸宽处松量的前提下，从前腋点附近的袖窿线开始，捏出省道，省尖指向BP点；省道用抓合针法别出，得到接近箱型的轮廓，如图3－37所示。

(9) 捏腰省

抚平腰部坯布，使坯布自然贴合人台，从腰围线开始，指向BP点，捏出省道；省道的位置、量、方向、长度确定后，用抓合针法固定，如图3－38所示。

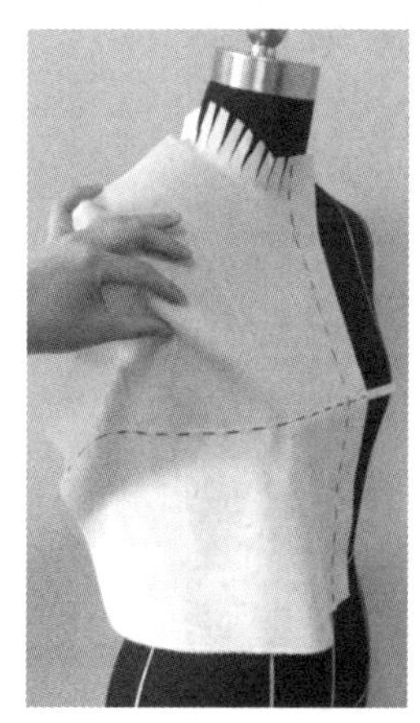

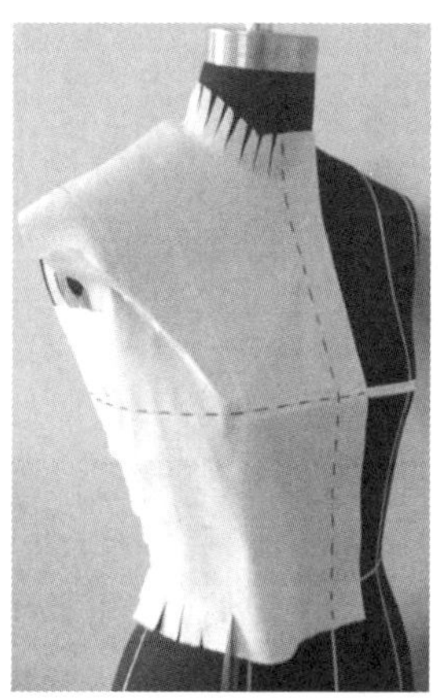

图3－37　捏出袖窿省

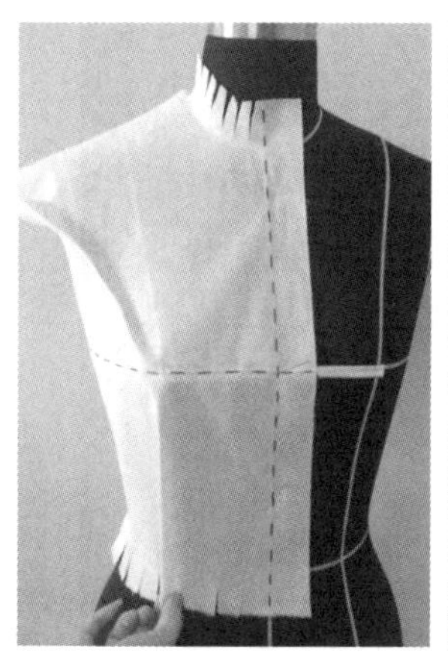

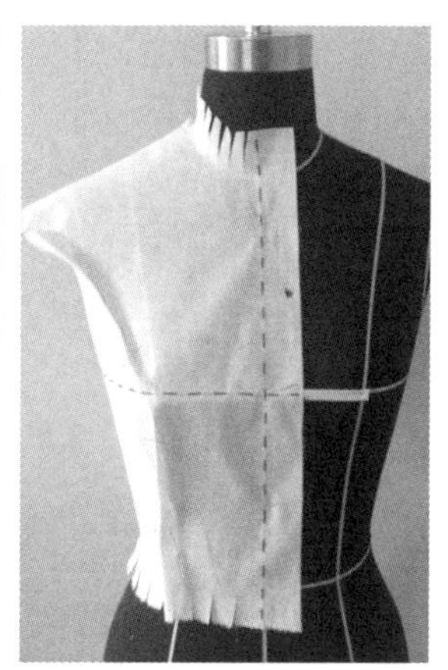

图3－38　捏腰省

(10) 点影标记

用铅笔依据人台标识线做点影，如图3－39所示。

(11) 调整版型

将点画好的坯布取下，修顺轮廓线，并确认对位记号，如图3－40所示。

(12) 拓版

取另一片坯布放置于前片裁片下，沿轮廓线修剪多余缝份，领围、袖窿、肩缝、侧缝1cm左右，腰围线1.5cm左右；并在领围，袖窿处打刀口，如图3-41所示。

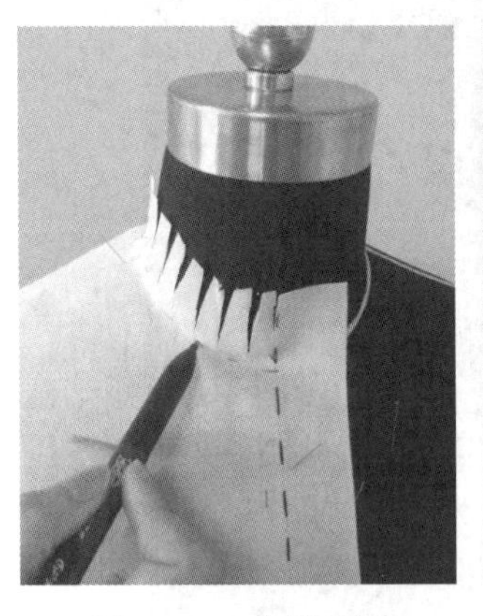

图3-39 点影标记

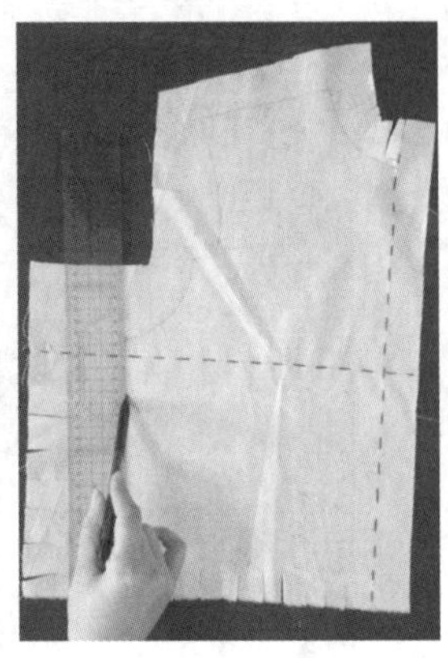

图3-40 调整版型

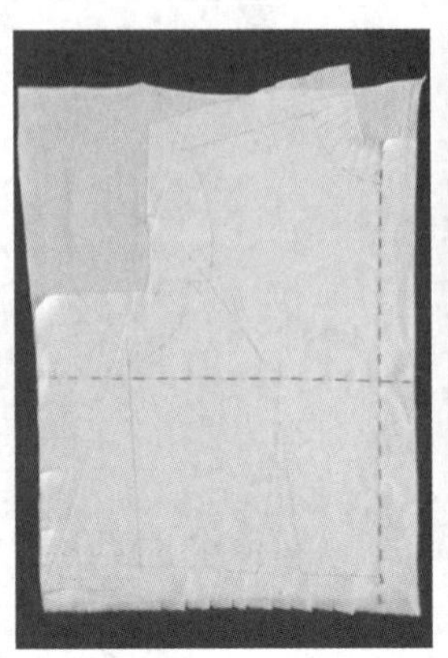

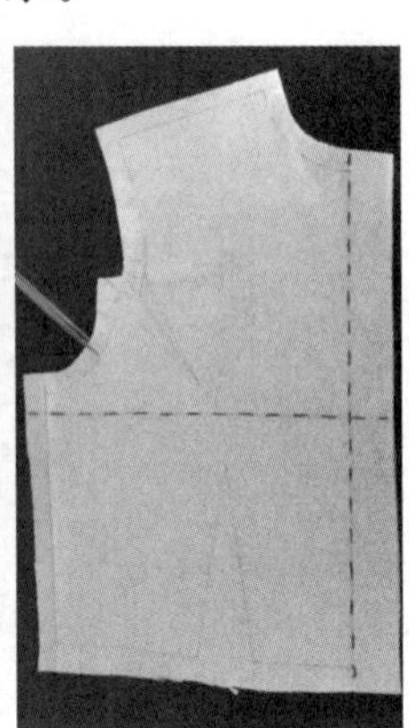

图3-41 拓版

(13) 折叠缝边

沿轮廓线折叠缝边，如图3-42所示。

(14) 做省道标记

省位及省尖用针垂直插入衣片，依据针位在另一面点画，确保左右两片衣片省的大小、位置及省尖一致；并勾画右前片省道，如图3-43所示。

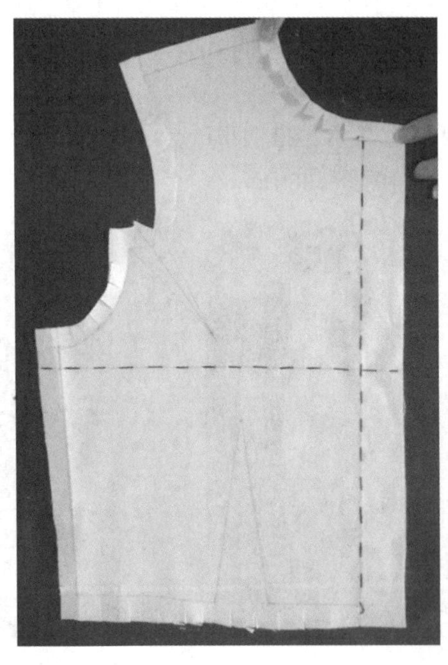

图3-42 折叠缝边

图3-43 做省道标记

(15) 别合衣身

用叠别针别合衣身，如图3-44所示。

(16) 后片制作

参照基础上衣的制作方法制作后片，如图3-45所示。

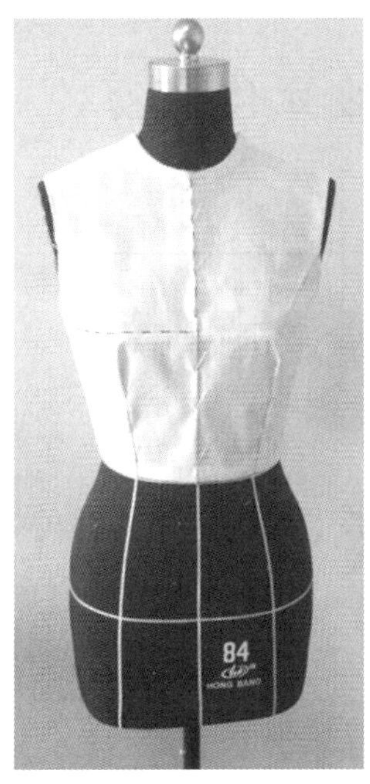

图 3－44　别合衣身　　　　图 3－45　后片制作

（17）调整试样，完成整体造型

整理坯布，调整试样，完成整体造型，如图 3－46 所示。

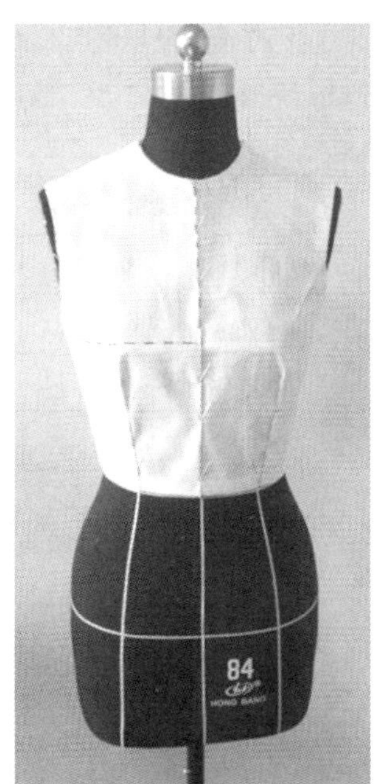

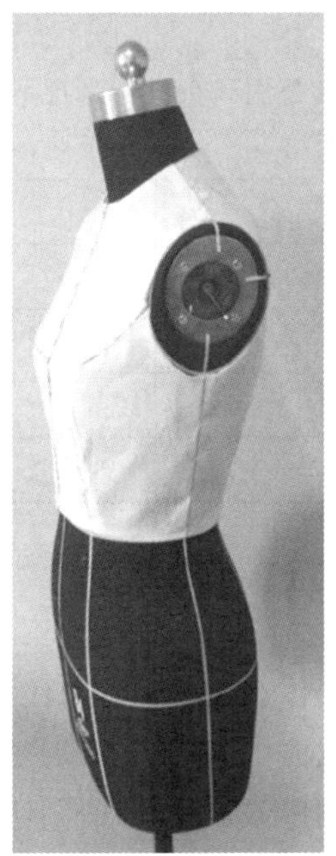

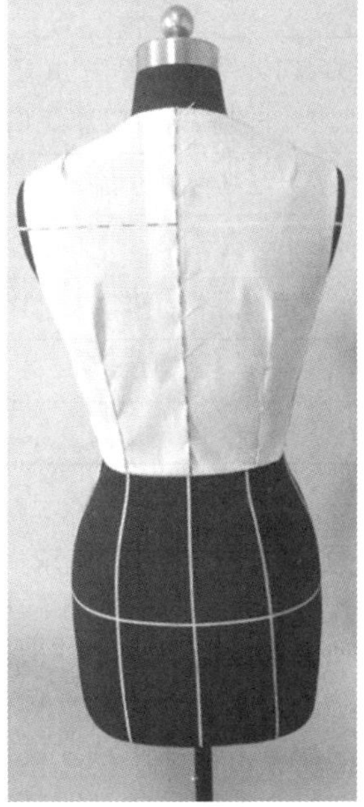

图 3－46　调整试样，完成整体造型

思考与练习

1. 你如何理解省道转移？

2. 省道转移的注意事项有哪些？

任务三　基础衬衫的立体裁剪

班级		姓名		学习时间		上交时间	

款式描述	作品质量标准
合体女衬衫，四开身且前后片由直线公主线分割，翻领长袖，平下摆，前中门襟设6颗扣	大身不起皱，平整；领头平服，领角长短一致，不反翘，绱袖均匀，整体整洁、美观

工具材料准备		产品规格			
名称	数量	部位	规格	部位	规格
熨斗	1台	后衣长	54cm	肩　宽	38cm
白坯布	1块	胸　围	90cm		
珠针	1枚	袖　长	56cm		

一、任务与操作技术要求

本任务为基础衬衫的立体裁剪制作。通过学习本任务，掌握基础女衬衫的立体裁剪方法。

本任务是学生第一次接触立体裁剪中衣领、衣袖以及公主线分割的制作。要求学生利用平面裁剪中衣领和衣袖的版型拓版制作，这是一次立体裁剪和平面裁剪结合的制作，在以后立体裁剪的实际操作中运用更灵活，为更多样式的服装立体裁剪打下基础。

衬衫在立裁制作中要求丝绺正确，纵直横平。大身平整美观，领子平服，领角对称、服帖不起翘，门襟长短一致、不起吊；绱袖吃势均匀，左右袖长短、袖肥一致。

二、基础衬衫的立体裁剪简介

衬衫款式的制作能够帮助我们更好地理解成衣的立体裁剪制作，同时也认识了立体裁剪与平面的裁剪的转化关系和运用。

本款式是女衬衫基础款、百搭款。合体四开身，翻领、长袖，袖口抽细褶设袖克夫，平下摆，衣身前、后片由直线公主线分割，前中门襟设6颗纽扣。

三、制作过程介绍

1. 准备工作

（1）白坯布估料

基础上衣前片、后片各2片；分别为前中片、前侧片，后中心片、后侧片。

前、后中片规格：长度＝衣长＋8cm左右；宽度＝前或后胸围/4＋6cm左右。

前、后侧片规格：长度＝衣长＋8cm左右；宽度＝前后侧片＋6cm左右。

大、小袖片：长度＝袖长＋8cm左右；宽度＝袖肥＋6cm左右。

领片：长度25cm左右；宽度15cm左右。

（2）画辅助线

面料丝绺调整完成后，在坯布上绘出各辅助线条，要求各裁片丝绺纵直横平：大身片对应人台中线和胸围、腰围的围度线，如图3－47所示。

袖片分别是将袖子的中心与坯布的中心对应，以及袖子的手肘线与大身的腰围线、袖肥线对于胸围线，如图3－48所示。

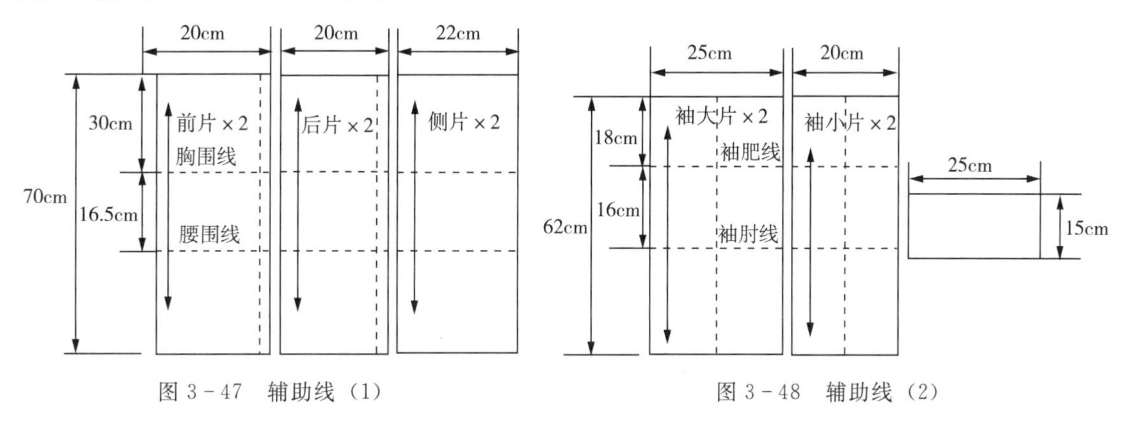

图3－47 辅助线（1） 图3－48 辅助线（2）

（3）工具

熨斗、大头针、人台等。

2. 制作过程

（1）粘贴造型线

根据款式粘贴款式造型线，如图3－49所示。

（2）固定后中坯布

将后片布固定于人台上，将坯布后中心线、胸围线和腰围线分别与人台的后中心线、胸围线和腰围线对齐，如图3－50所示。

（3）修剪后领口

根据领围标识线，制作后领圈。

(4) 后中片加放放松量

在胸围附近至腰部捏出 0.2cm 左右的松量作为后片松量，沿公主线点影、修剪后片，如图 3-51 所示。

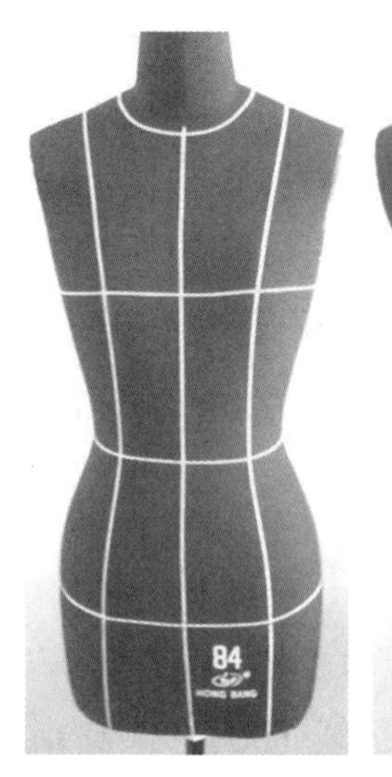

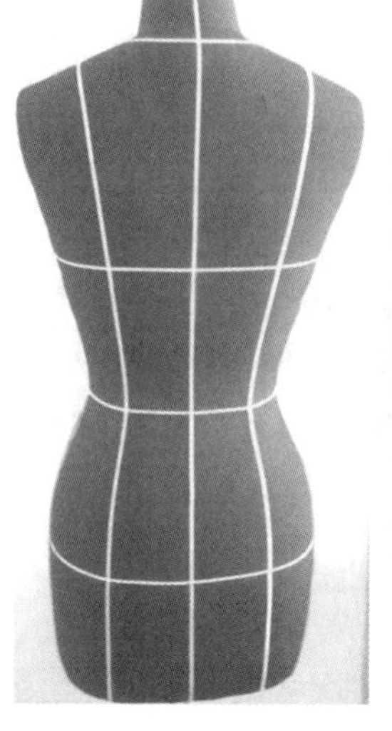

图 3-49 粘贴造型线

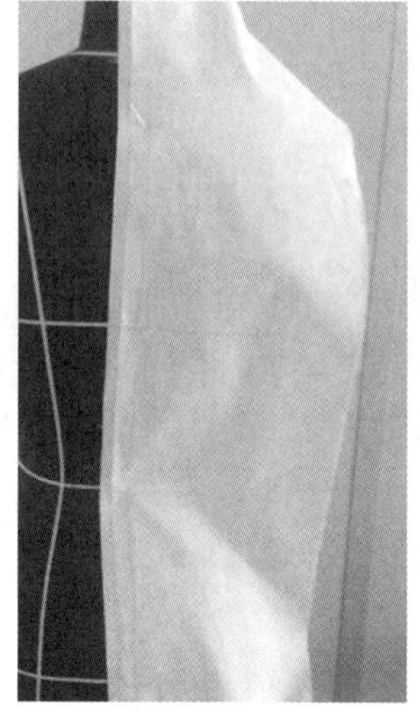

图 3-50 固定后中坯布

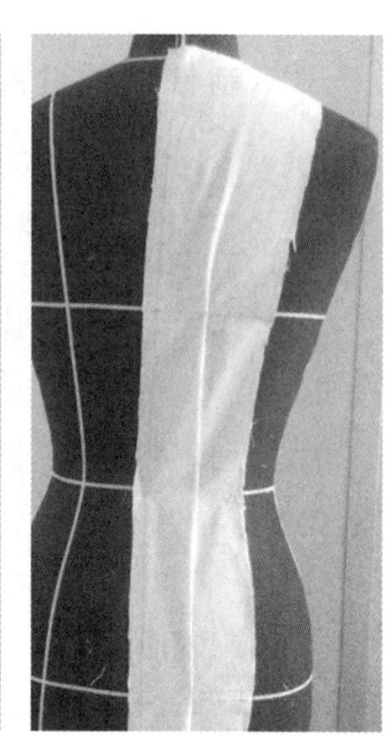

图 3-51 后中片加放放松量

(5) 制作后侧片

坯布侧片对上人台胸围和腰围线固定，修剪造型及袖窿线，拼合缝边，如图 3-52 所示。

(6) 制作前侧片

固定前侧片，捏出适当松量，沿公主线修剪造型及袖窿线，如图 3-53 所示。

(7) 制作前片

固定前片，捏出适当松量，修剪领口，如图 3-54 所示。

(8) 前片点影

在坯布上做点影标记，如图 3-55 所示。

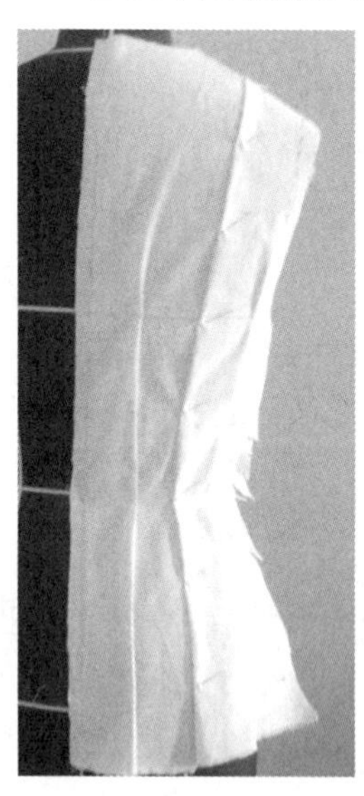

图 3-52 制作后侧片

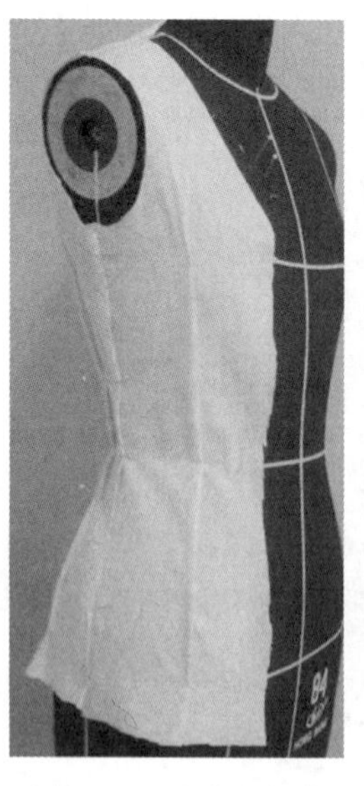

图 3-53 制作前侧片

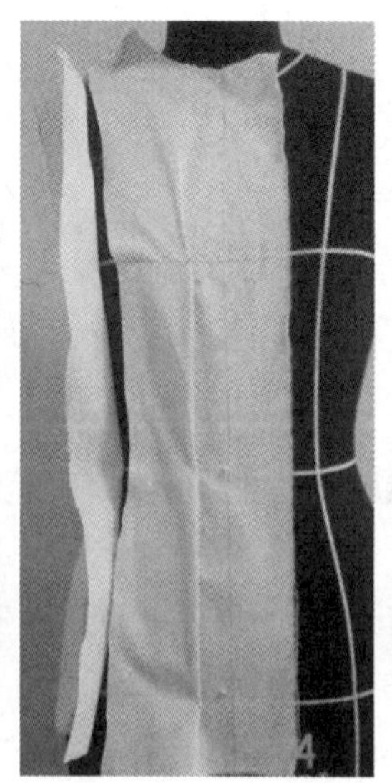

图 3-54 制作前片

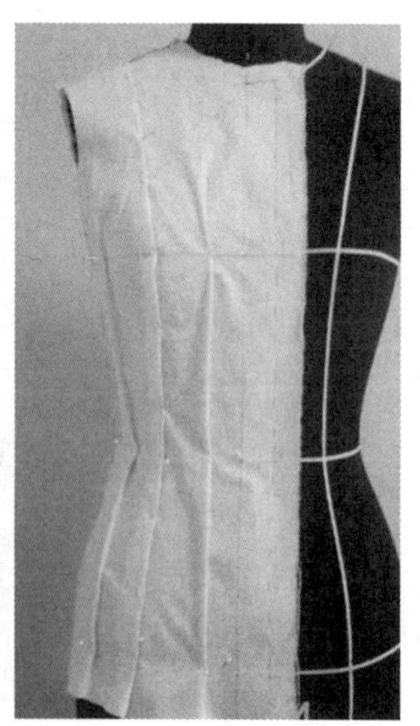

图 3-55 前片点影

(9) 制作门襟和底边

折叠布边，撤掉坯布上固定松量的珠针，如图 3－56 所示。

(10) 拓展另一侧样片

将左侧样板拿下，拆分样片，根据点影绘制样板，并拷贝另一侧样板，如图 3－57 所示。

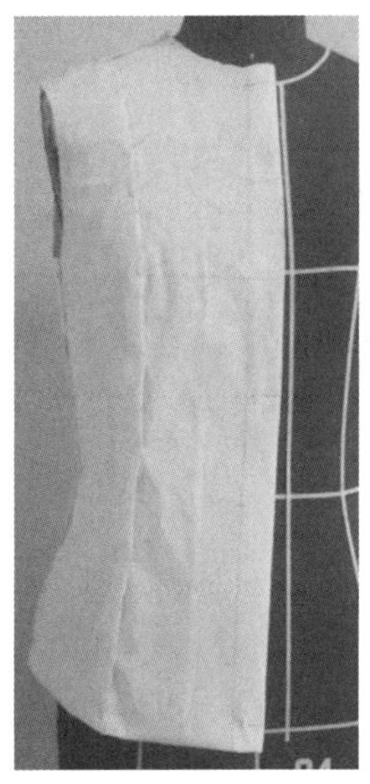

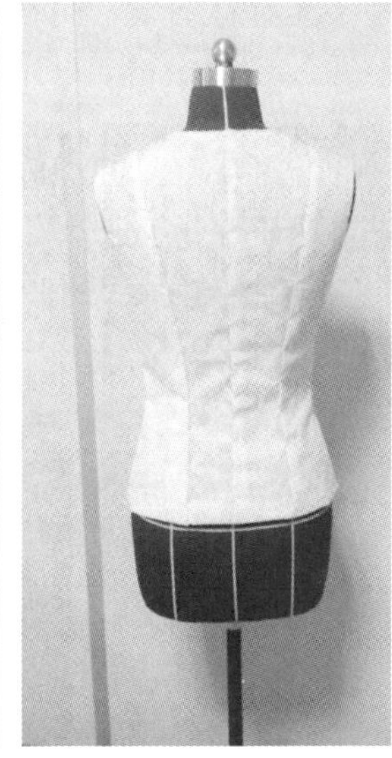

图 3－56　制作门襟和底边

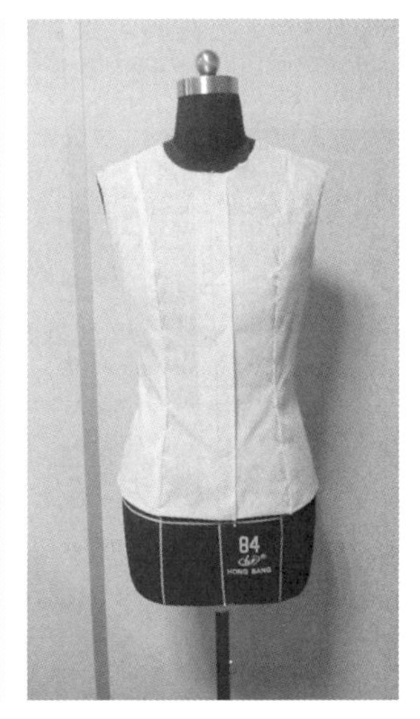

图 3－57　拓展另一侧样片

(11) 假缝衬衫大身

用叠别针缝合衬衫大身。

(12) 绘制袖子

绘制袖子，如图 3－58 所示。

(13) 袖口抽细褶

袖口用手缝走线，收拢成细褶，袖口开为 20cm，如图 3－59 所示。

(14) 别合袖身

用叠别针别合袖身，如图 3－60 所示。

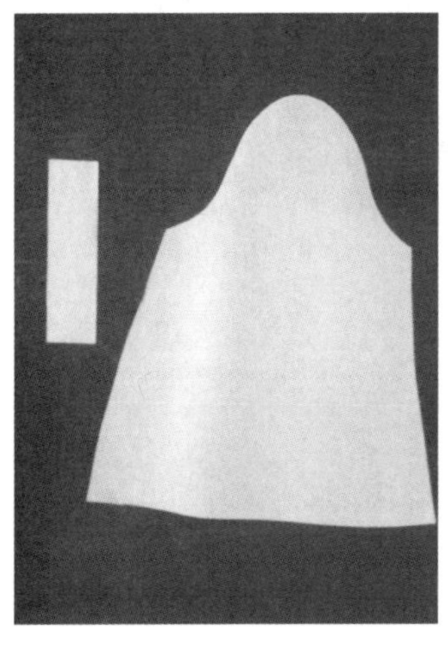

图 3－58　绘制袖子

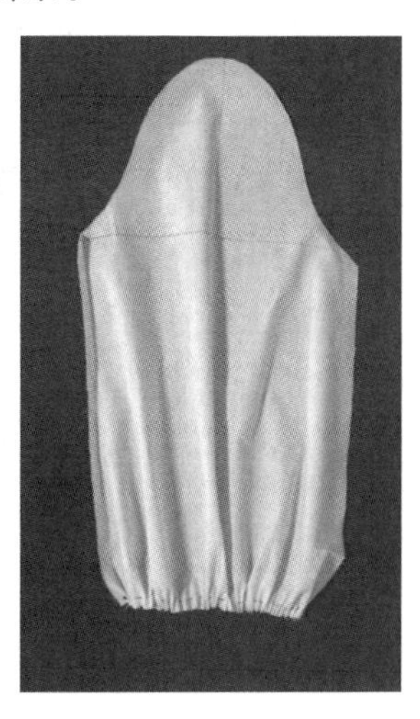

图 3－59　袖口抽细褶

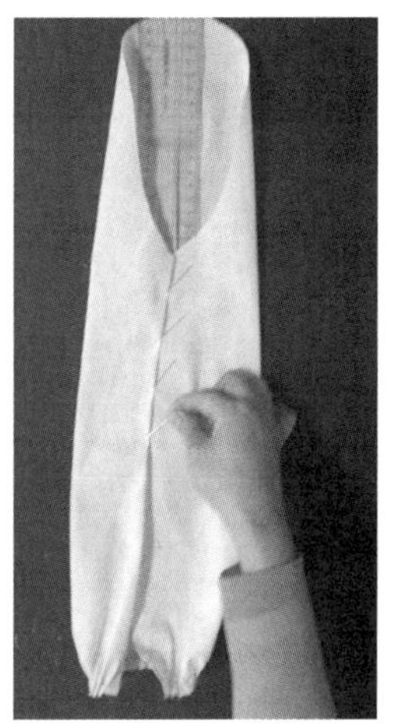

图 3－60　别合袖身

(15) 上袖克夫

折烫袖克夫（规格：20cm×4cm），将袖克夫别合在袖口，注意缝份保持一致，如图3-61所示。

(16) 袖山吃势

在袖山头0.5cm左右的位置，用手工走针缝纫线，抽缩缝纫线，均匀分配袖山吃势，如图3-62所示。

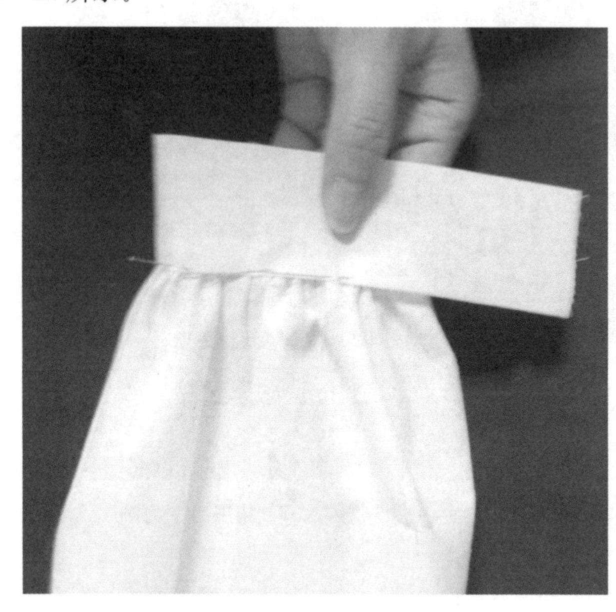

图3-61 上袖克夫

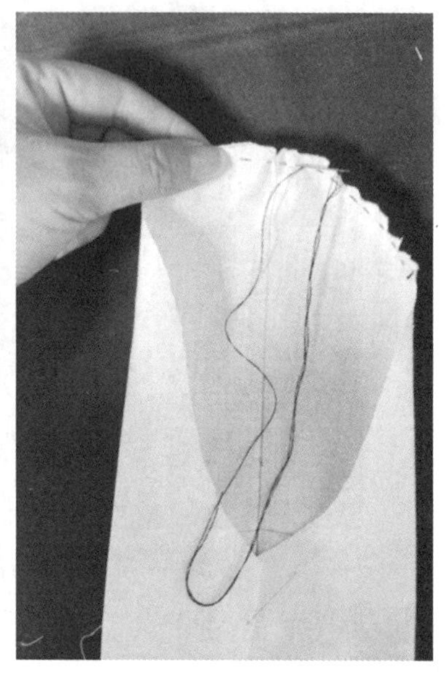

图3-62 袖山吃势

(17) 上袖

袖片底缝与袖窿底边线位置对齐；用立裁针固定袖窿底部弧线，并向左右两边固定袖子，如图3-63所示。

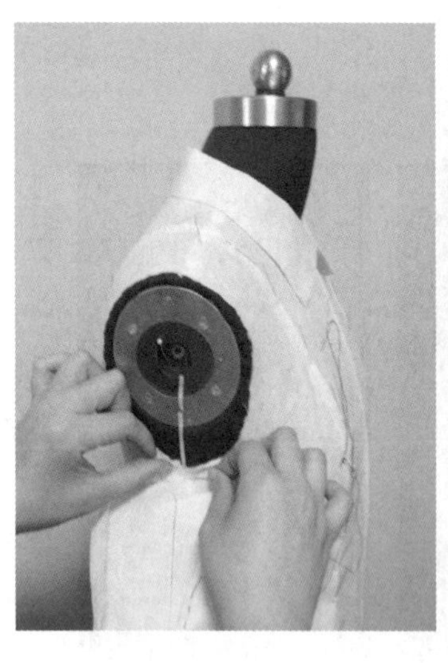

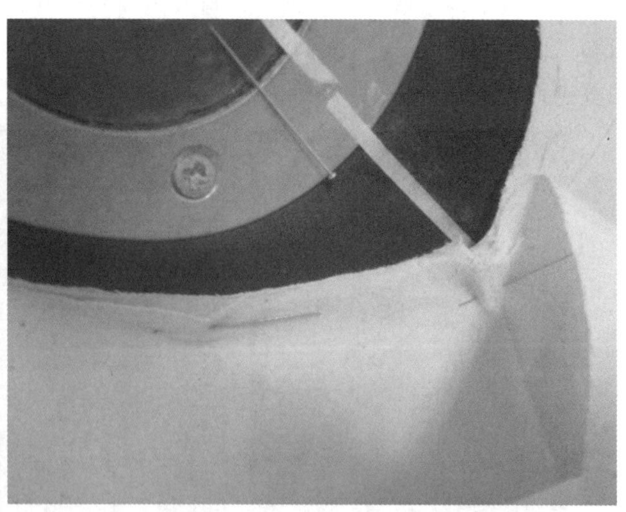

图3-63 上袖

(18) 固定袖山顶点

将袖山顶点固定于衣身肩点，如图3-64所示。

(19) 绱袖完成，调整补正

袖窿底部无吃势，保持平服。若不对称，可根据袖窿弧线造型调整袖山弧线，并均匀分配袖山吃势，沿着袖窿弧线，别缝衣身与衣袖，保持袖山的圆顺、饱满，如图3-65所示。

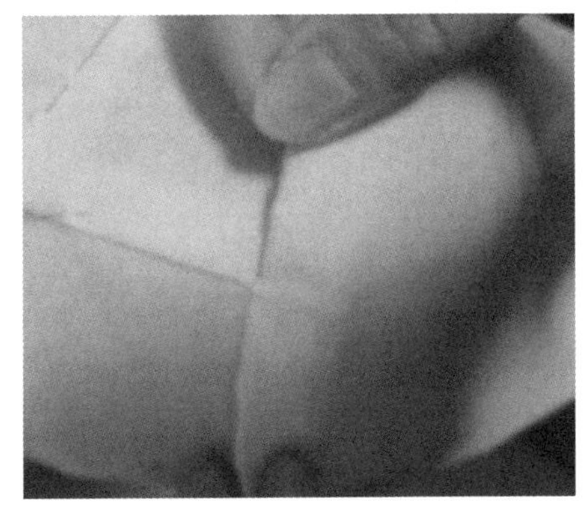

图3-64　固定袖山顶点

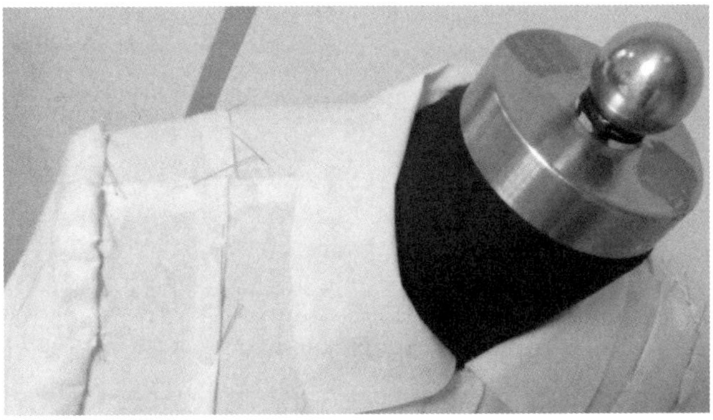

图3-65　绱袖完成，调整补正

(20) 固定领片坯布

将领片坯布固定在人台上，领片中心线保持垂直，将预留余量作为翻领调整量，如图3-66所示。

(21) 修剪领中线

沿领后中心线剪至后领点，留缝头，如图3-67所示。

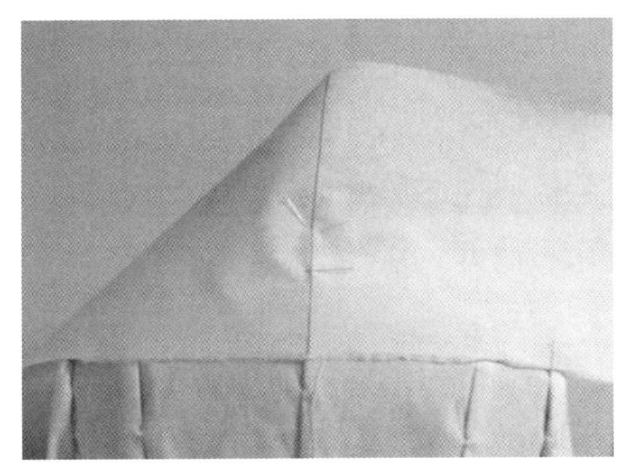

图3-66　固定领片坯布

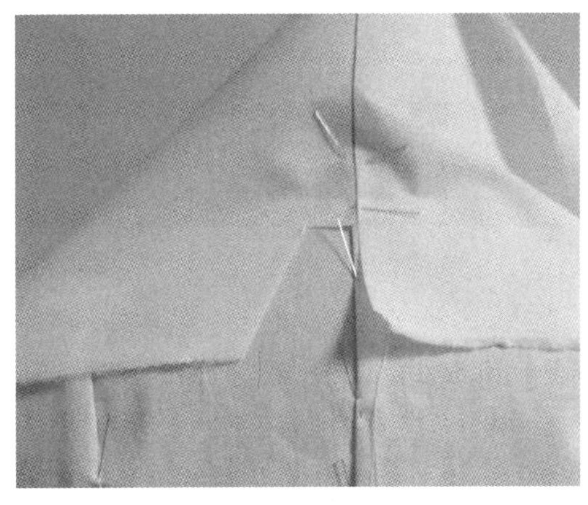

图3-67　修剪领中线

(22) 别合领子与大身

沿领口线修剪，一边打剪口一边用立裁针固定，调节领子下口与上口的差量，确保领上口有适量的松量翻折，如图3-68所示。

(23) 领子制作完成，调整补正

将领子上口翻折下来，要求领子后中线仍能与人台后中线对齐并固定。检查侧颈点松量的合适度，以能插入一个小手指头的大小为佳，确定领外口造型，如图3-69所示。

(24) 调整试样，完成整体造型

整体造型如图3-70所示。

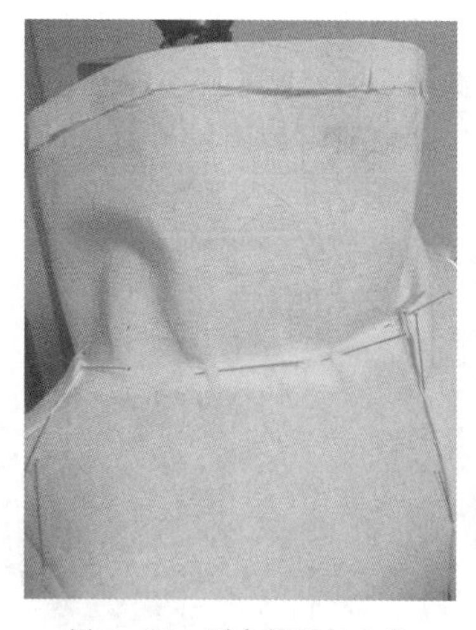

图 3 - 68　别合领子与大身

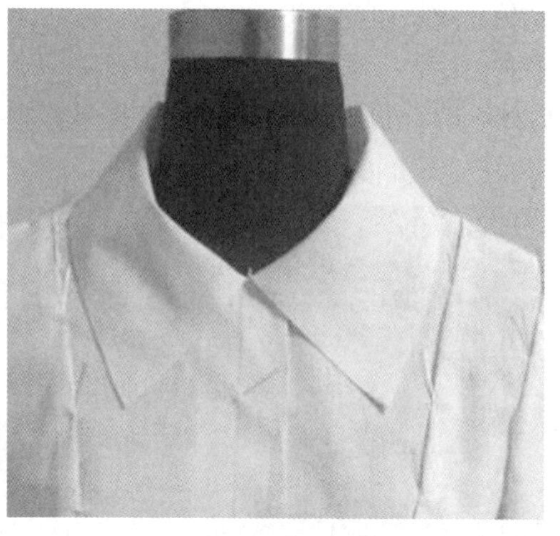

图 3 - 69　领子制作完成，调整补正

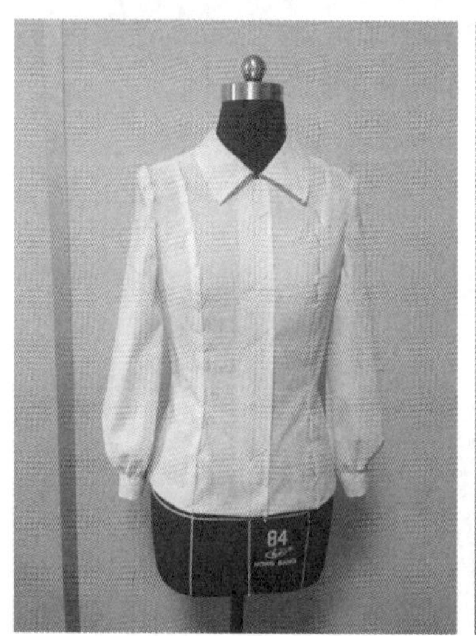

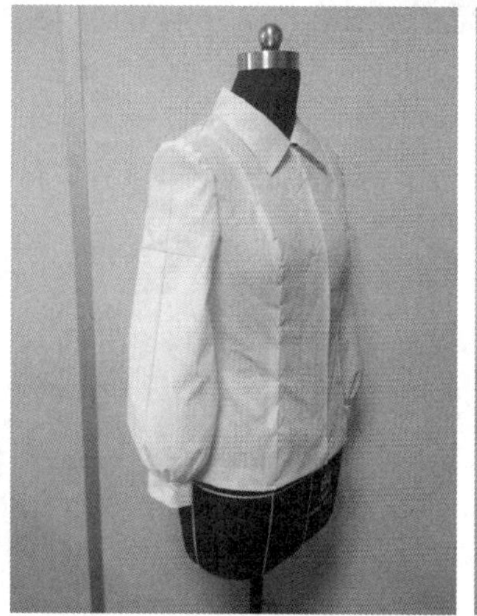

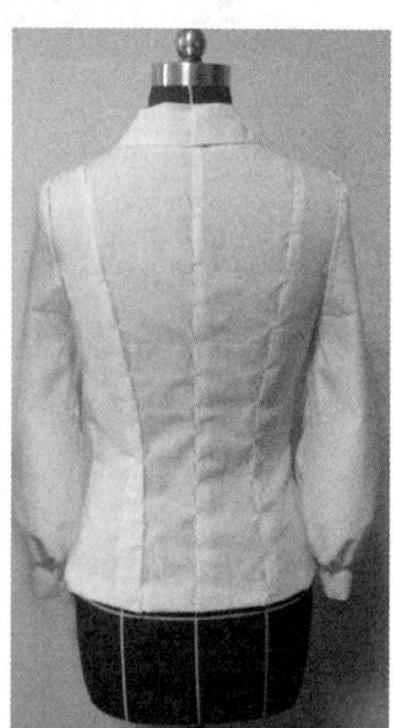

图 3 - 70　整体造型展示

思考与练习

1. 试述领子与袖子的别合方法。
2. 关于领子的制作方法，还有哪些？

任务四　衬衫变化款式的立体裁剪

班级		姓名		学习时间		上交时间	

款式描述	作品质量标准
合体女衬衫，前片横向分割且省转移至胸前褶皱，衬衫领长袖，袖口有袖克夫，后片直线分割，前中门襟设 6 粒扣	大身不起皱，平整；领头平服，领角长短一致，不反翘，绱袖均匀，整体整洁、美观

工具材料准备		产品规格			
名称	数量	部位	规格	部位	规格
熨斗	1 台	后衣长	54cm	肩宽	38cm
白坯布	1 块	胸围	90cm		
珠针	1 盒	袖长	59cm		

一、任务与操作技术要求

本任务为衬衫款式变化的立体裁剪制作。通过完成本任务，能够熟练地结合立体裁剪与平面制版，灵活运用平面制版中的衣领及衣袖版型，检测学生对基础女衬衫和衬衫简单变化款式的立体裁剪知识的掌握情况。

衬衫在立裁制作中要求丝绺正确，纵直横平，大身平整、美观，领子平服，领角对称、服帖、不起翘，门襟长短一致、不起吊，绱袖吃势均匀，左右袖长短、袖肥一致。

二、衬衫变化款式的立体裁剪简介

本任务的衬衫制作是上衣制作中的变化款，是一款合体四开身衬衫，衬衫领、袖口设克夫是传承的衬衫的设计要素，同时在前片衣身中设计了横向分割，将胸省转移至前片下胸位置设置为褶裥，让简单的衬衫款通过多线条的分割和衬衫的褶皱线条的增加提高了设计的丰富性和情趣性，大身前、后片设直线公主线分割，前中门襟设 6 颗扣，弧线下摆，让本款衬衫更具线条的流畅性和合体性。

三、制作过程介绍

1. 准备工作

(1) 白坯布估料

衣身前胸片 2 片，衣身下摆前中片 2 片，衣身下摆侧片 2 片；衣身后中片 2 片，衣身后侧片 2 片；袖片 2 片，袖克夫 2 片；上翻领 1 片；下领 1 片。

前、后中片规格：长度＝衣长＋8cm 左右；宽度＝前或后胸围/4＋6cm 左右。

前、后侧片规格：长度＝衣长＋8cm 左右；宽度＝前后侧片＋6cm 左右。

大、小袖片：长度＝袖长＋8cm 左右；宽度＝袖肥＋6cm 左右。

领片：长度 25cm 左右；宽度 15cm 左右。

(2) 画辅助线

面料丝绺调整完成后，在坯布上绘出各辅助线条，要求各裁片丝绺纵直横平：大身片对应人台中线和胸围、腰围的围度线，如图 3－71 所示。

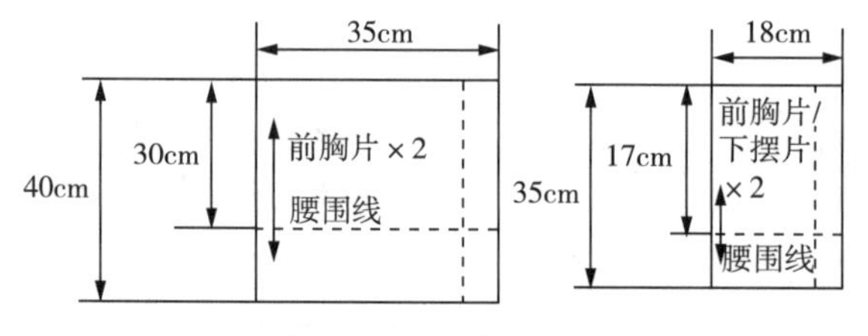

图 3－71　辅助线（1）

袖片分别是将袖子的中心与坯布的中心对应以及袖子的袖肘线与大身的腰围线、袖肥线对于胸围线，如图 3－72 所示。

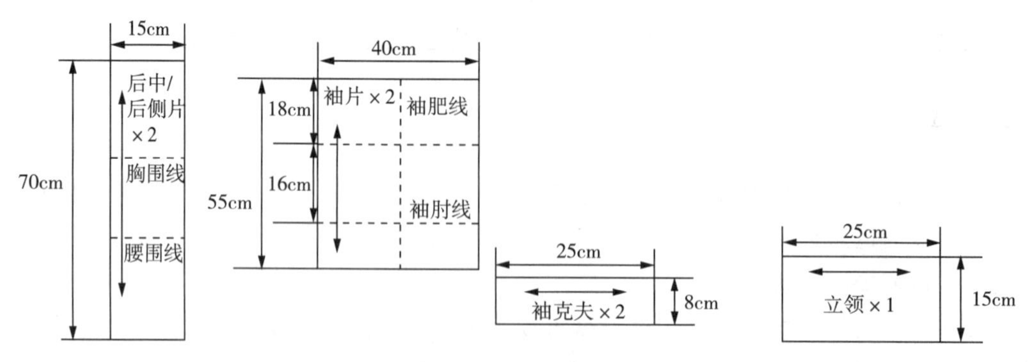

图 3－72　辅助线（2）

（3）工具

熨斗、大头针、人台等。

2. 制作过程

（1）粘贴标识线

根据款式粘贴款式造型线，如图 3－73 所示。

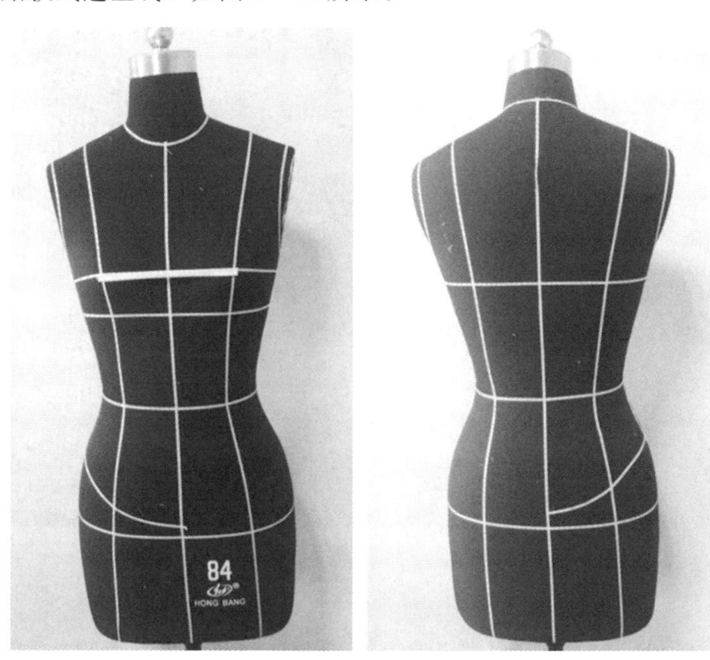

图 3－73　粘贴标识线

（2）固定前胸坯布

将前胸坯布固定于人台上，将坯布前中心线和胸围线分别与人台的前中心线和胸围线对齐。胸围线处加 0.5cm 的放松量，如图 3－74 所示。

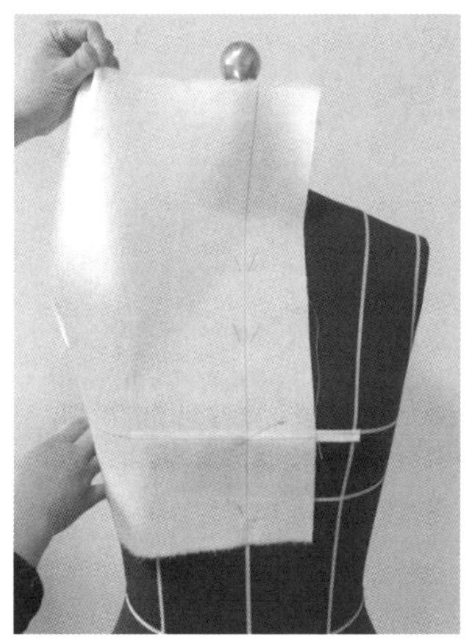

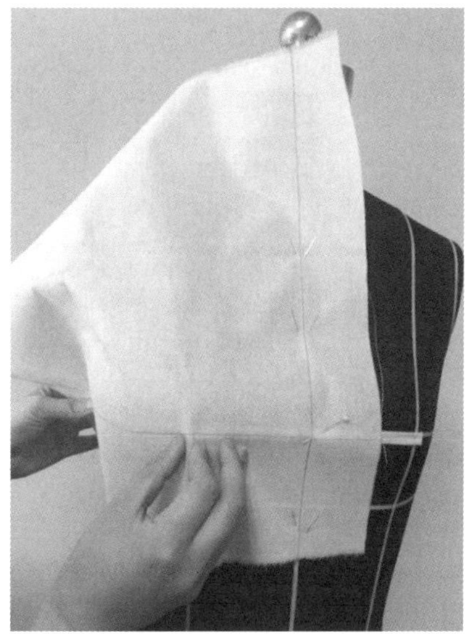

图 3－74　固定前胸坯布

（3）修剪领口

抚平前胸坯布，沿前中心线剪至距领口线 2cm 处，横剪一块坯布（宽度为 3cm 左右）；一边抚平一边打刀口垂直于领围标识线，肩部抚平，沿领口线修剪；在颈肩点用立裁针固定，如图 3－75 所示。

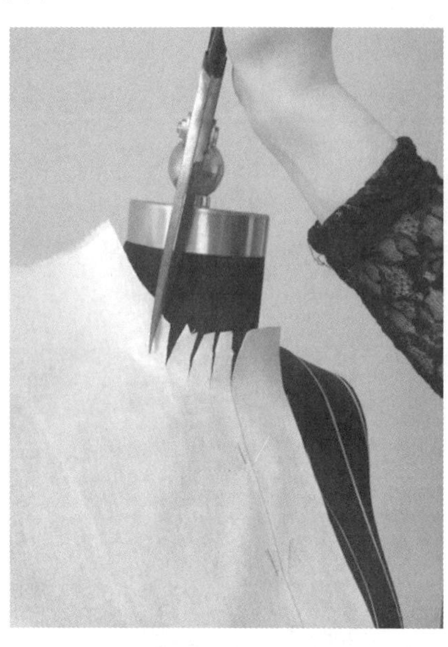
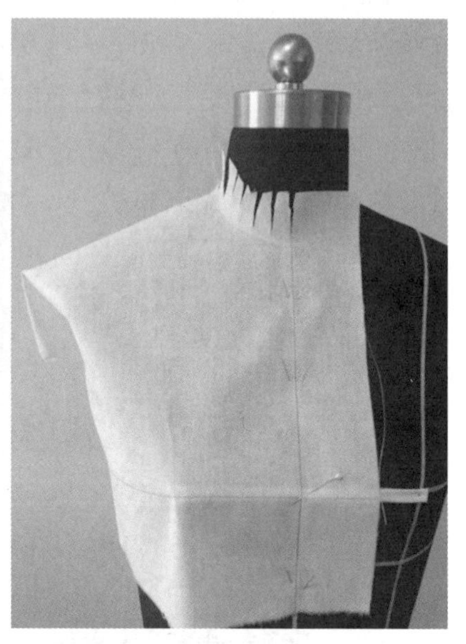

图 3－75　修剪领口

（4）转移胸褶量

将肩部多余的坯布量向下旋转，作为前胸省量，使肩部服帖、平整，如图 3－76 所示。

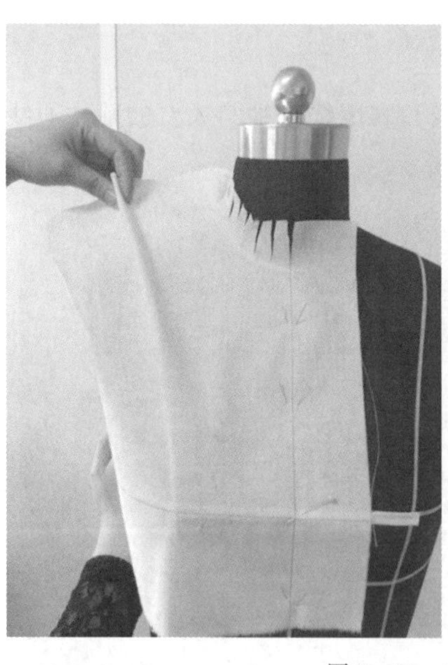
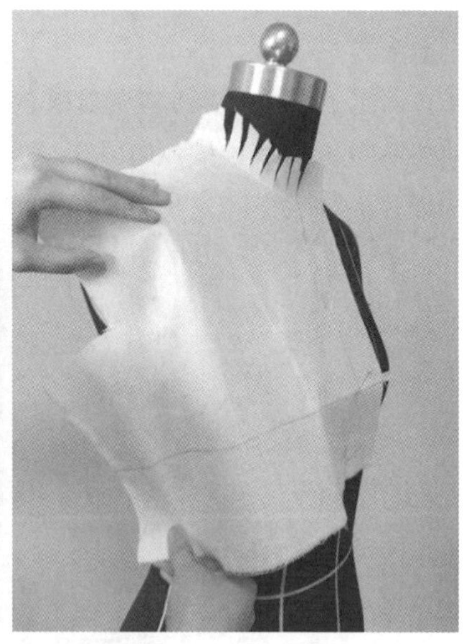

图 3－76　转移胸褶量

（5）做抽皱

捏出前胸省量，将多余的布量用手缝针在分割标识线下 0.8cm 左右的位置走针，如图 3－77所示。

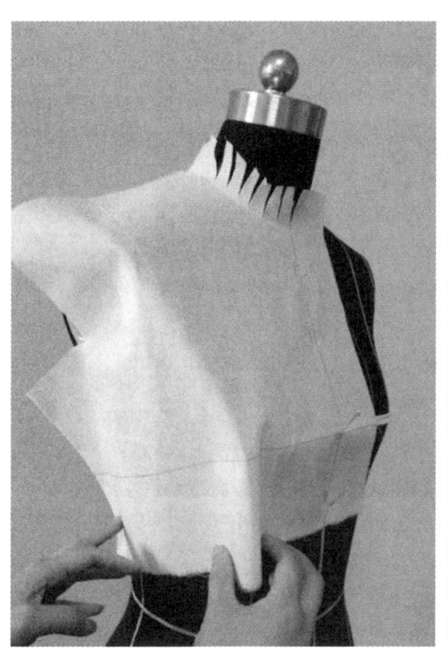

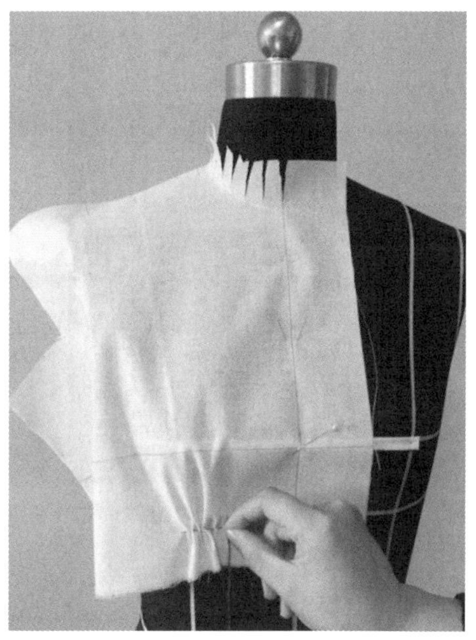

图 3-77　做抽皱

（6）点影画线

调整前胸布片，并用铅笔在领围线、袖窿线和分割线上做点标记，如图 3-78 所示。

（7）固定下摆前中片

固定下摆前中片，将坯布前中心线、腰围线分别与人台的前中心线、腰围线对齐，如图 3-79 所示。

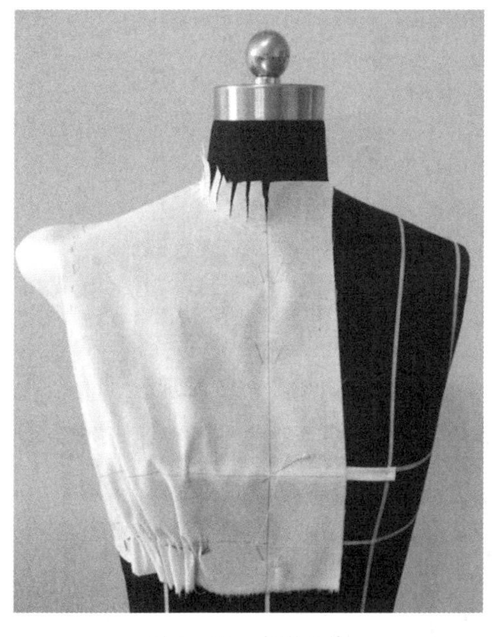

图 3-78　点影画线

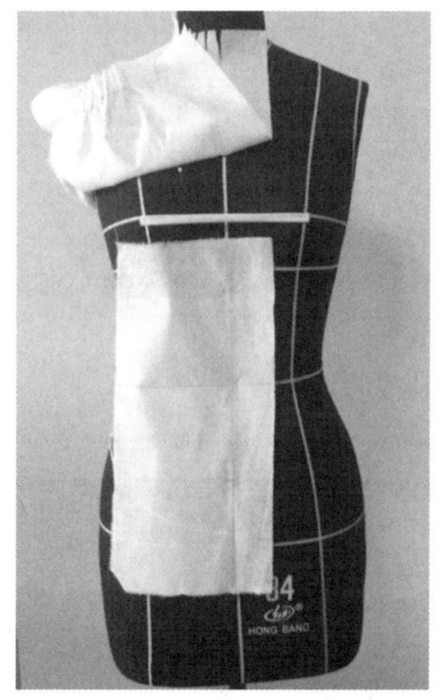

图 3-79　固定下摆前中片

（8）修剪下摆前中片

沿标识线修剪造型，使坯布与人台贴合、平服；点影画线，如图 3-80 所示。

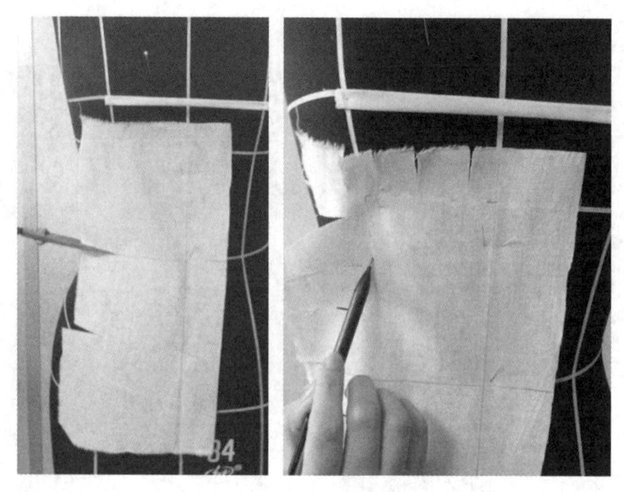

图 3-80 修剪下摆前中片

(9) 固定下摆前侧片

固定下摆前侧片，将坯布腰围线与人台腰围线对齐，沿标识线修剪造型，注意使坯布与人台贴合、平服，以及松量的把握；修剪缝份与点影造型线，如图 3-81 所示。

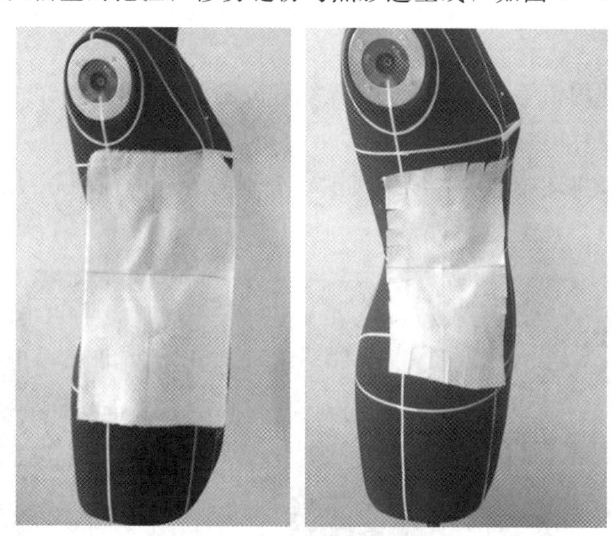

图 3-81 固定下摆前侧片

(10) 前片调整版型

将裁片取下平放，沿着点影，调整结构为轮廓线，如图 3-82 所示。

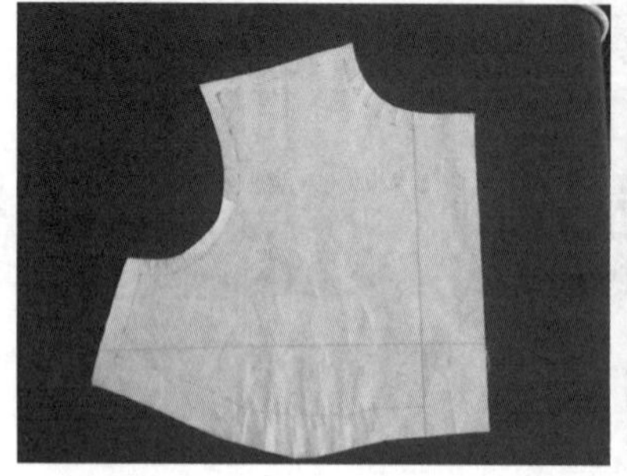

图 3-82 前片调整版型

（11）拼合前身

用叠别针拼合衬衫前身裁片，如图3-83所示。

（12）固定后中片坯布

固定后中片坯布，将坯布后中心线和胸围线分别与人台的后中心线和胸围线对齐，如图3-84所示。

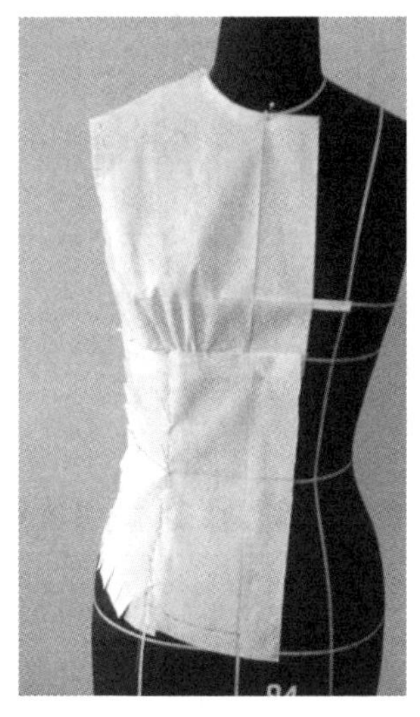

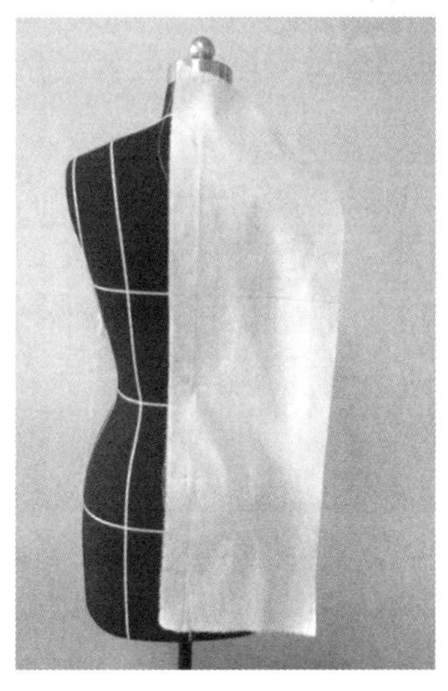

图3-83　拼合前身　　图3-84　固定后中片坯布

（13）修剪后中心片领圈

抚平坯布，沿后中心线剪至距领口线2cm处，横剪一块坯布（宽度为3cm左右），然后一边抚平一边打刀口垂直于领围标识线；肩部抚平，沿领口线修剪；在颈肩点用立裁针固定，如图3-85所示。

（14）修剪后中心片松量，控制腰带

根据衣身造型修剪后片腰带布，以确保腰部的松量把握，如图3-86所示。

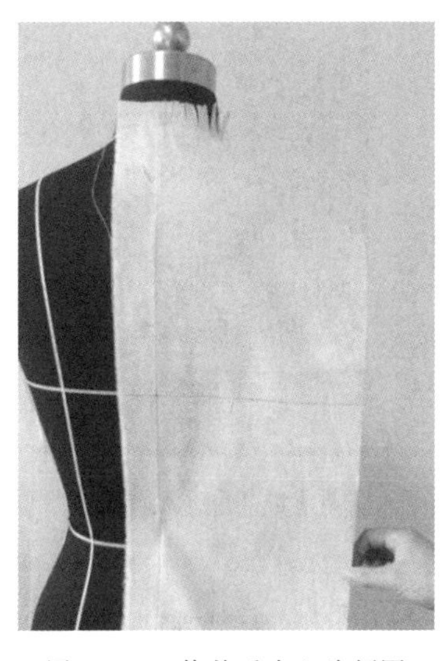

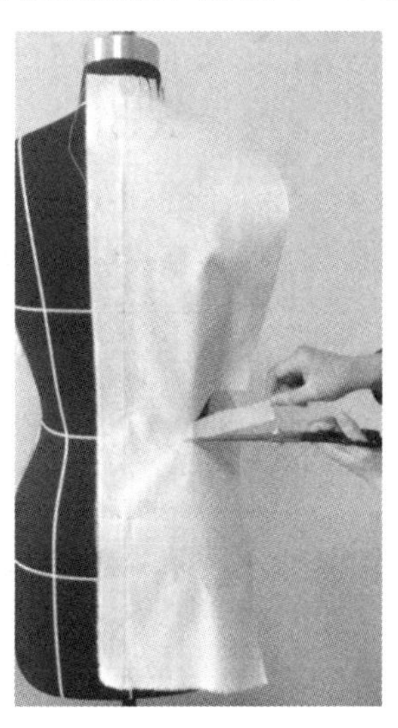

图3-85　修剪后中心片领圈　　图3-86　修剪后中心片松量，控制腰带

(15) 修剪后中心造型

修剪后中心造型，如图 3－87 所示。

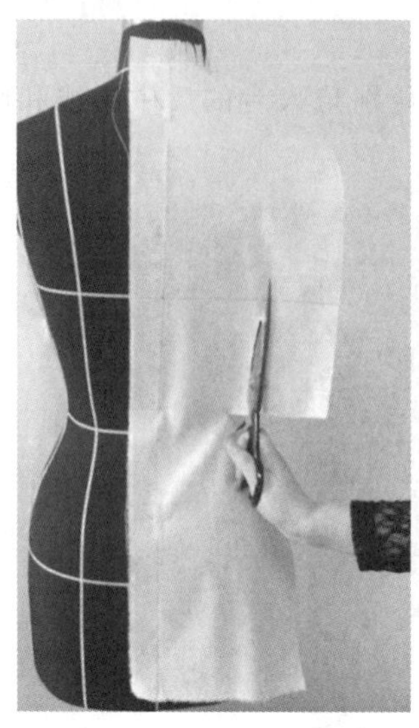 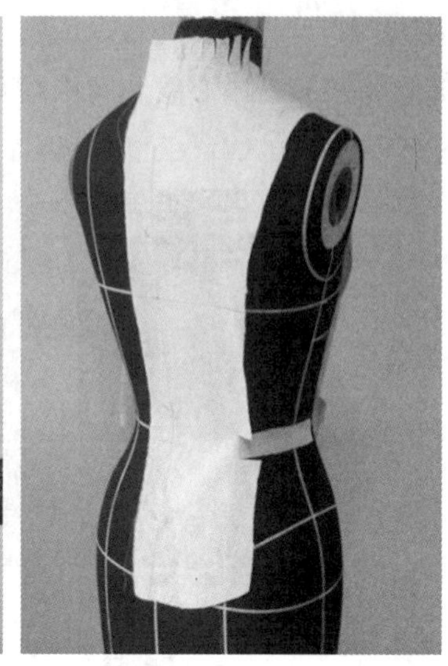

图 3－87　修剪后中心造型

(16) 固定后侧片坯布

固定后侧坯布，将坯布后中心线、胸围线、腰围线分别与人台的后中心线、胸围线、腰围线对齐，如图 3－88 所示。

(17) 修剪后侧片坯布

沿标识线修剪造型，使坯布与人台贴合、平服，修剪缝份并点影画线，如图 3－89 所示。

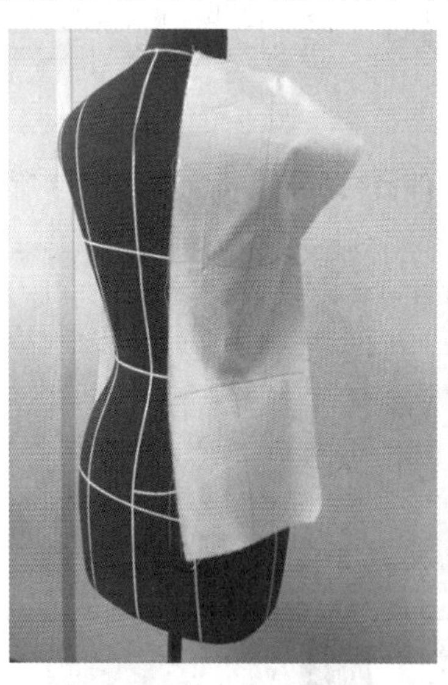 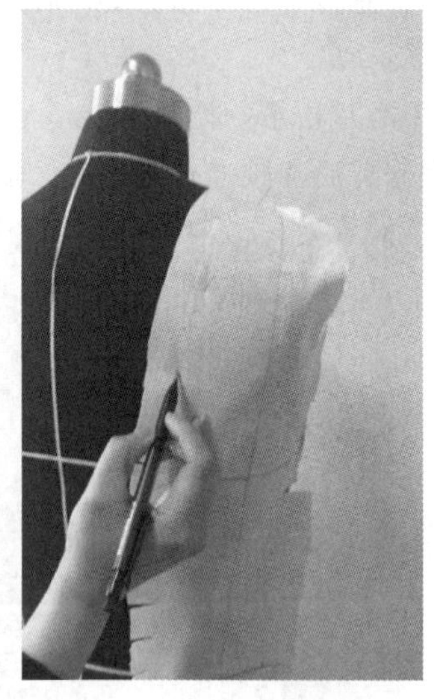

图 3－88　固定后侧片坯布　　图 3－89　修剪后侧片坯布

(18) 拓版并拼合后衣身

依据点影修改样板并拓样，用叠别针别合衬衫后身，如图 3－90 所示。

(19) 拼合前身

拼合衬衫前身坯布片，并翻折下摆，如图 3－91 所示。

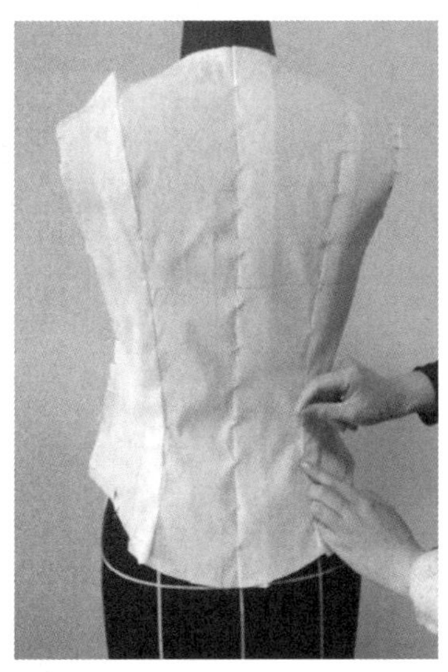
图 3-90 拓版并拼合后衣身

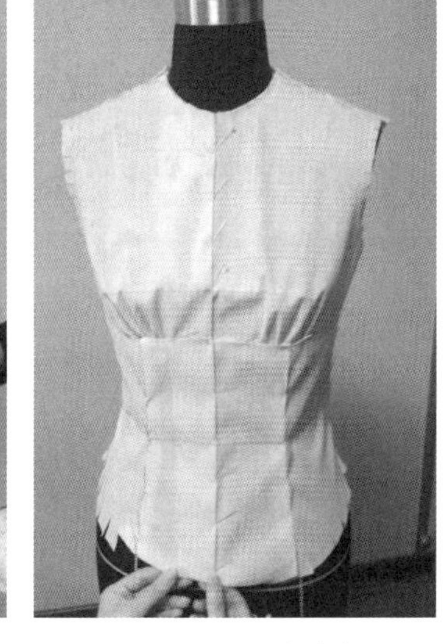
图 3-91 拼合前身

（20）绘制袖片，拓印袖身

依据绘制方法绘制袖片结构；完成袖身绘制，拓印样板至坯布，折叠 1cm 袖子侧缝缝边，如图 3-92 所示。

（21）叠别袖身

将直尺放置在袖身中，沿缝边折叠，叠别袖片侧缝，注意袖克夫水平围量至袖口，如图 3-93 所示。

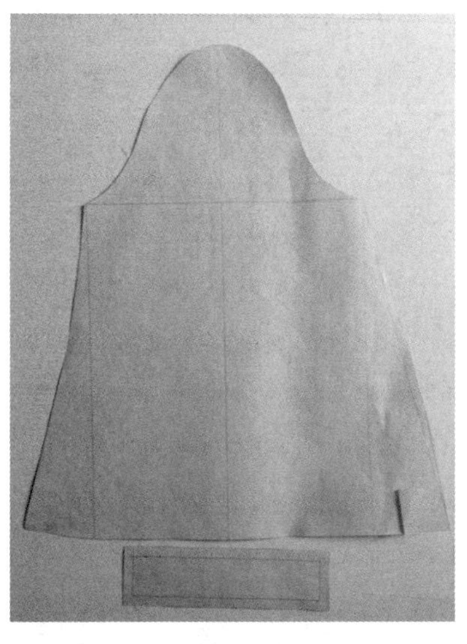

图 3-92 绘制袖片，拓印袖身

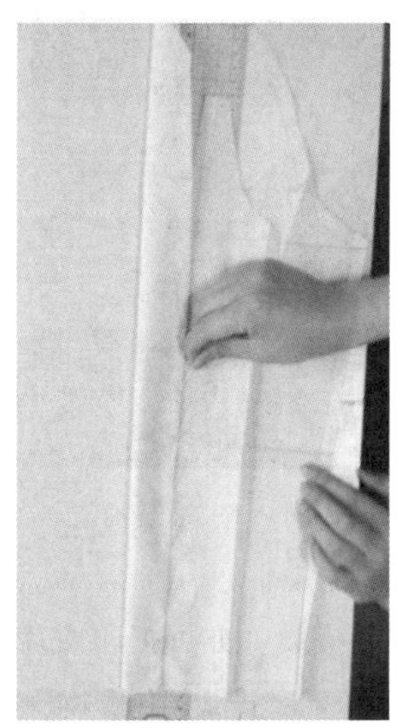
图 3-93 叠别袖身

（22）收拢袖山吃势

在袖山缝份约 0.5cm 处用手工针线走针，并均匀分配袖山吃势，做适当抽缩，如图 3-94所示。

（23）固定袖窿与袖山底线

袖子底缝与袖窿低点位置对齐，固定袖窿底部弧线，如图 3-95 所示。

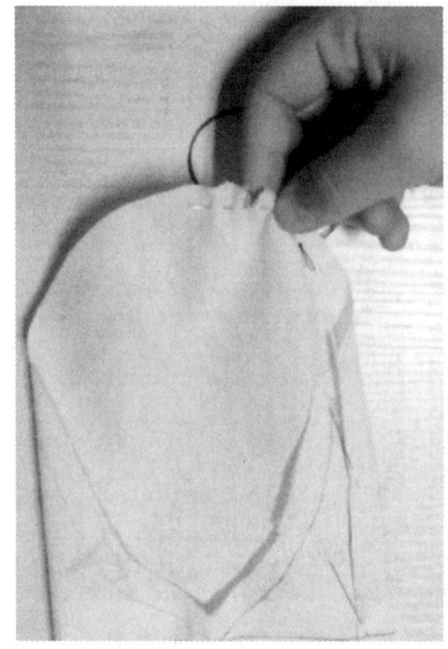

图 3－94　收拢袖山吃势

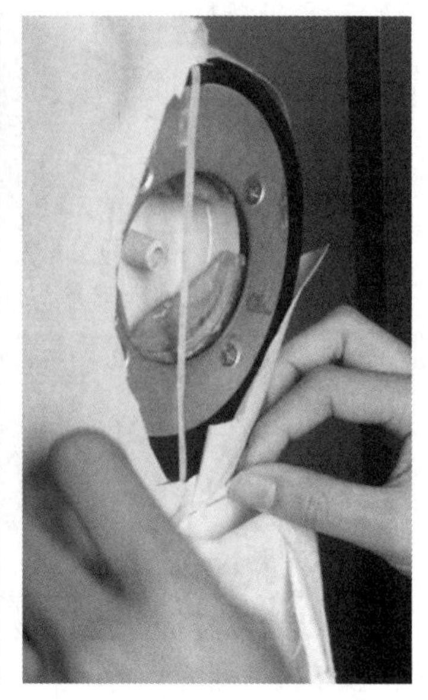

图 3－95　固定袖窿与袖山底线

(24) 装袖

袖山顶点固定于衣身肩点。沿袖窿弧线别缝袖片与衣身袖窿，注意袖身的前倾，袖窿底无吃势，保持平服，确保袖山弧线的圆顺、饱满，如图 3－96 所示。

(25) 领样制版且画样

绘制衣领样板，置于坯布上，沿轮廓描线画样，如图 3－97 所示。

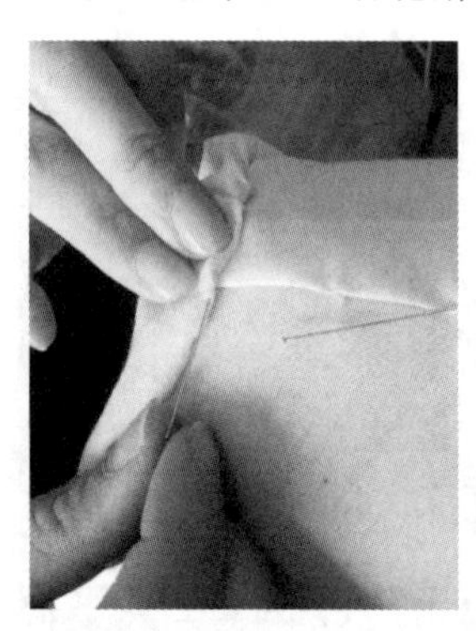

图 3－96　装袖

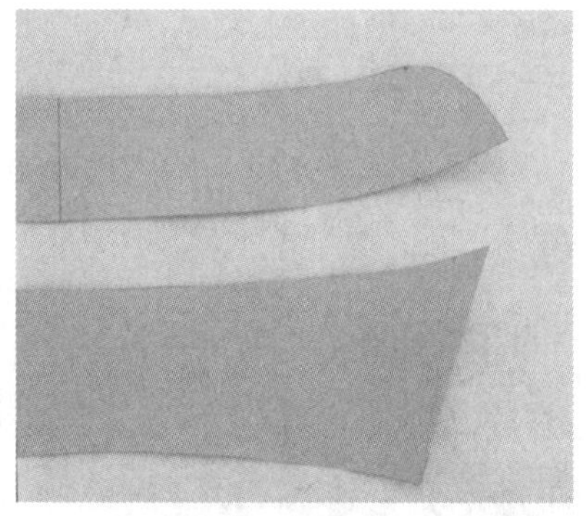

图 3－97　领样制版且画样

(26) 领片整烫

1cm 缝边折叠并熨烫，亦可拓印两片用手工假缝，如图 3－98 所示。

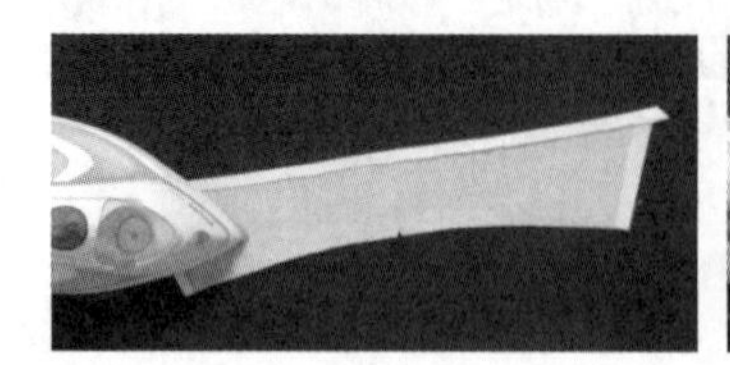

图 3－98　领片整烫

(27) 假缝衣领

将衣领的上领与下领沿缝边用手工缝合，如图 3－99 所示。

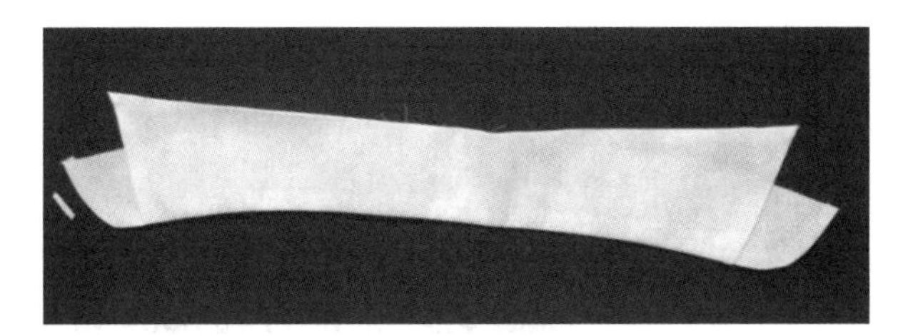

图 3-99　假缝衣领

（28）固定领子

将领片布固定在衣身上，领片后中心线对齐后衣身中心线，保持竖直，固定领圈与大身，如图 3-100 所示。

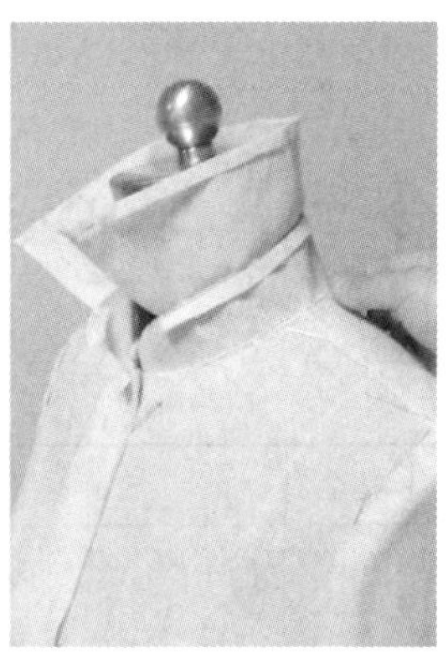

图 3-100　固定领子

（29）调整试样，完成整体造型

整理坯布，调整试样，完成整体造型，如图 3-101 所示。

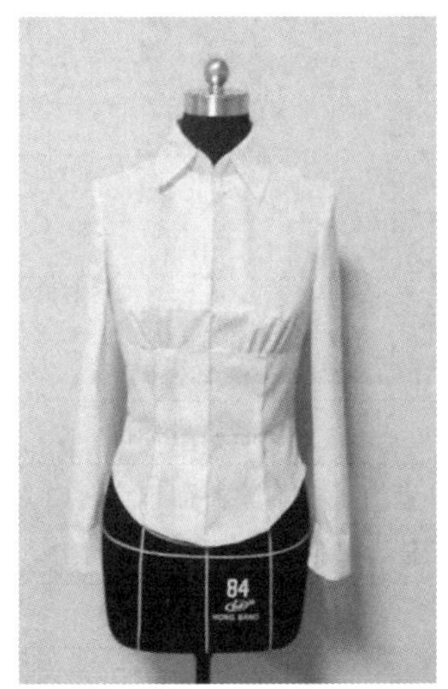

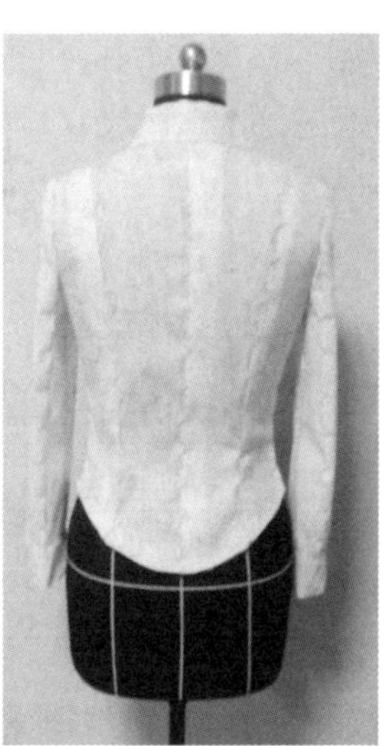

图 3-101　调整试样，完成整体造型

思考与练习

度述衬衣变化款式的立体裁剪。

项目4　连衣裙的立体裁剪

任务一　基础连衣裙的立体裁剪

班级		姓名		学习时间		上交时间	

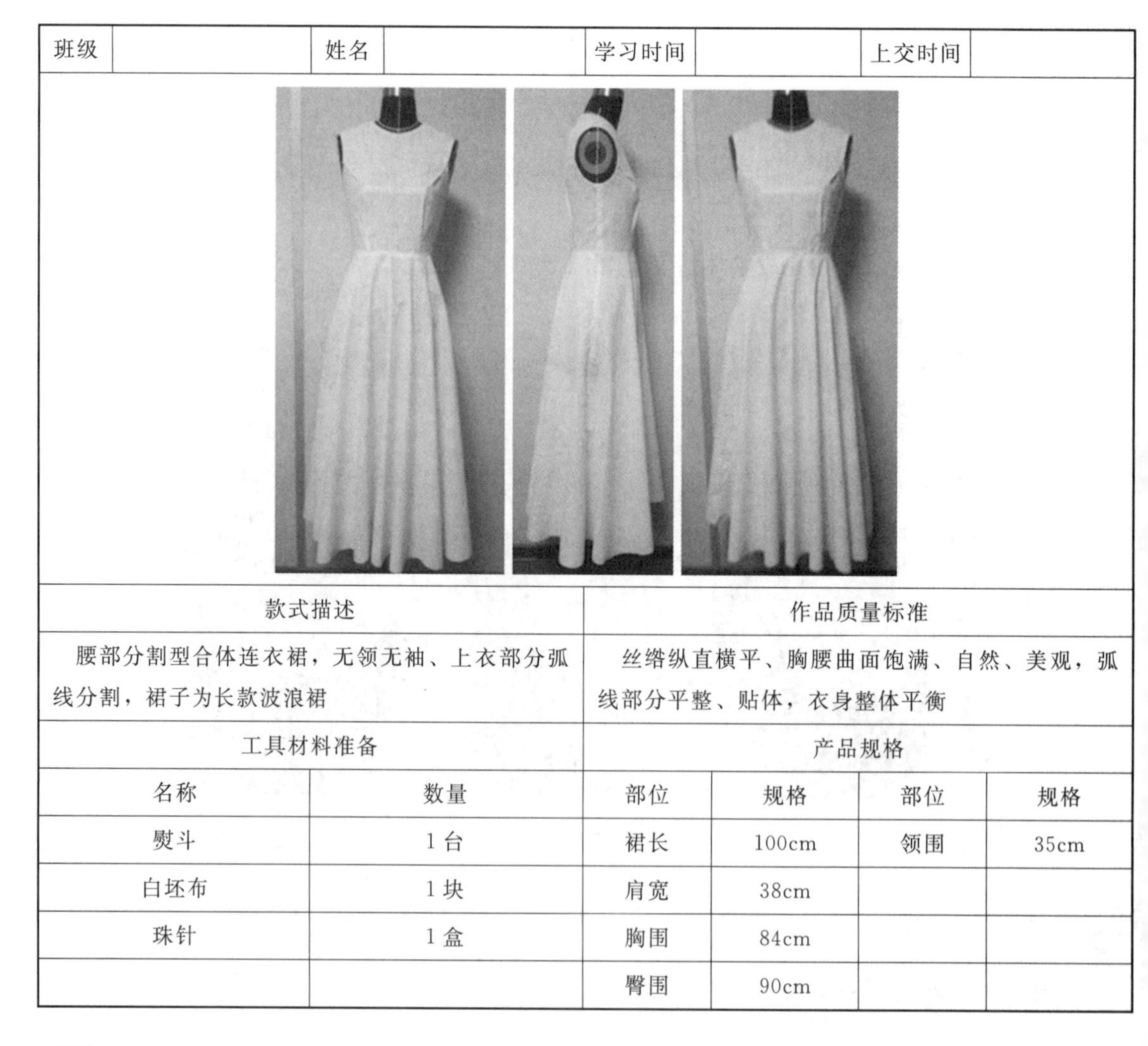

款式描述	作品质量标准
腰部分割型合体连衣裙，无领无袖、上衣部分弧线分割，裙子为长款波浪裙	丝绺纵直横平、胸腰曲面饱满、自然、美观，弧线部分平整、贴体，衣身整体平衡

工具材料准备		产品规格			
名称	数量	部位	规格	部位	规格
熨斗	1台	裙长	100cm	领围	35cm
白坯布	1块	肩宽	38cm		
珠针	1盒	胸围	84cm		
		臀围	90cm		

一、任务与操作技术要求

本任务为基础连衣裙的制作。连衣裙是上衣和裙子的结合体，是女性喜爱的裙种之一，被誉为“款式皇后”。根据形式和风格的不同，可变化出多种式样。本任务的学习和技能训练可以增进学生对基础上衣和半身裙的了解，同时也让学生掌握连衣裙的立体裁剪方法，并对新的品种——连衣裙的结构有一定的了解。

连衣裙在立体裁剪的制作过程中，丝绺保持纵直横平，曲面饱满，不起涟、不起皱、不起吊，上衣合体，省道处理科学、合理、合体，领口袖窿线条圆顺，左右对称，不起角；裙子波浪均匀、自然；衣身整体平衡。

二、基础连衣裙简介

本任务是该项目的基础部分，主要介绍连衣裙的基础制作方法。本任务的对象是一款腰部分割型合体连衣裙，裙长至小腿中下部；无领无袖、袖窿和腰部收省（上衣设弧线分割），裙子为长款波浪裙。

三、制作过程介绍

1. 准备工作

（1）白坯布估料

连衣裙上衣部分前、后片各1片；连衣裙上衣部分前、后侧各2片；连衣裙波浪裙部分前、后片各1片。

连衣裙上衣部分前、后片规格：长度＝上衣长＋8cm左右；宽度＝胸围前中造型的面积宽＋6cm左右。

前、后片规格：长度＝裙长＋30cm左右；宽度＝120～150cm。

（2）画辅助线

坯布中心线：对应人台中心线，单位规格尺寸内，二等分。

坯布水平线：对应人台臀围线，单位规格尺寸内，确定上围线往下量取25cm左右。

辅助线如图4－1所示。

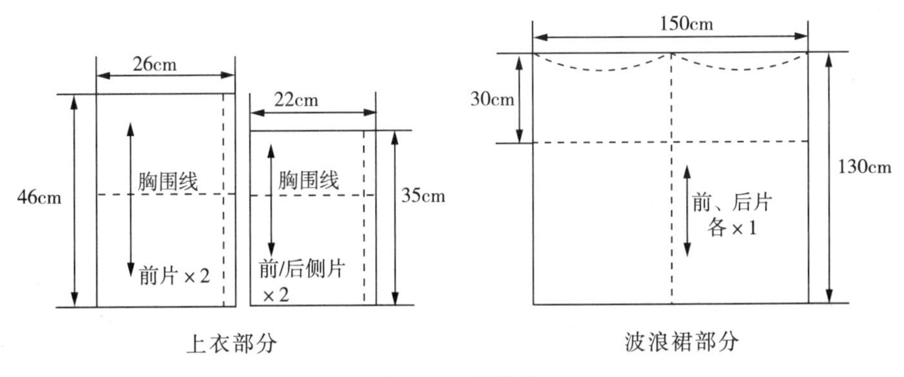

图4－1　辅助线

(3) 工具

熨斗、大头针、人台等。

2. 制作过程

(1) 粘贴造型线

根据款式粘贴款式造型线，如图 4-2 所示。

(2) 固定坯布

将前片布固定于人台上，注意将坯布的中心线和围度线分别与人台的前中心线和胸围线对齐，如图 4-3 所示。

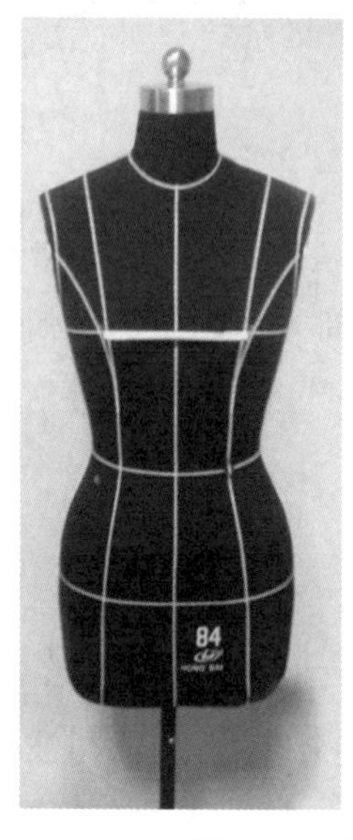
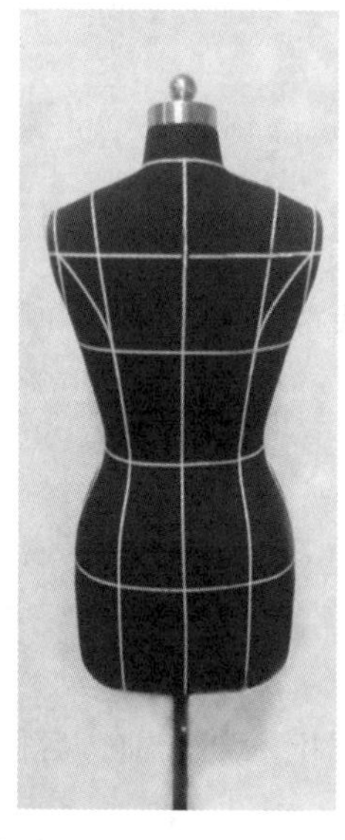

图 4-2 粘贴造型线

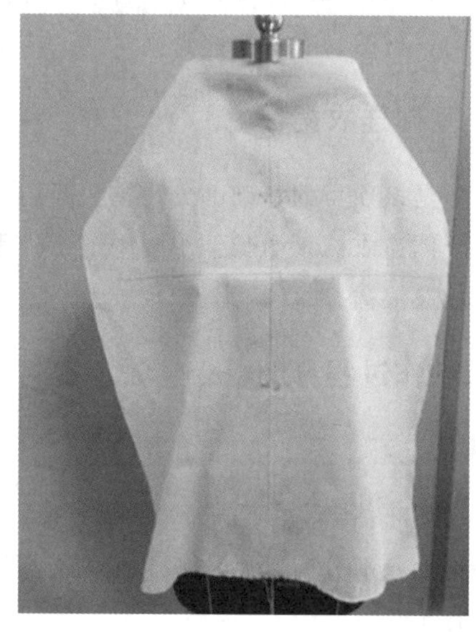

图 4-3 固定坯布

(3) 前片领圈制作

抚平前胸坯布，沿前中心线剪至距领口线 2cm 处，横剪一块坯布（宽度为 3cm 左右）；一边抚平一边打刀口垂直于领围标识线；肩部抚平，沿领口线修剪；在颈肩点用立裁针固定，如图 4-4 所示。

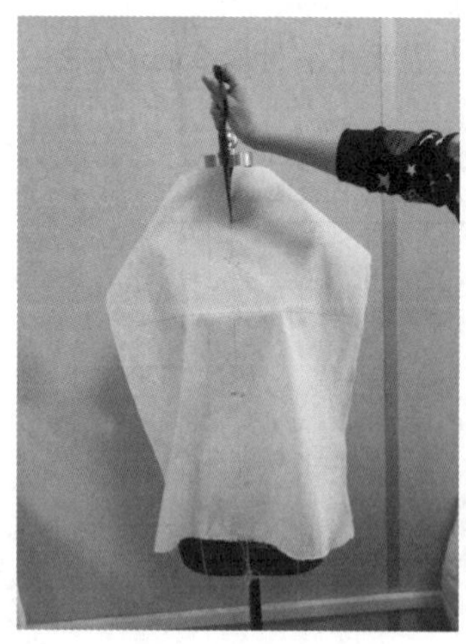
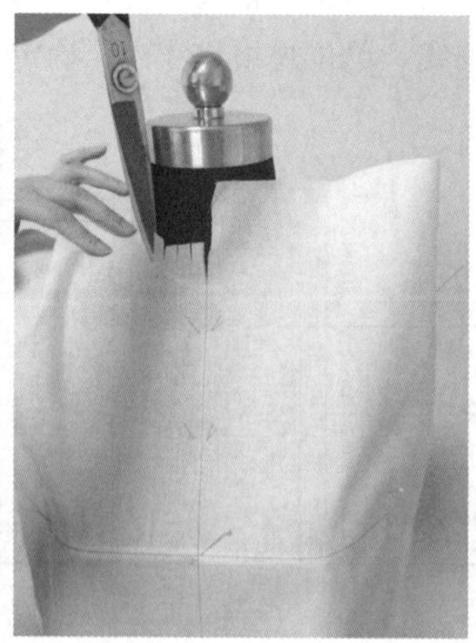
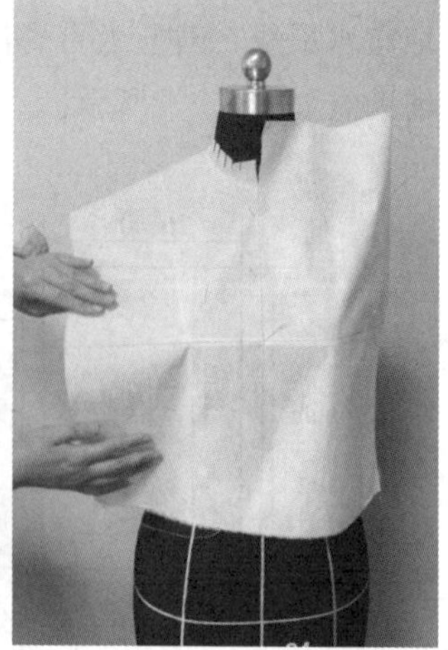

图 4-4 前片领圈制作

(4) 左肩的制作

顺丝绺的走势抚平肩部，初修，在肩端点用立裁针固定。

(5) 余量归拢

将胸部和腰部多余的量归拢至侧缝，并固定前片，注意松量的把握，如图 4-5 所示。

(6) 初修前片

从连衣裙上衣的衣摆处向上修剪，注意修剪时离标识线 3cm 左右，以留备用，如图 4-6 所示。

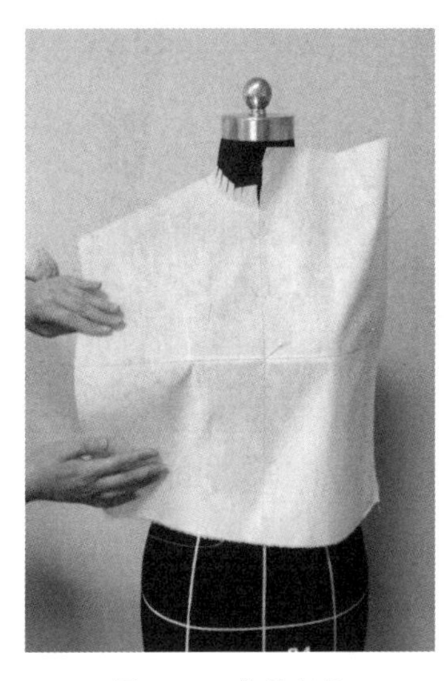

图 4-5　余量归拢

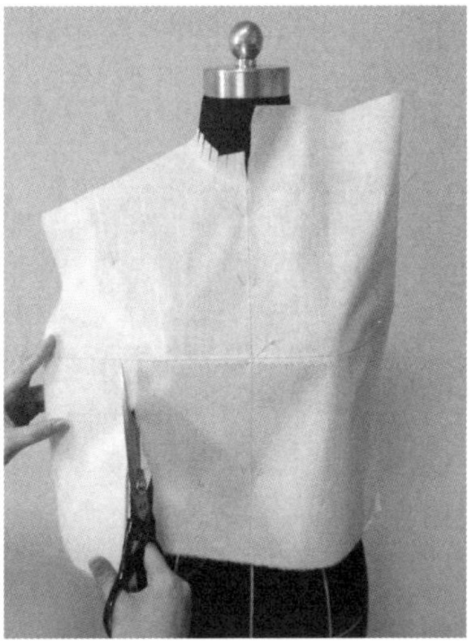

图 4-6　初修前片

(7) 确定弧线分割

在上衣前片弧线分割的部分打剪口，确保弧线分割的造型，如图 4-7 所示。

(8) 前片点影

沿前片的标识线轮廓点影，如图 4-8 所示。

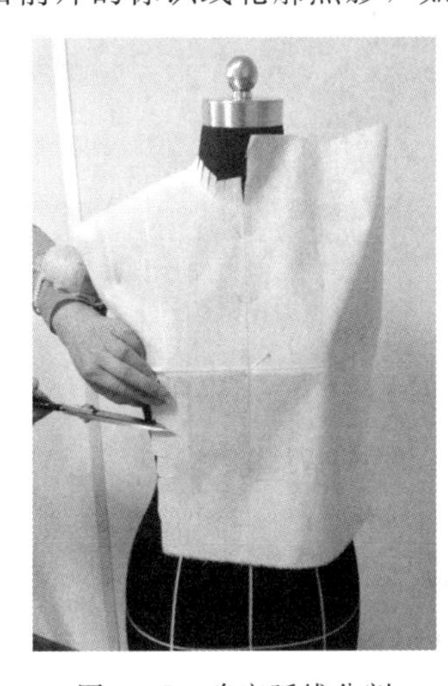

图 4-7　确定弧线分割

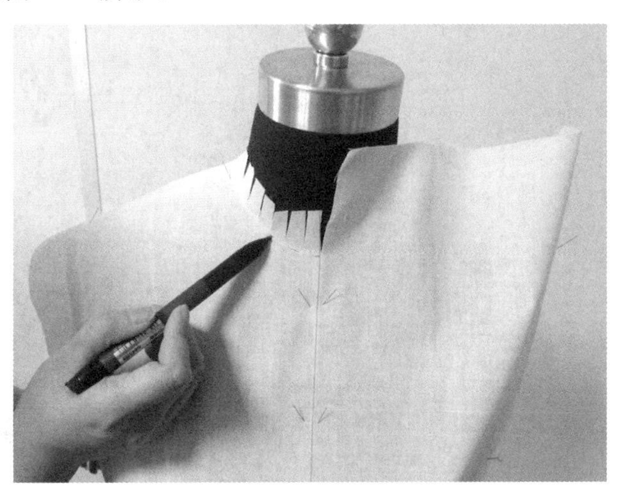

图 4-8　前片点影

(9) 前片调整版型

将裁片取下平放，沿着点影，调整结构为轮廓线，如图 4-9 所示。

（10）固定前侧片坯布

将前侧片坯布固定于人台上，注意将坯布围度线分别与人台的胸围线对齐，如图 4-10 所示。

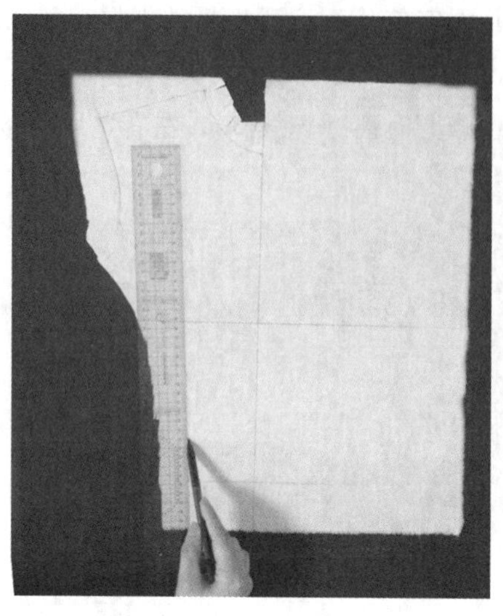

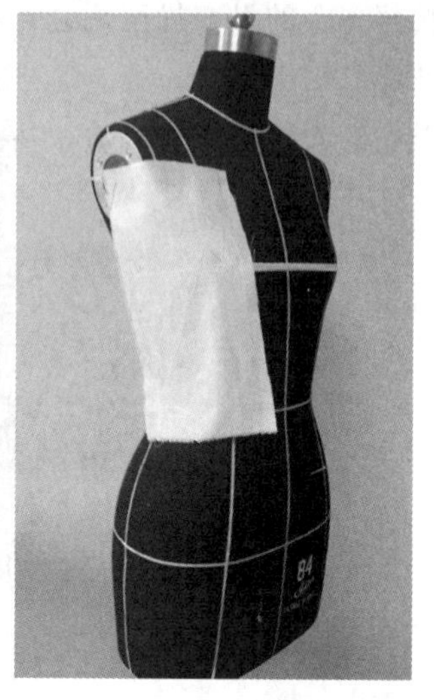

图 4-9　前片调整版型　　图 4-10　固定前侧片坯布

（11）初修前侧片

将固定在人台上的侧片坯布沿着标识线初修剪，如图 4-11 所示。

（12）制作前侧片

在坯布围度线与人台胸围线重叠的基础上，抚平前侧坯布，并用立裁针固定，如图4-12 所示。

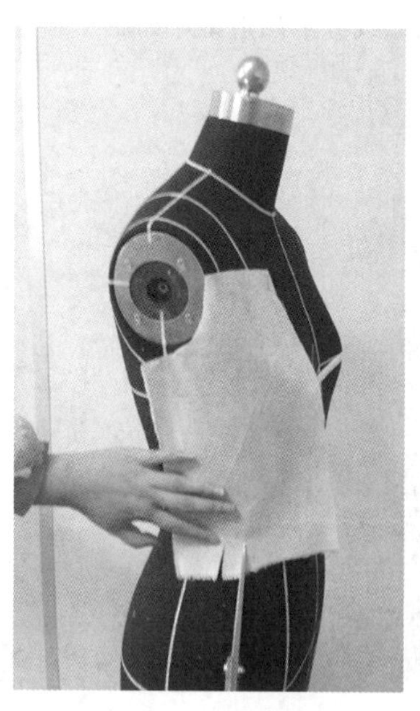

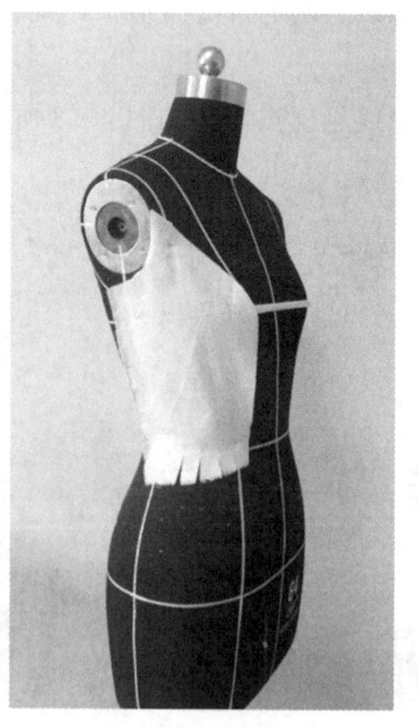

图 4-11　初修前侧片　　图 4-12　制作前侧片

（13）点影前侧片

沿前侧片的标识线轮廓点影，如图 4-13 所示。

(14) 前侧片调整版型

将裁片取下平放，沿着点影，调整结构为轮廓线，如图 4－14 所示。

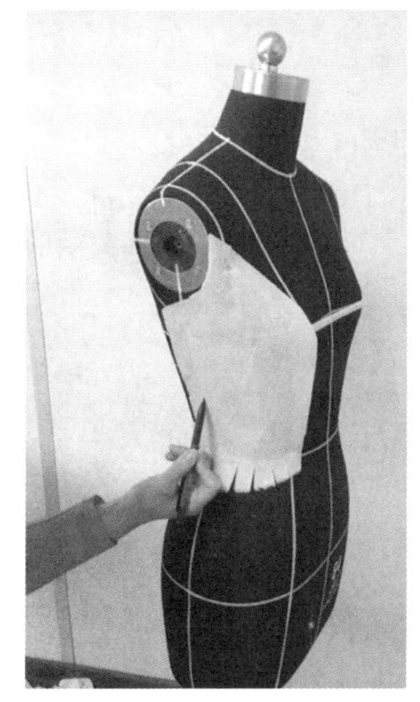

图 4－13　点影前侧片

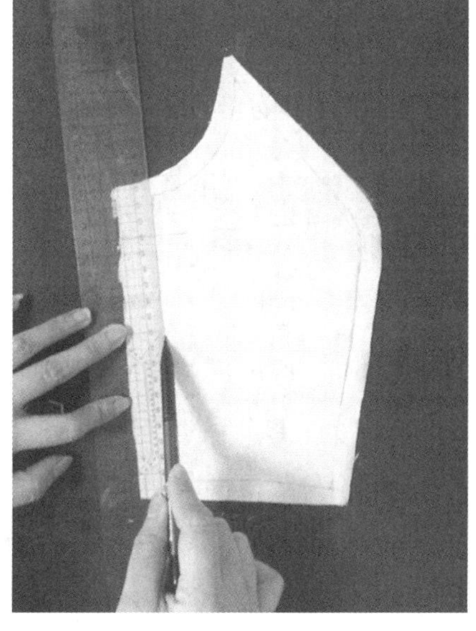

图 4－14　前侧片调整版型

(15) 固定后片坯布

将后片坯布固定于人台上，注意将坯布的中心线和围度线分别与人台的后中心线和胸围线对齐，如图 4－15 所示。

(16) 修剪后领

抚平坯布，沿后中心线剪至距领口线 2cm 处，横剪一块坯布（宽度为 3cm 左右）；一边抚平一边打刀口垂直于领围标识线；肩部抚平，沿领口线修剪；在颈肩点用立裁针固定，如图 4－16 所示。

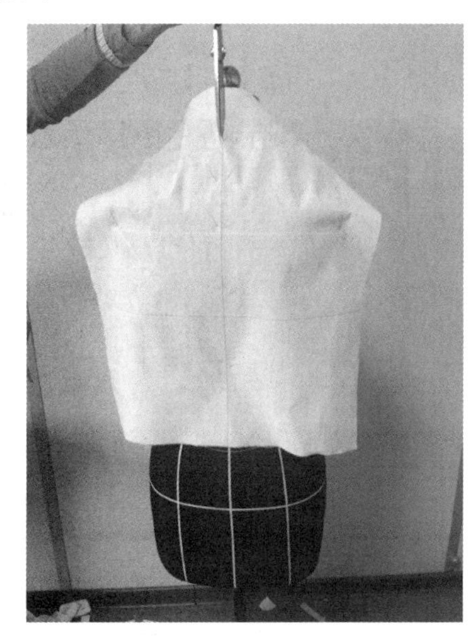

图 4－15　固定后片坯布

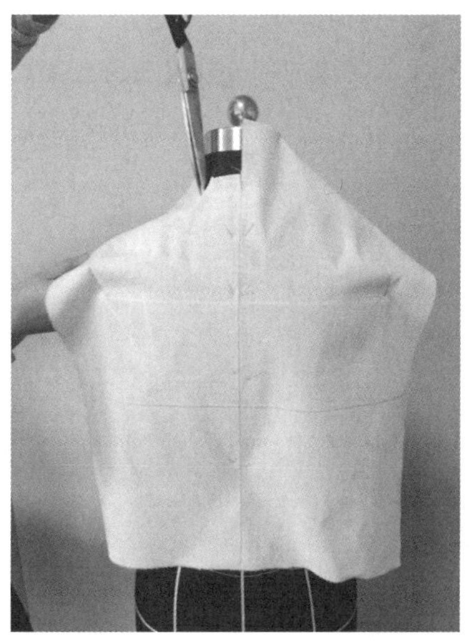

图 4－16　修剪后领

(17) 余量归拢

将背部和腰部多余的量归拢至侧缝弧线分割线外，并固定后片，注意松量的把握，如图 4-17 所示。

(18) 初修前侧片

将固定在人台上的后片坯布沿着标识线初修，如图 4-18 所示。

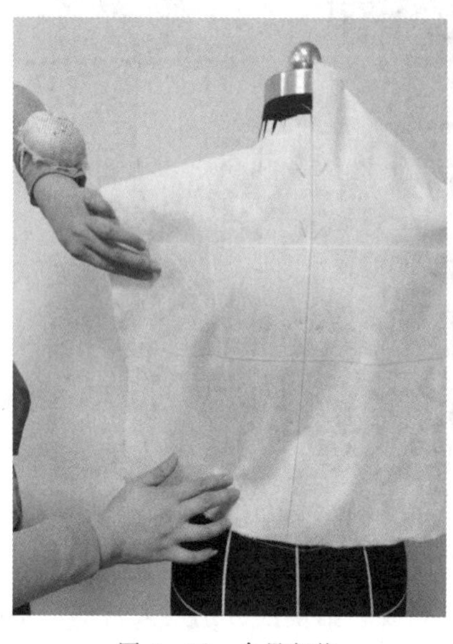

图 4-17　余量归拢　　图 4-18　初修前侧片

(19) 后片点影

沿后片的标识线轮廓点影，并将裁片调整轮廓，如图 4-19 所示。

(20) 制作后侧片

方法同制作前侧片。

(21) 拷贝右边的造型

将连衣裙上衣完成的部分放置在已准备对应的坯布上，沿着裁片修剪，如图 4-20 所示。

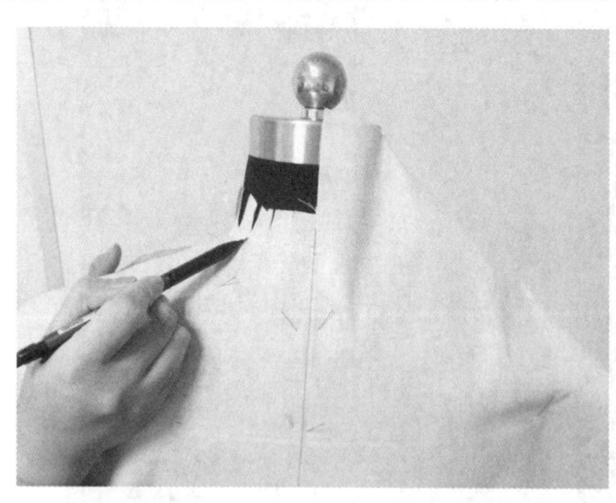

图 4-19　后片点影

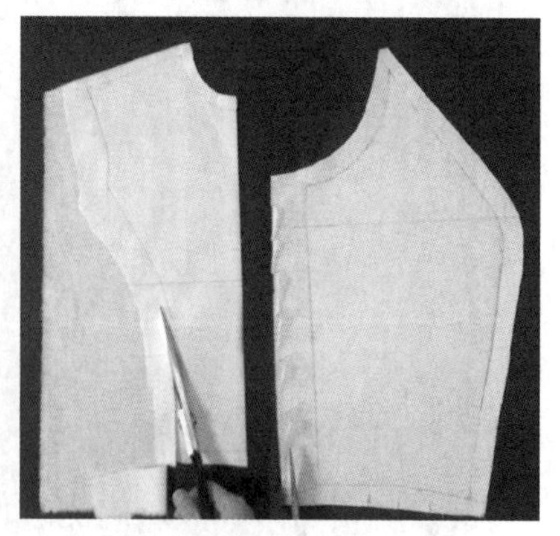

图 4-20　拷贝右边的造型

(22) 折叠缝份

依据样片预留的缝份，进行翻折（用手指微微抠），如图 4-21 所示。

（23）别合上衣

用叠别针别和裙身分割线，如图 4－22 所示。

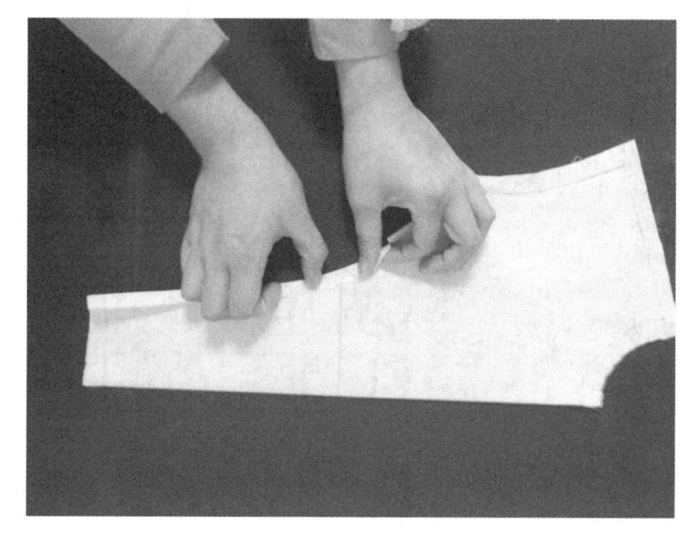

图 4－21　折叠缝份

图 4－22　别合上衣

（24）调整试样，完成上衣造型

完成连衣裙上衣的造型，如图 4－23 所示。

（25）波浪裙的制作

下摆裙波浪裙的制作，同项目 2 任务三的制作。

（26）拼合连衣裙

拼合腰线与侧缝，缝份倒向下摆，用叠别针别合，注意面料的丝绺、缝份的宽度以及裙身和上衣别合的位置，如图 4－24 所示。

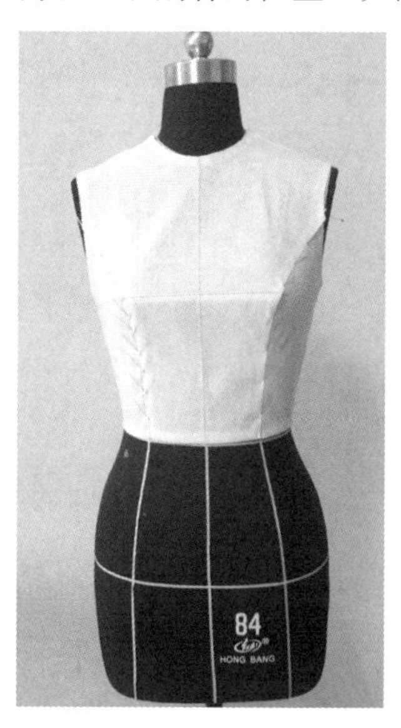

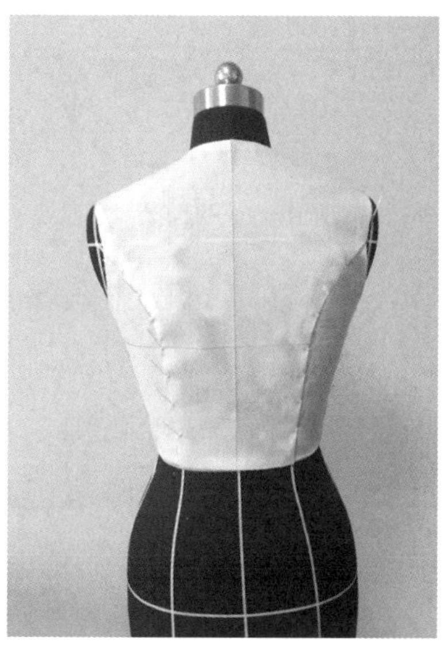

图 4－23　调整试样，完成上衣造型

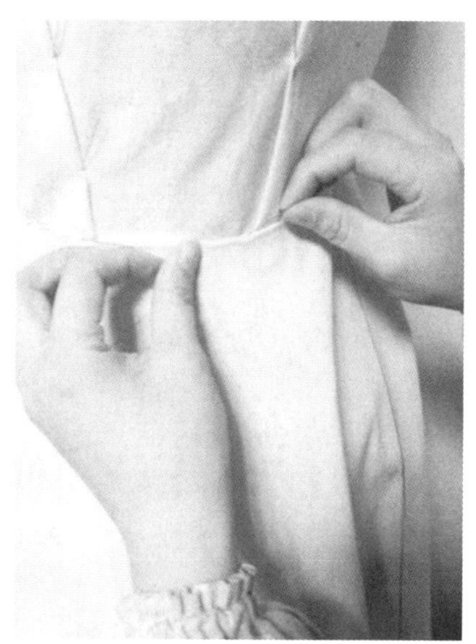

图 4－24　拼合连衣裙

（27）调整试样，完成整体造型

整理坯布，调整试样，完成整体造型，如图 4－25 所示。

图 4 - 25　连衣裙整体造型

思考与练习

1. 弧线分割与 BP 点的距离在立体裁剪中有什么影响？
2. 将省量转移到哪里？
3. 连衣裙上衣和裙身连接别合时容易出现什么问题？

任务二　不对称连衣裙的立体裁剪

<table>
<tr><td>班级</td><td></td><td>姓名</td><td></td><td>学习时间</td><td></td><td>上交时间</td><td></td></tr>
<tr><td colspan="4">款式描述</td><td colspan="4">作品质量标准</td></tr>
<tr><td colspan="4">无领无袖，前片省道转移不对称设计，下摆裙为多层次翻折摆，左右对称</td><td colspan="4">衣身整体平衡，丝绺纵直横平，曲面饱满，省道处理合理，领口袖窿线条圆顺；裙子层次分明，波浪均匀</td></tr>
<tr><td colspan="4">工具材料准备</td><td colspan="4">产品规格</td></tr>
<tr><td colspan="2">名称</td><td colspan="2">数量</td><td>部位</td><td>规格</td><td>部位</td><td>规格</td></tr>
<tr><td colspan="2">熨斗</td><td colspan="2">1台</td><td>裙长</td><td>80cm</td><td>胸围</td><td>84cm</td></tr>
<tr><td colspan="2">白坯布</td><td colspan="2">若干</td><td>肩宽</td><td>38cm</td><td>臀围</td><td>90cm</td></tr>
<tr><td colspan="2">珠针</td><td colspan="2">若干</td><td></td><td></td><td></td><td></td></tr>
</table>

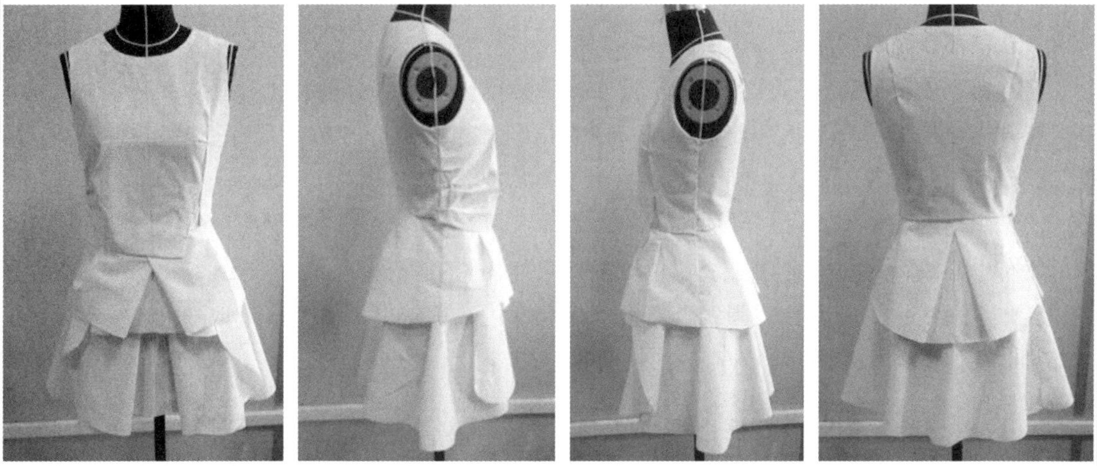

一、任务与操作技术要求

本任务为不对称连衣裙的制作，不对称连衣裙是本项目连衣裙立体裁剪制作中的变化款。通过本任务的学习和技能训练，学生可以掌握立体裁剪中省道位置变化的合理性和科学性以及由省转换成褶等不同形式的变化；同时也增强对多层次裙装的制作理解。制作的过程能促进学生对复杂款式的分析、理解和制作表达，并为在以后实际操作中运用更灵活、为更多样式的服装立裁打下基础。

不对称连衣裙在立体裁剪的制作过程中，要求丝绺保持纵直横平，胸腰曲面饱满，不起涟、不起皱、不起吊，省道处理科学、合理、合体，领口袖窿线条圆顺，左右对称，不起角；裙子层次分明，波浪均匀、自然；衣身整体平衡。

二、不对称连衣裙简介

本任务是一款合体半腰式连衣裙，无领无袖，左侧腋下有数个褶皱，前片右前侧有半分割贴布，下摆裙为多层次翻折摆，左右对称。

三、制作过程介绍

1. 准备工作

(1) 白坯布估料

连衣裙上衣部分前、后片各1片；连衣半截裙部分基础部分前片1片。

连衣半截裙上部分翻折片前片1片；连衣裙半截裙下部分翻折片前片2片；连衣裙半截裙上部分翻折片前片1片。

(2) 画辅助线

坯布中心线：对应人台中心线，单位规格尺寸内，二等分。

坯布水平线：对应人台臀围线，单位规格尺寸内，确定上围线往下量取30cm左右。

辅助线如图4-26所示。

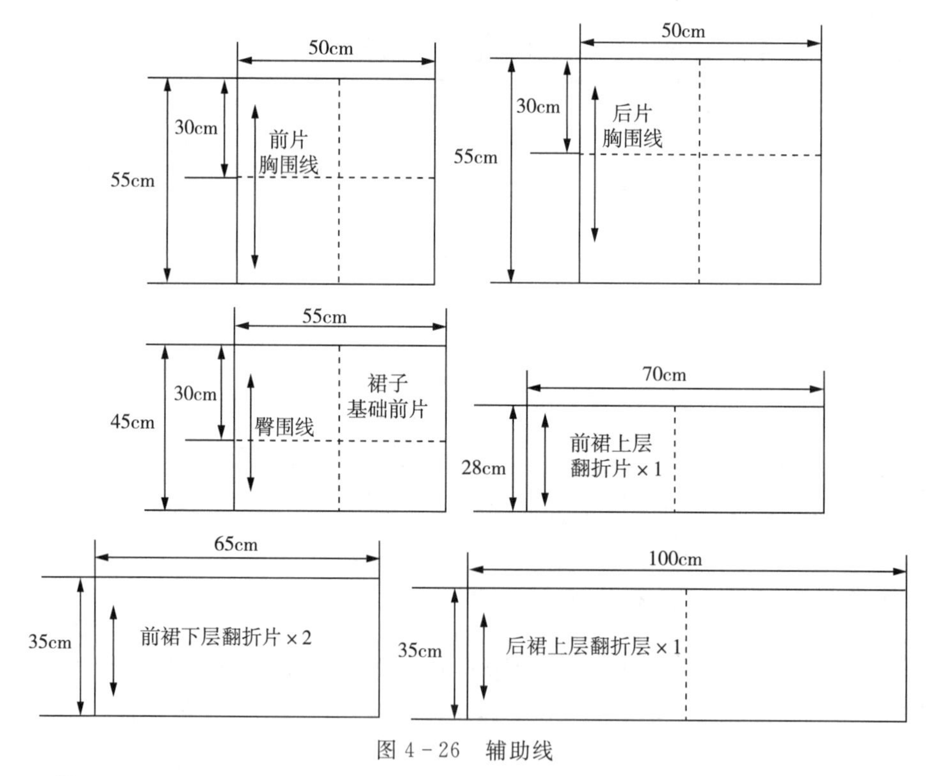

图4-26 辅助线

(3) 工具

熨斗、大头针、人台等。

2. 制作过程

(1) 粘贴造型线

根据款式粘贴款式造型线，如图4-27所示。

（2）固定坯布

将前片布固定于人台上，注意将坯布的中心线和围度线分别与人台的前中心线和胸围线对齐，如图 4－28 所示。

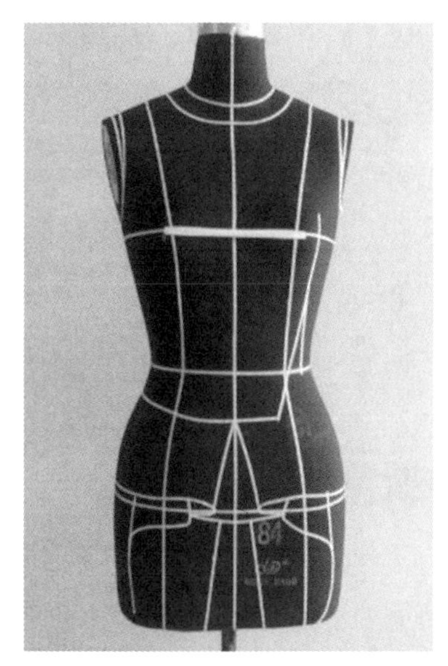

图 4－27　粘贴造型线

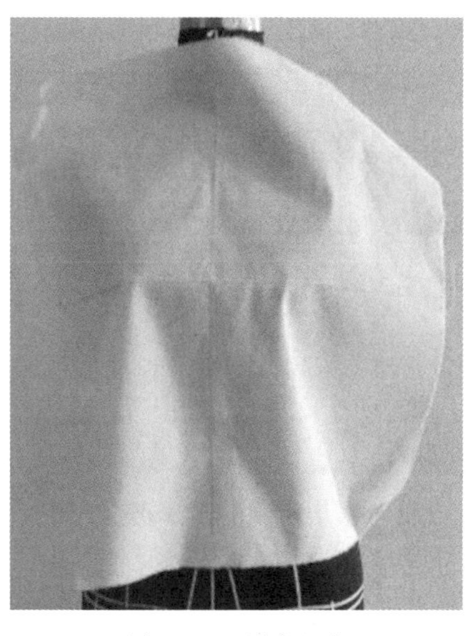

图 4－28　固定坯布

（3）前片领圈制作

根据领围造型标识线制作前领圈。修剪肩部，并用立裁针固定肩颈点和肩端点，如图 4－29所示。

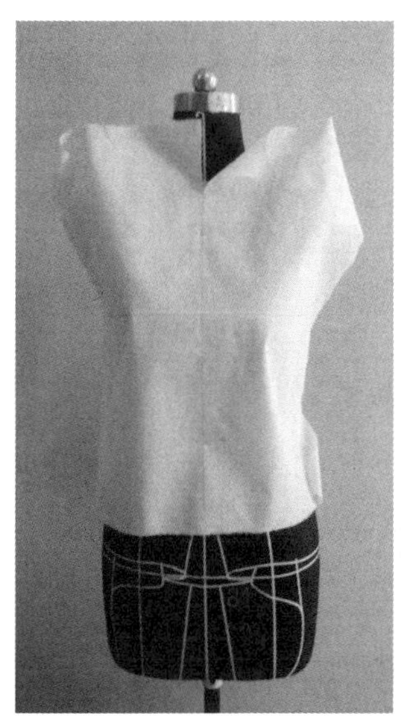

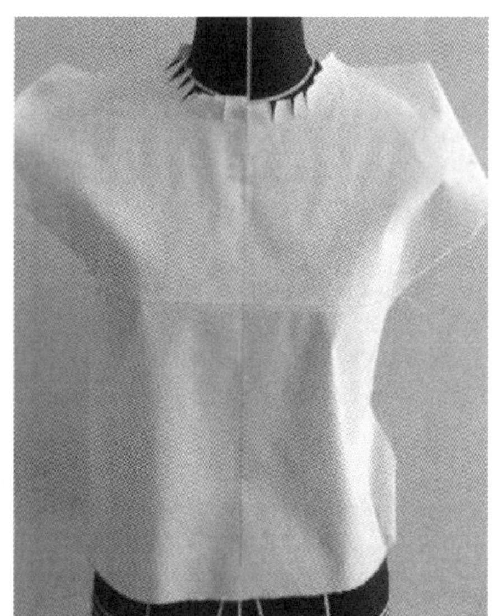

图 4－29　前片领圈制作

（4）前左侧造型修剪

沿前左片造型线打剪口至 BP 点附近，如图 4－30 所示。

（5）抚平前左侧片

从胸前至侧缝向下抚平坯布，将多余的省量转移至造型开口处，如图 4－31 所示。

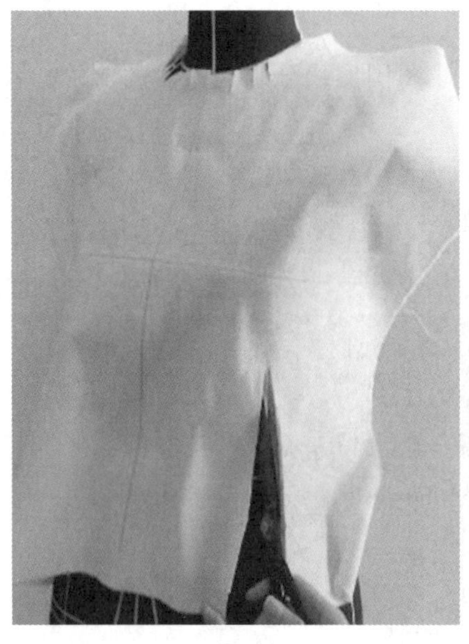

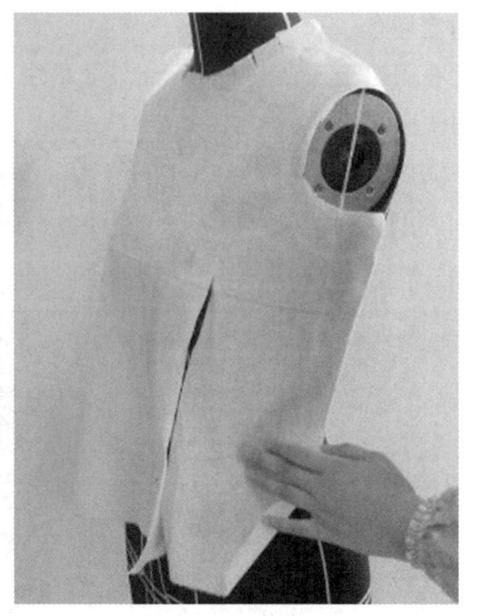

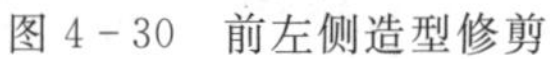

图 4-30　前左侧造型修剪

图 4-31　抚平前左侧片

(6) 推余量

在前左侧片推 0.5cm 左右的余量至造型线处，如图 4-32 所示。

(7) 前左侧片做细褶造型

沿造型线从 BP 点向上做细褶，如图 4-33 所示。

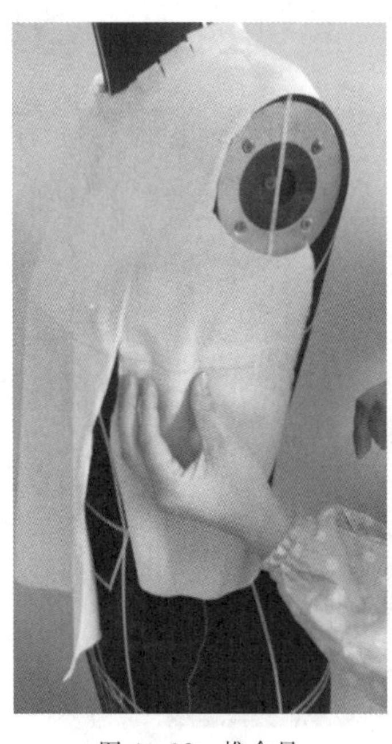

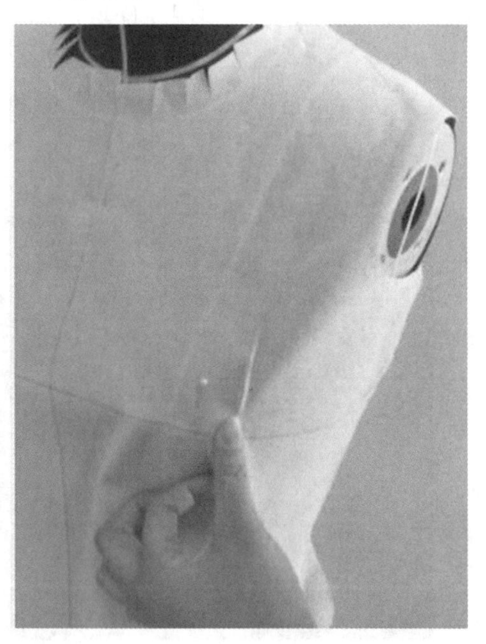

图 4-32　推余量

图 4-33　前左侧片做细褶造型

(8) 前左侧片做翻折边造型

将坯布沿前左侧片造型线折边，使细褶和折边顺连成线，如图 4-34 所示。

(9) 完成前左侧片开口处造型

根据款式造型要求，用叠别针别合造型，并根据造型开口形状，叠坯布一块别合，如图

4－35 所示。

（10）制作右前片

确认坯布前中线与人台前中线对齐，将腰部和胸部多余布料抚平至右前侧缝处，并扎针固定。为防止下摆牵扯，在下摆处打刀口，如图 4－36 所示。

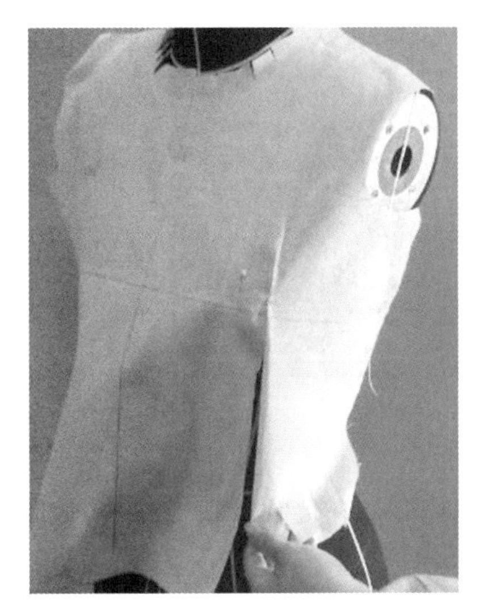

图 4－34　前左侧片做翻折边造型

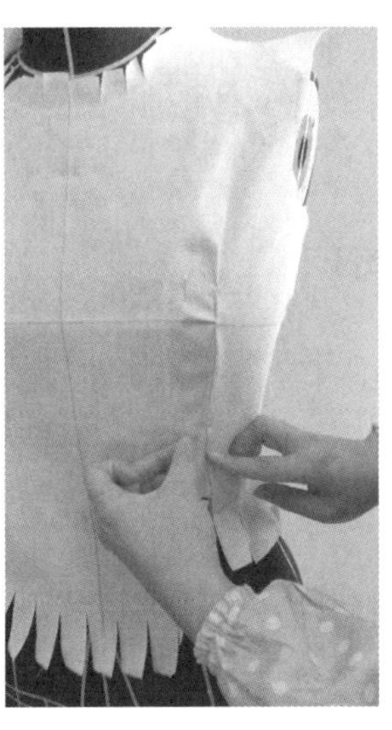

图 4－35　完成前左侧片开口处造型

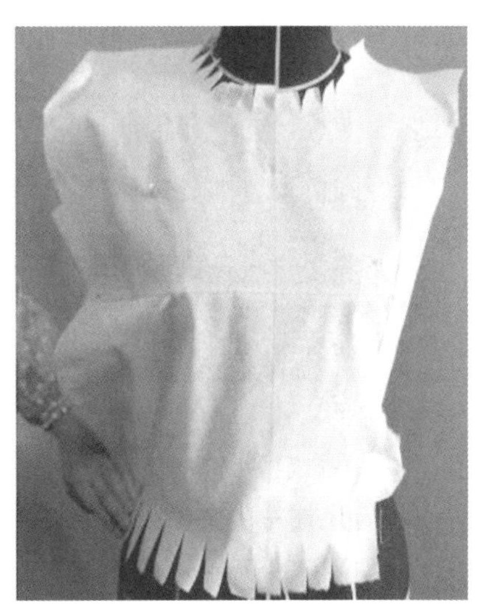

图 4－36　制作右前片

（11）右前侧缝处收细褶

将侧缝多余量用手缝针走针收拢，形成细褶，如图 4－37 所示。

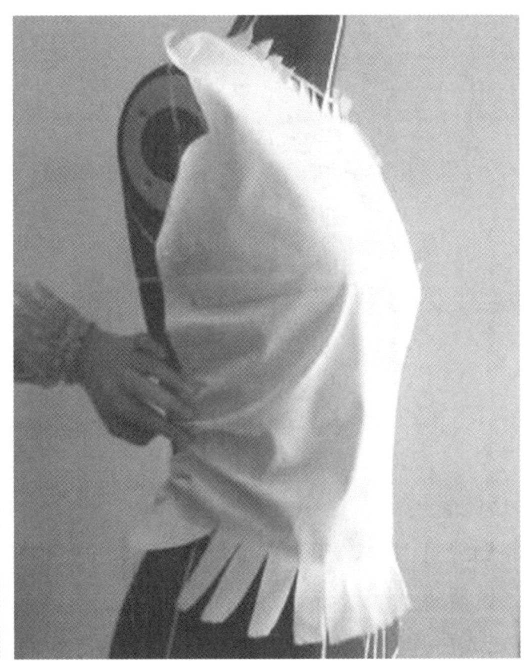

图 4－37　右前侧缝处收细褶

（12）上衣前片初步造型完成

上衣前片初步造型完成，如图 4－38 所示。

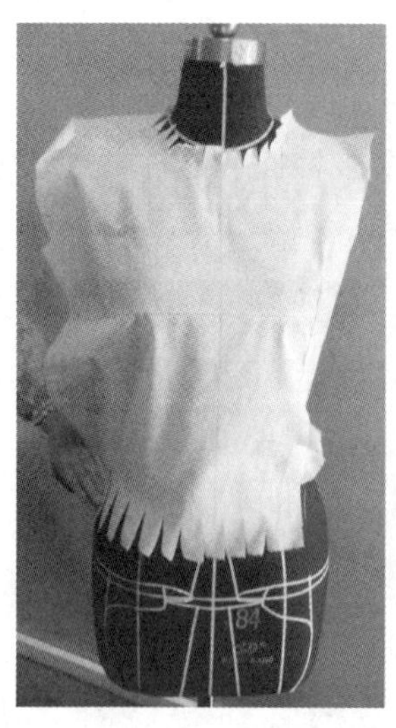
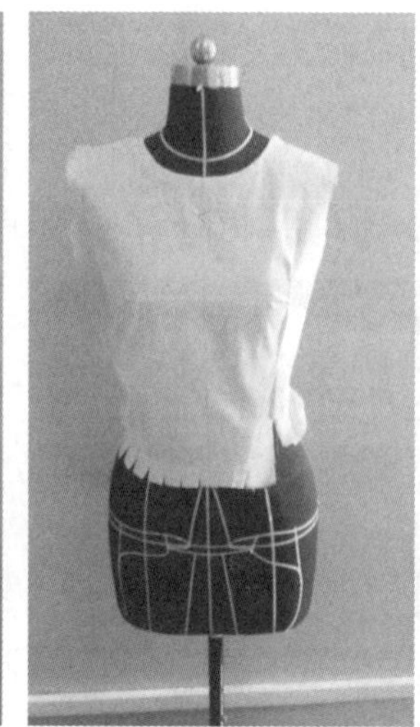
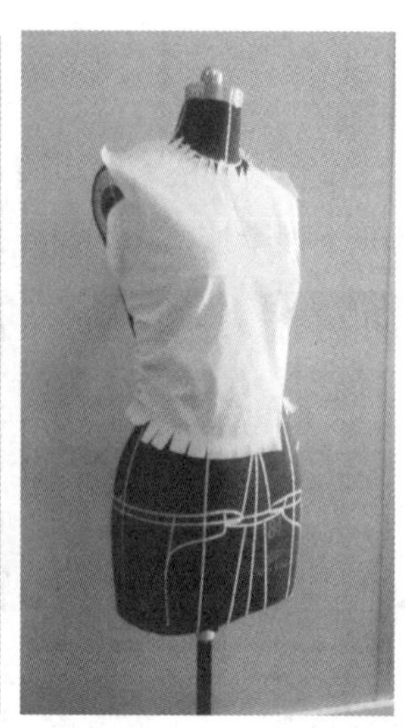

图 4-38　上衣前片初步造型完成

(13) 固定后片坯布

将后片坯布固定于人台上，注意将坯布中心线和围度线分别与人台的后中心和胸围线对齐，如图 4-39 所示。

(14) 制作后领

沿前中心线剪至领口，修剪出一块大约 3cm 的长条，沿领口线打刀口，距标识线 0.2cm 左右，抚平，在颈肩点处扎针固定，如图 4-40 所示。

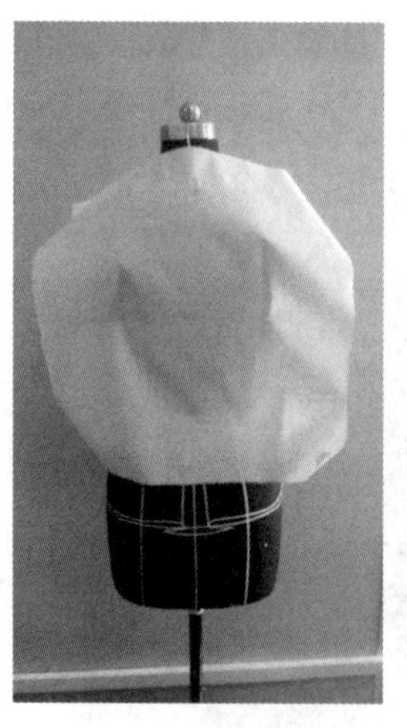

图 4-39　固定后片坯布

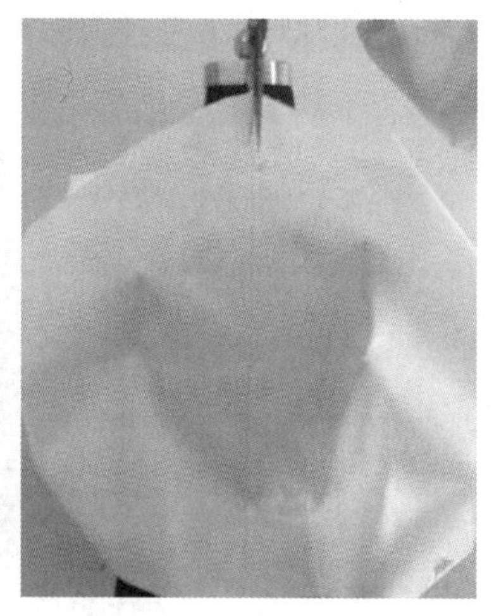

图 4-40　制作后领

(15) 后腰省转移

在腰部侧缝打刀口，抚平腰部，将松量往肩部推，袖窿处留适当松量，将剩余浮余量转移至肩部，做肩省。

(16) 完成后片制作

将另一边复制肩省，完成后片的制作，如图 4-41 所示。

(17) 拼合上衣，完成制作

前、后片侧缝拼合并固定，折叠袖窿缝、领口边，如图 4-42 所示。

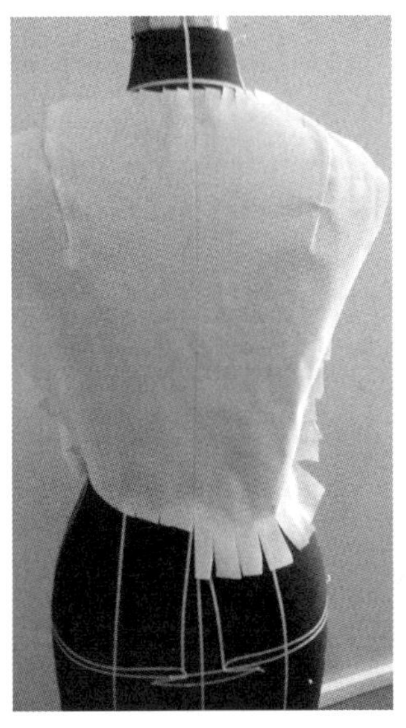

图 4－41 完成后片制作

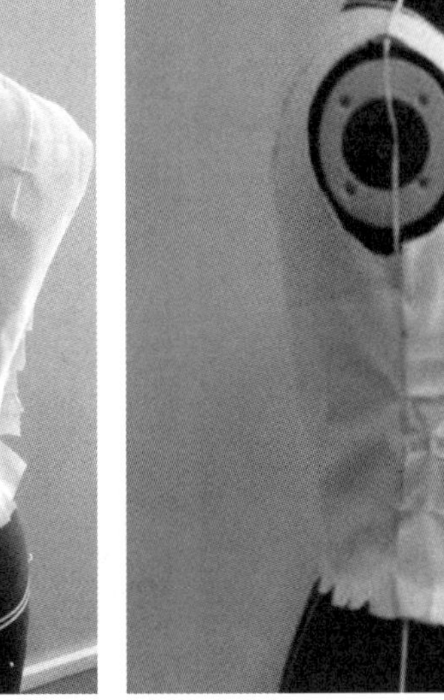

图 4－42 拼合上衣，完成制作

(18) 固定前裙片

将前片布固定于人台上，注意将坯布的中心线和围度线分别与人台的前中心线和臀围线对齐，如图 4－43 所示。

(19) 前片腰省转移

抚平腰部，将臀腰差量向下转移至下摆，根据款式要求修剪裙摆，如图 4－44 所示。

图 4－43 固定前裙片

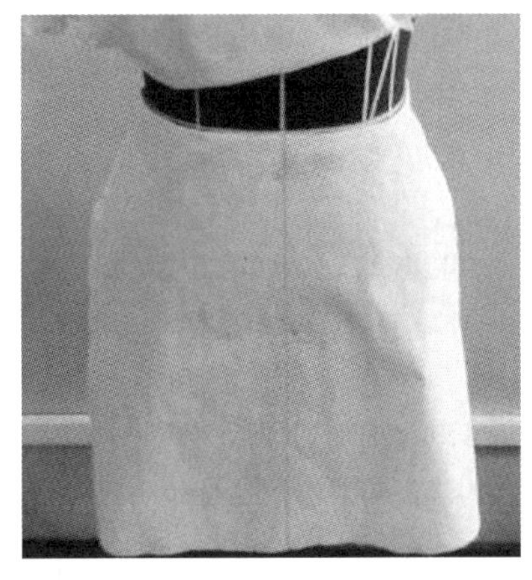

图 4－44 前片腰省转移

(20) 制作前裙片下层翻折边

根据造型，在裙子前边固定一块长坯布并翻折，要求造型与造型线接近，如图 4－45 所示。

(21) 制作前裙片下层波浪效果

根据款式造型翻折固定，利用布匹悬垂性做出波浪效果，如图 4－46 所示。

(22) 制作后裙片

用制作波浪裙的方法设置浪点，固定波浪位置，向下旋转坯布，做出波浪效果，如图 4－47所示。

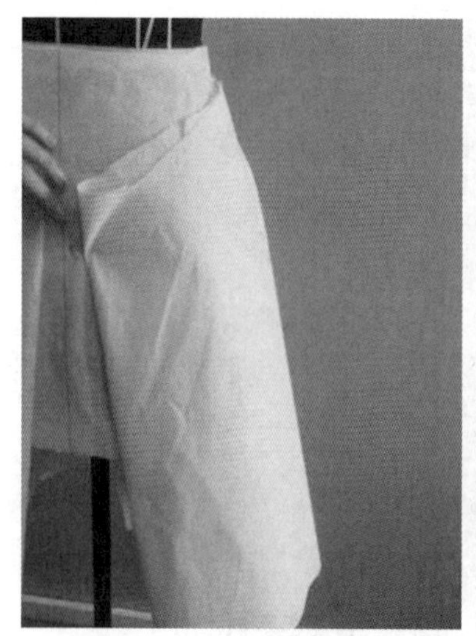

图 4 - 45　制作前裙片下层翻折边

图 4 - 46　制作前裙片下层波浪效果

图 4 - 47　制作后裙片

(23) 制作前裙片上层波浪效果

根据款式要求将坯布中心线与人台前中心线对齐，依次折叠坯布，如图 4 - 48 所示。

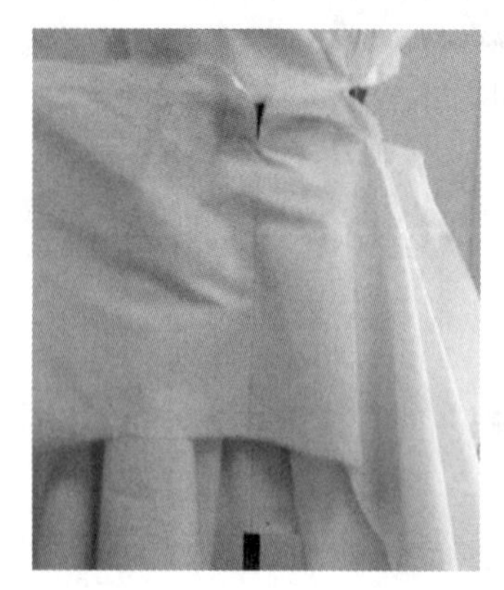

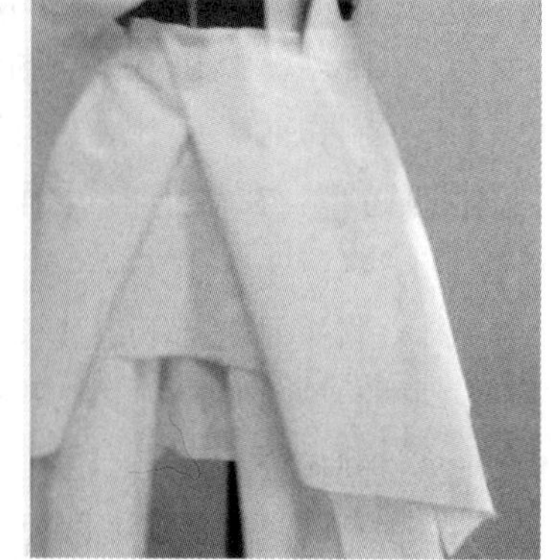

图 4 - 48　制作前裙片上层波浪效果

(24) 修剪裙下摆

修剪裙子下摆，使其造型接近款式要求，如图 4-49 所示。

(25) 拼合侧缝

根据侧缝线叠别裙子侧缝，如图 4-50 所示。

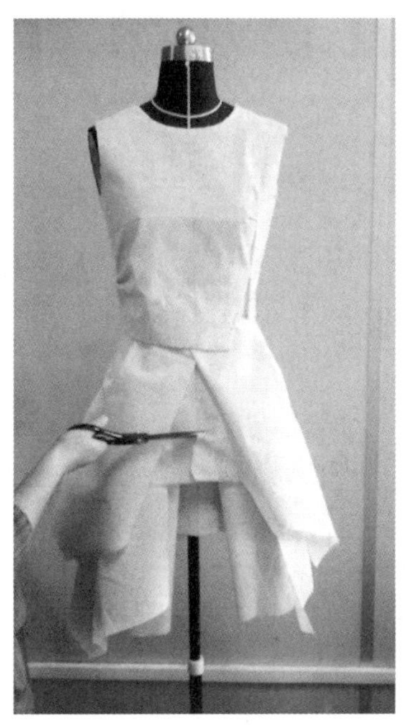

图 4-49　修剪裙下摆

图 4-50　拼合侧缝

(26) 翻折固定上衣衣摆

根据款式造型翻折固定上衣衣摆，如图 4-51 所示。

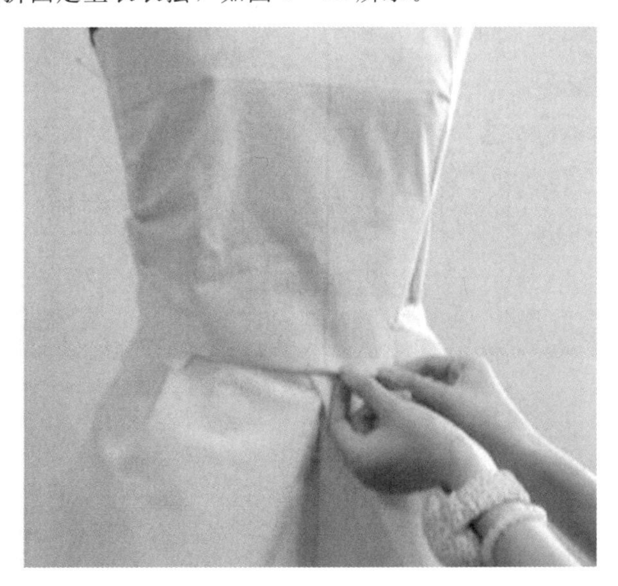

图 4-51　翻折固定上衣衣摆

(27) 调整试样，完成整体造型

调整试样，完成整体造型，如图 4-52 所示。

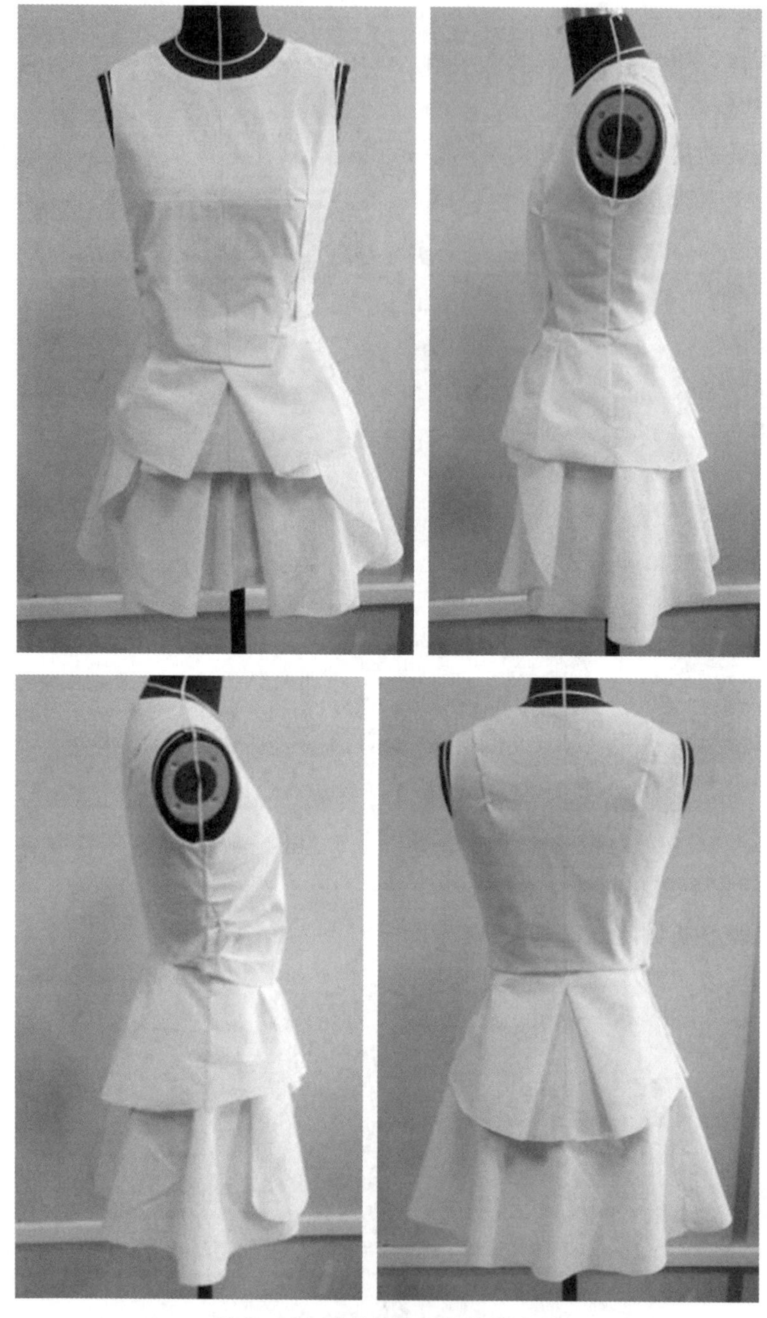

图 4－52　不对称连衣裙整体造型

思考与练习

1. 你觉得立体裁剪中如何展开省道的转移？
2. 对于多层裙的制作，你觉得还有更好的办法吗？

任务三　合体连衣裙的立体裁剪

班级		姓名		学习时间		上交时间	
款式描述				作品质量标准			
合体连衣裙，插肩袖，袖中线翻折至领口，收领口省，裙摆左右两侧为波浪裙，裙身收腰省				衣身整体平衡，丝绺纵直横平，曲面饱满，省道处理合理，领口袖窿线条圆顺；裙子层次分明，波浪均匀			
工具材料准备				产品规格			
名称		数量		部位	规格	部位	规格
熨斗		1台		裙长	82cm	胸围	84cm
白坯布		1若干		肩宽	38cm	臀围	90cm
珠针		1盒					

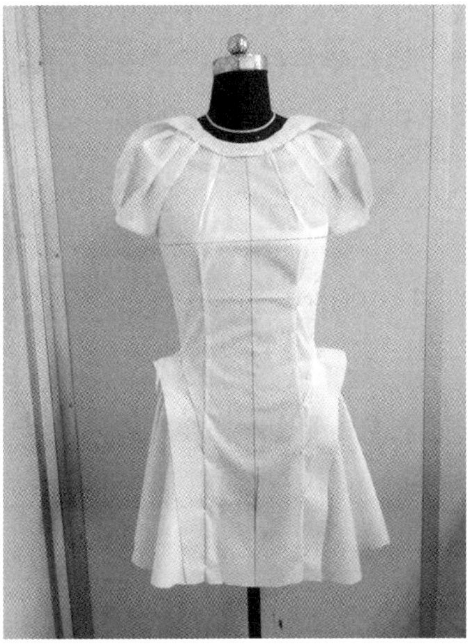

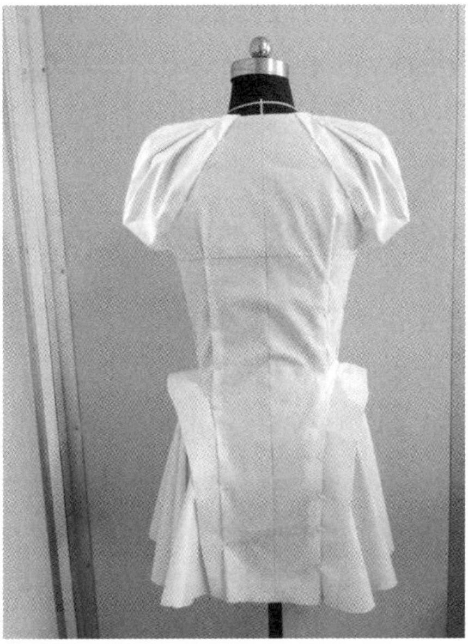

一、任务与操作技术要求

本任务是连衣裙制作项目学习中，连衣裙变化款式立体裁剪制作。通过本任务的学习和技能训练，学生能够掌握立体裁剪中省道设计、制作的合理性和科学性，以及由省转换成褶等不同形式的变化；同时也增强对多层次裙装的制作理解。制作的过程促使学生能对复杂款式的分析、理解和制作表达，并为在以后实际操作中运用更灵活、为更多样式的服装立裁打下基础。

本款连衣裙在立体裁剪的制作过程中，要求丝绺保持纵直横平，胸腰曲面饱满，不起涟、不起皱、不起吊，省道处理科学、合理、合体，领口袖窿线条圆顺，左右对称，不起角；裙子层次分明，波浪均匀、自然；衣身整体平衡。

二、合体连衣裙简介

本任务为制作一款合体连衣裙。这款合体连衣裙最大的特点是在插肩袖的基础型上加褶皱且袖中线翻折至前领口和领口省巧妙做了连接设计，不仅解决裙子大身的合体性，而且增加了款式美观性；在裙摆处，采用了大轮廓 A 型，裙身的左右两侧为波浪裙，使裙子的设计更具丰富性；裙身为连腰型设计，收腰省，注意腰省收至裙大身的分割线。领口为简约的贴领领口。

三、制作过程介绍

1. 准备工作

（1）白坯布估料

连衣裙前、后片各 1 片；连衣裙嵌条 2 片；连衣半裙侧 2 片；连衣裙袖片 2 片；连衣裙前领 1 片。

（2）画辅助线

坯布中心线：对应人台中心线，单位规格尺寸内，二等分。

坯布水平线：对应人台臀围线，单位规格尺寸内，确定上围线往下量取 30cm 左右。

辅助线如图 4 - 53 所示。

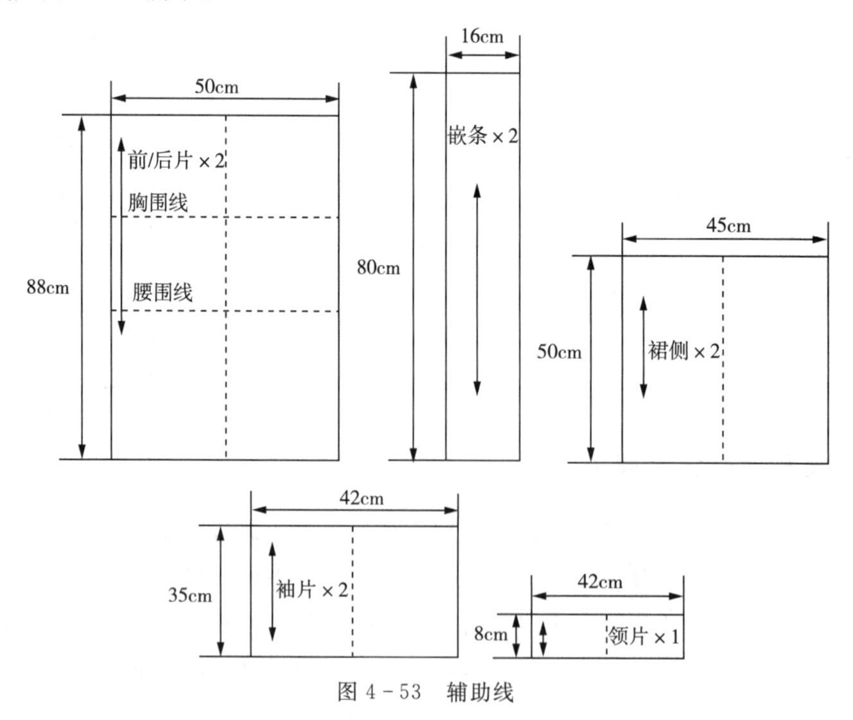

图 4 - 53　辅助线

（3）工具

熨斗、大头针、人台等。

2. 制作过程

（1）粘贴造型线

根据款式粘贴款式造型线，如图4－54所示。

（2）固定坯布

将前片布固定于人台上，注意将前中心线和胸围线分别与人台的前中心线和胸围线对齐，如图4－55所示。

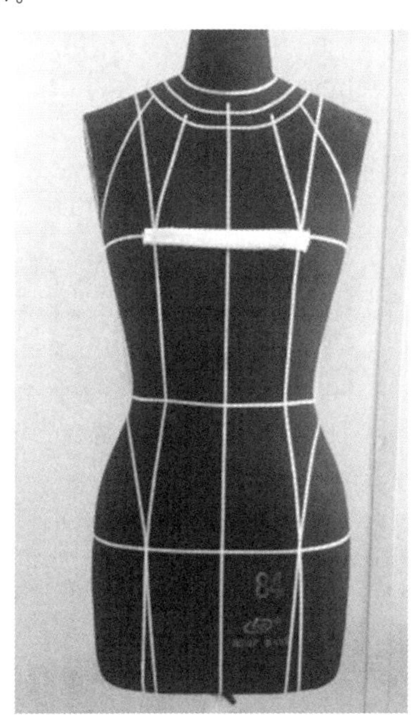

图4－54　粘贴造型线

图4－55　固定坯布

（3）前片领圈制作

根据领围造型标识线，制作前领圈。修剪肩部，并用立裁针固定肩颈点和肩端点，如图4－56所示。

（4）做领省

根据款式要求转移袖窿多余的量至领口，在领部标识线处做领省，如图4－57所示。

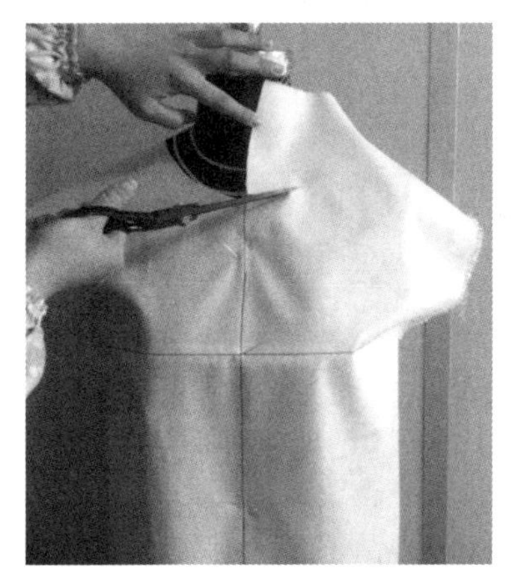

图4－56　前片领圈制作

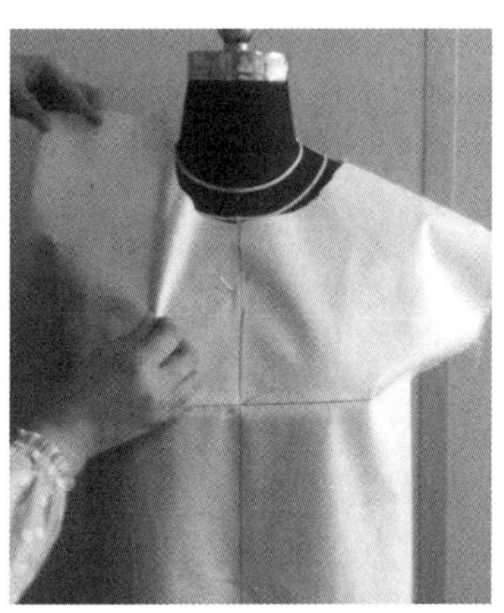

图4－57　做领省

(5) 做腰省

在腰部公主线处抓捏适当松量作为腰省，扎针固定，如图 4-58 所示。

(6) 复制右边造型

根据左边造型点影复制右边造型，并叠别，如图 4-59 所示。

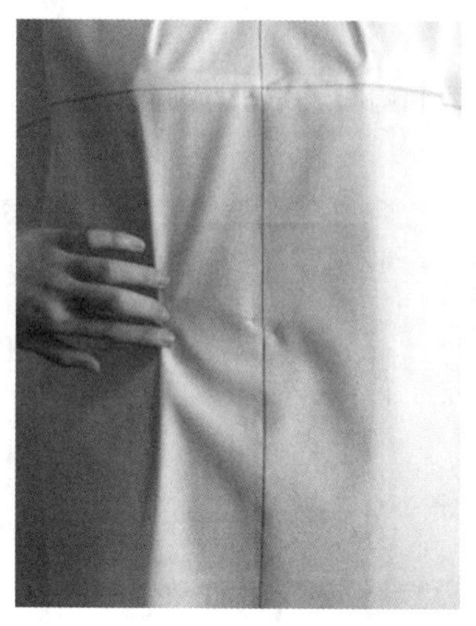

图 4-58　做腰省

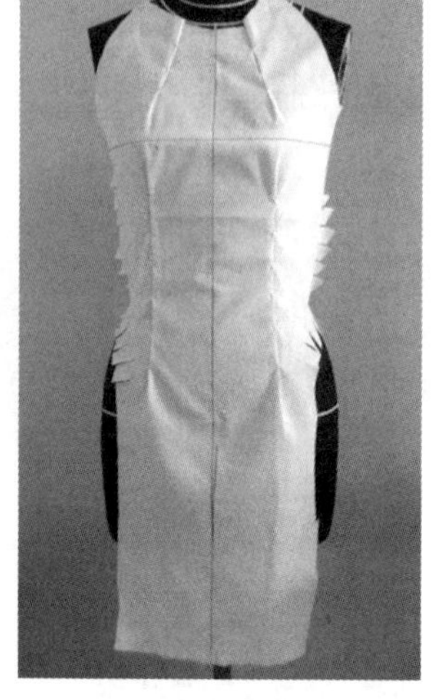

图 4-59　复制右边造型

(7) 后片固定

将后片坯布固定于人台上，注意将坯布中心线和围度线分别与人台的后中心和胸围线对齐，如图 4-60 所示。

(8) 做后领

沿前中心线剪至领口，修剪出一块大约 3cm 左右的长条，沿领口线打刀口，距标识线 0.2cm 左右，抚平，在颈肩点处扎针固定。

(9) 做后腰省

根据造型在侧腰处打剪口，在腰部公主线处抓捏适当松量作为腰省，扎针固定，如图 4-61所示。

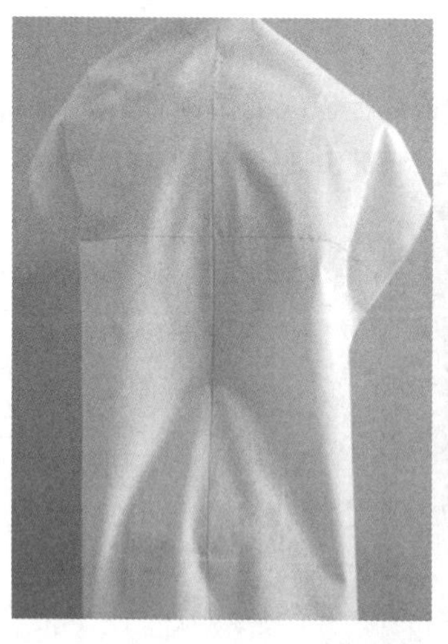

图 4-60　后片固定

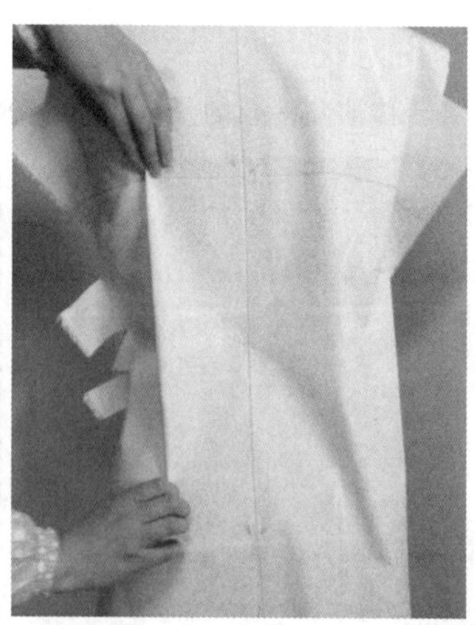

图 4-61　做后腰省

(10) 预修侧腰弧线造型

根据侧腰造型线预修剪前、后片，如图 4－62 所示。

(11) 修剪袖窿

根据插肩袖的造型线修剪造型，如图 4－63 所示。

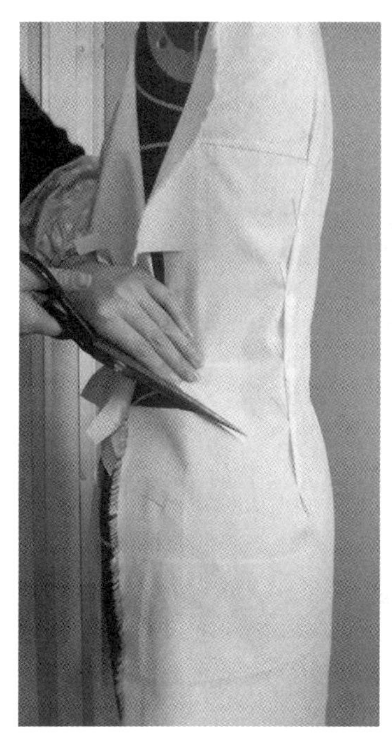

图 4－62　预修侧腰弧线造型

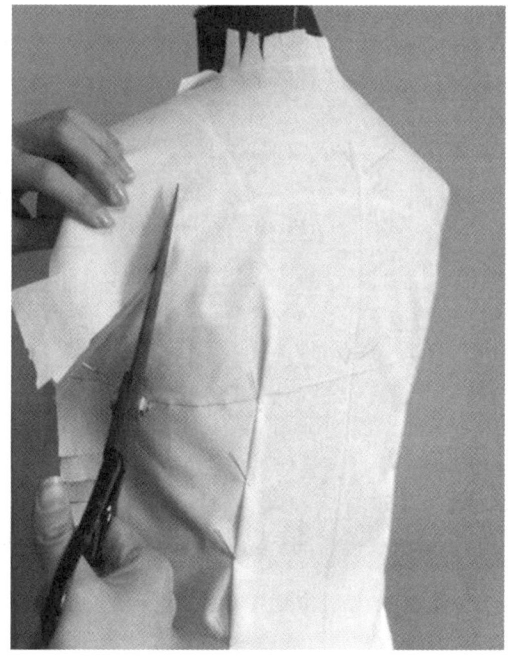

图 4－63　修剪袖窿

(12) 别合前、后侧缝片

用叠别针别合侧缝连接前、后片，如图 4－64 所示。

(13) 侧腰弧线造型

根据造型线修剪在侧腰弧线造型打剪口，折叠缝边，如图 4－65 所示。

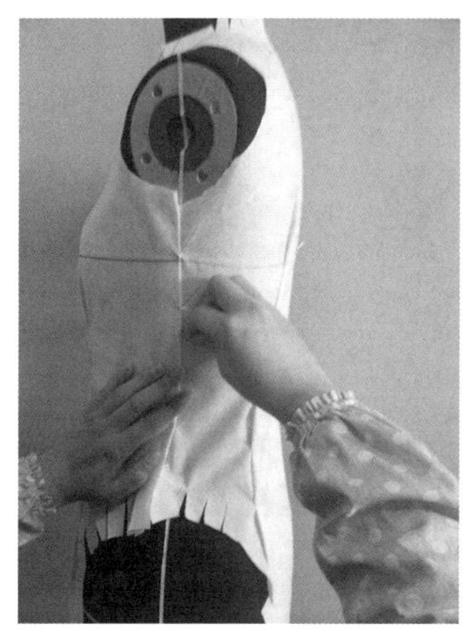

图 4－64　别合前、后侧缝片

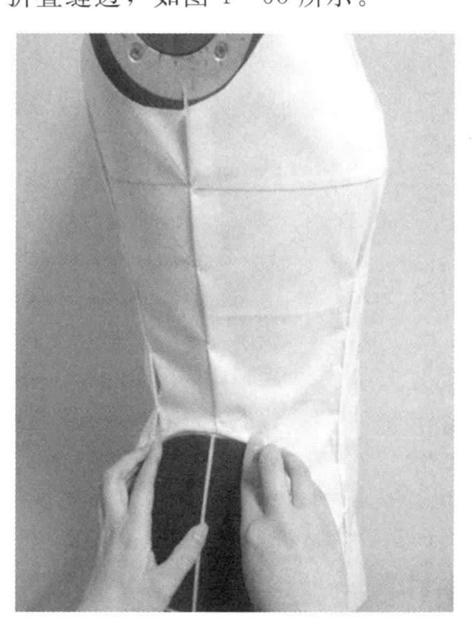

图 4－65　侧腰弧线造型

(14) 设置侧腰波浪裙浪点

根据侧腰弧线造型线设定波浪点的位置，如图 4－66 所示。

(15) 固定侧腰波浪裙坯布

坯布中心线对准人台侧缝，扎针固定裙侧片，如图 4－67 所示。

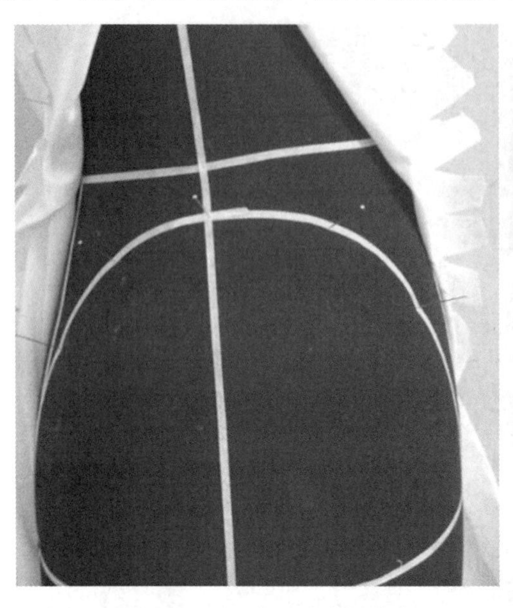

图 4－66 设置侧腰波浪裙浪点

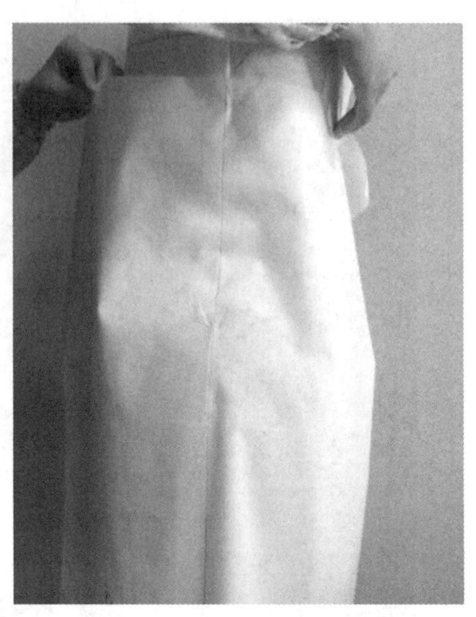

图 4－67 固定侧腰波浪裙坯布

(16) 制作波浪

沿坯布中心线剪至浪点 0.1cm 处，逆时针向下旋转坯布，做成波浪，如图 4－68 所示。用相同的手法完成侧片波浪造型。

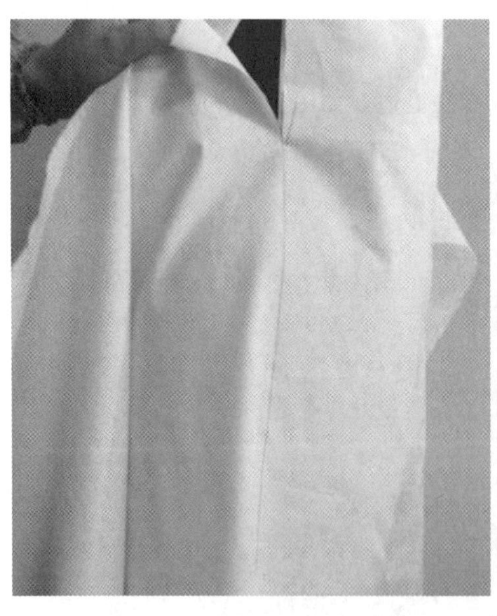

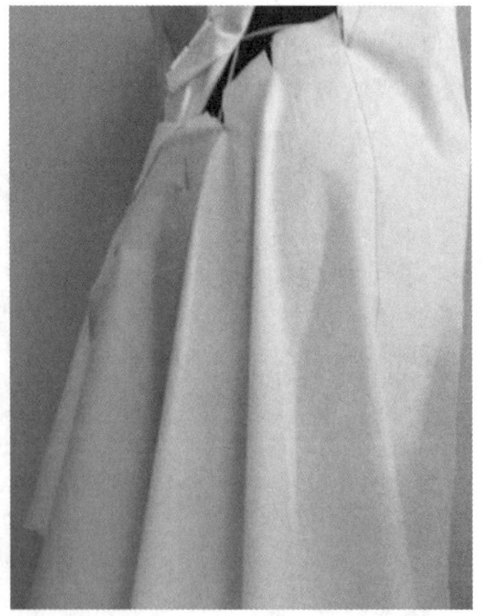

图 4－68 制作波浪

(17) 修剪侧腰波浪裙造型

根据造型修剪侧片，如图 4－69 所示。

（18）固定嵌条

确定侧缝处波浪点的位置，将嵌条坯布中心线处用针固定在侧缝浪点，预留坯布，以备造型，如图 4－70 所示。

图 4－69　修剪侧腰波浪裙造型

图 4－70　固定嵌条

（19）嵌条造型

为使嵌条保持与裙身垂直的效果，在嵌条的必要位置打刀口，沿造型线弧线别合，如图 4－71 所示。

（20）裙侧造型拼合

将波浪裙、嵌条和裙身裁片拼合，如图 4－72 所示。

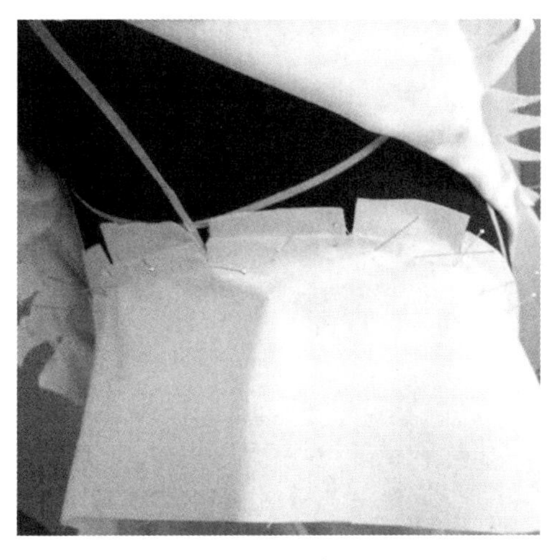

图 4－71　嵌条造型

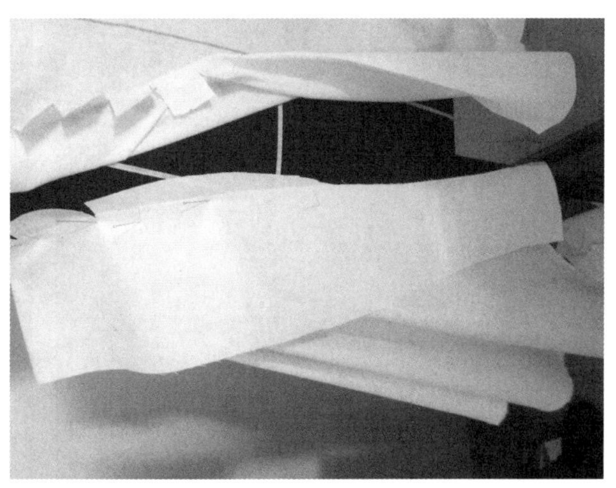

图 4－72　裙侧造型拼合

（21）修剪嵌条造型

将裙侧嵌条造型修剪，注意前后两端略小于嵌条中端，如图 4－73 所示。

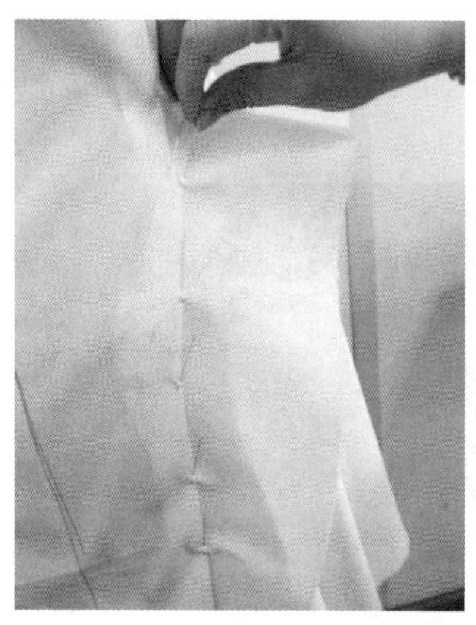
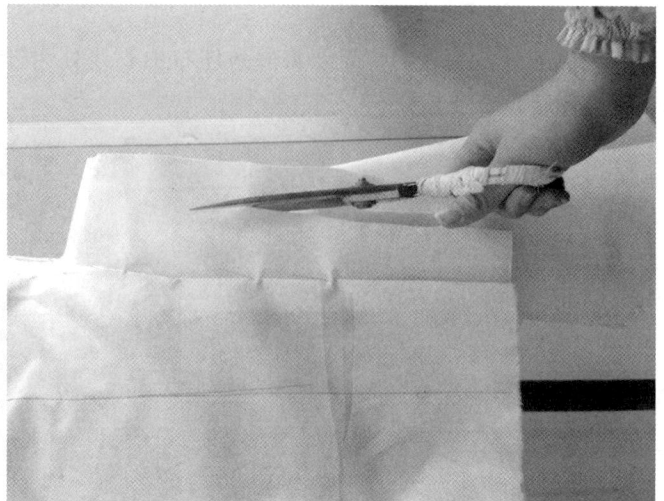

图 4-73　修剪嵌条造型

(22) 修剪波浪裙下摆

修剪波浪裙下摆，裙长可根据离地面的高度做点影后操作，如图 4-74 所示。

(23) 复制右边造型

根据左边的裙片造型修剪右边的裙身造型。

(24) 完成裙身制作

完成连衣裙裙身造型，如图 4-75 所示。

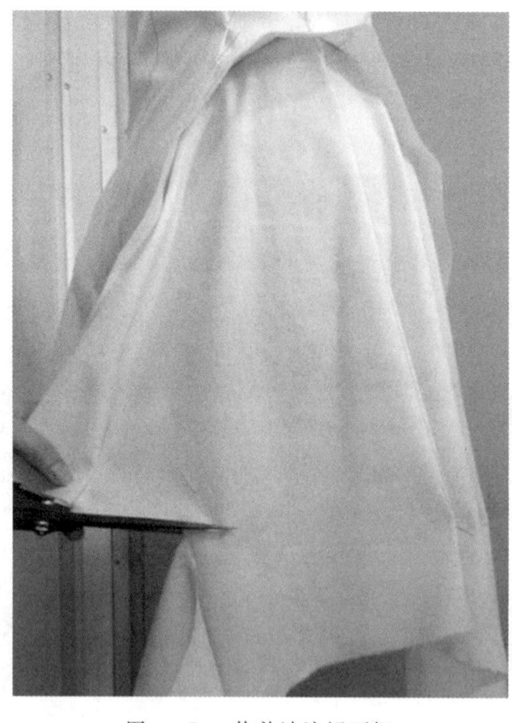

图 4-74　修剪波浪裙下摆

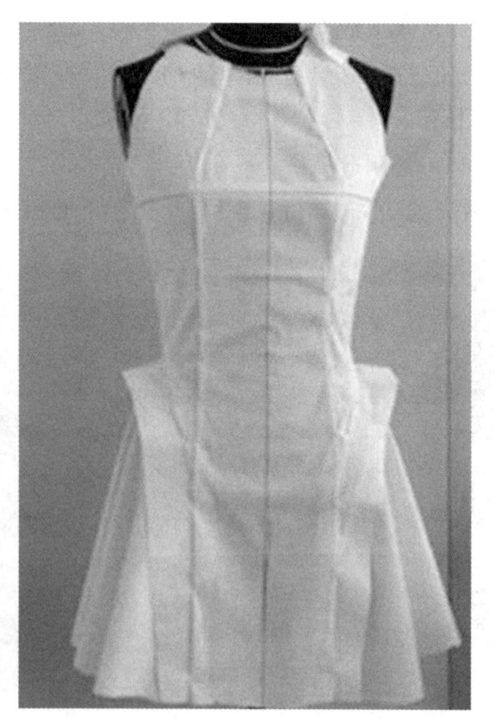

图 4-75　完成裙身制作

(25) 翻折后领

修剪领口，并折边，如图 4-76 所示。

（26）固定袖片坯布

将袖片坯布置于肩上，坯布中心线对肩线，在中线处抓出袖子向前领口翻折的褶量，如图4－77所示。

图4－76　翻折后领

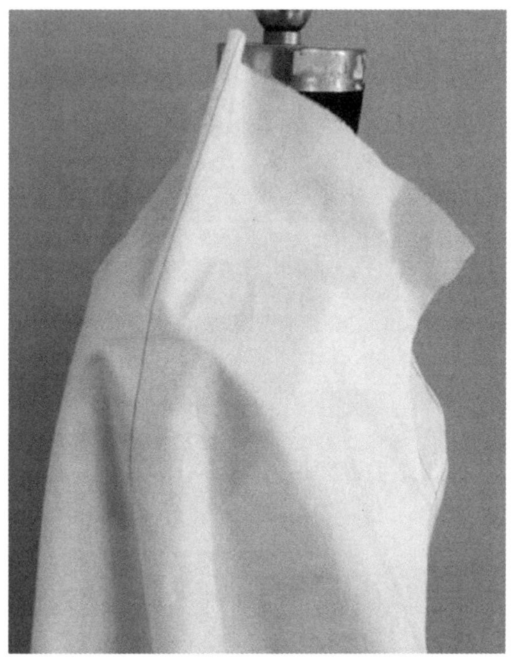

图4－77　固定袖片坯布

（27）袖中线褶裥制作

根据造型抚平肩部，捏合肩部多余起翘的量和松量，打剪口；并用针固定，形成褶裥，如图4－78所示。

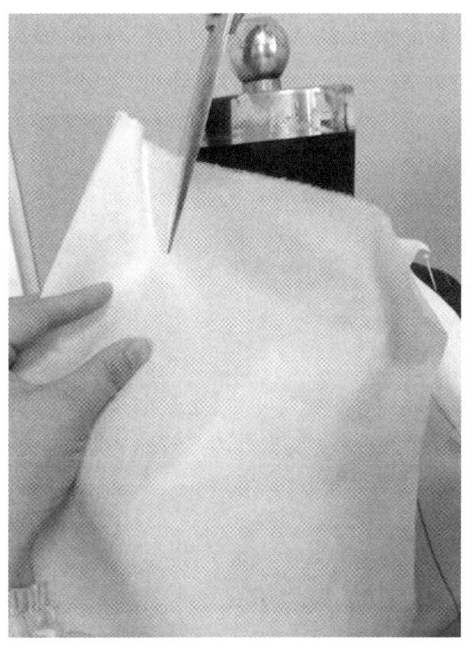

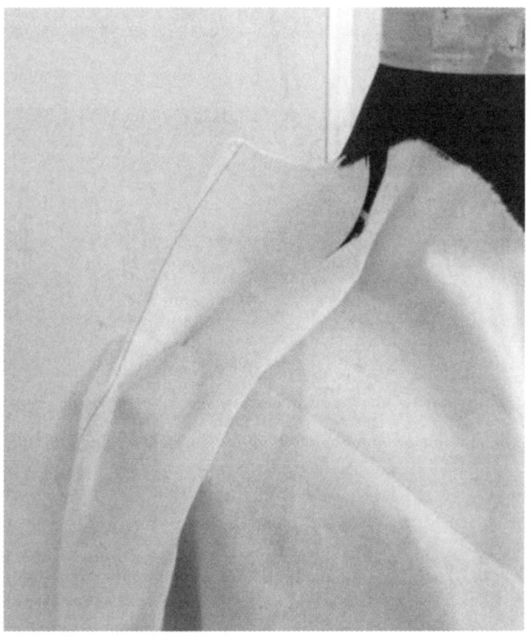

图4－78　袖中线褶裥制作

（28）制作袖身褶裥

折叠1.5cm左右的褶裥量，向前片倒缝，袖身形成褶裥，如图4－79所示。

（29）修剪后袖插肩造型

修剪后片插肩袖造型，如图4－80所示。

图4－79 制作袖身褶裥

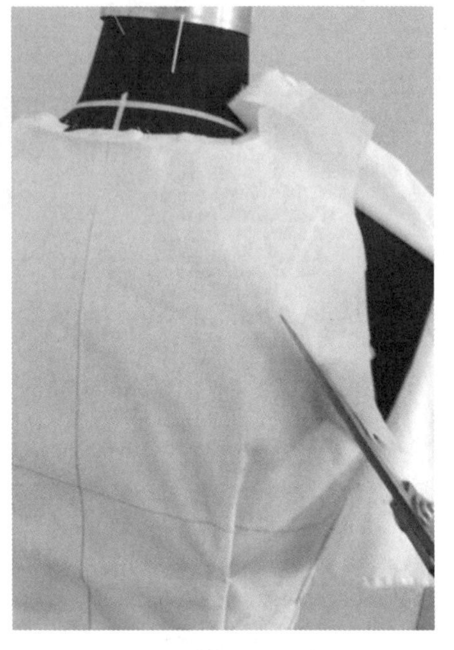

图4－80 修剪后袖插肩造型

（30）完成袖子造型

拼合衣身与袖片，并将袖子对应后衣片的部分，做褶裥，用别针固定，如图4－81所示。

（31）修剪修身结构

转折衣袖用布，调整袖口大小，修剪袖子造型，沿袖窿线固定衣袖与衣身，如图4－82所示。

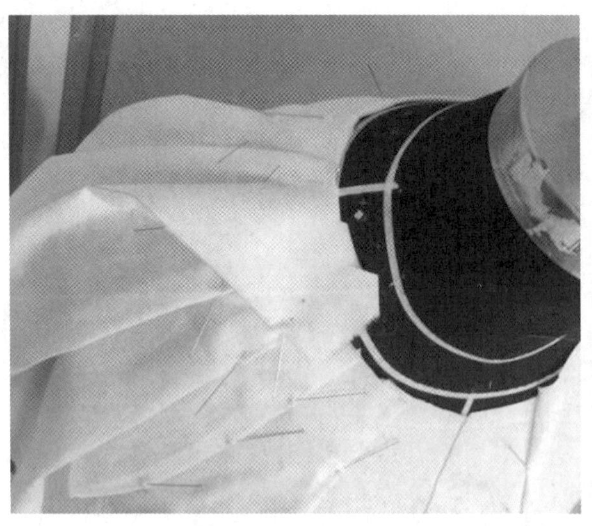

图4－81 完成袖子造型

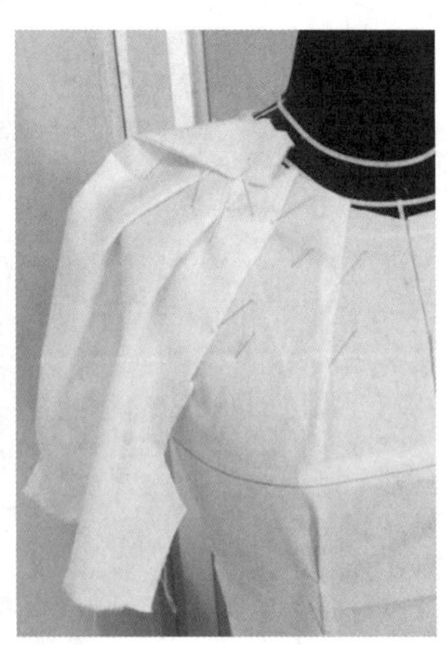

图4－82 修剪修身结构

(32) 制作袖口

根据款式要求在袖口中心处设置3对阴褶，如图4-83所示。

(33) 固定袖子，完成袖子造型

复制右边的袖子，固定袖子，完成袖子整体造型，如图4-84所示。

图4-83　制作袖口

图4-84　固定袖子，完成袖子造型

(34) 固定前领坯布，修剪造型

固定坯布，沿领口造型修剪，如图4-85所示。

(35) 完成领子制作

翻折前领圈条，完成前领的制作，如图4-86所示。

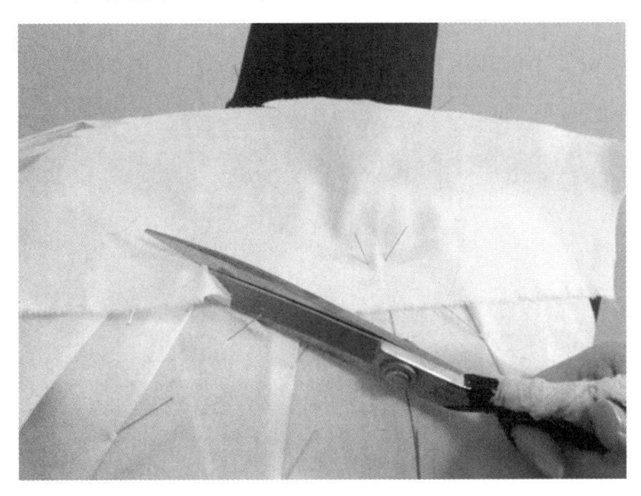

图4-85　固定前领坯布，修剪造型

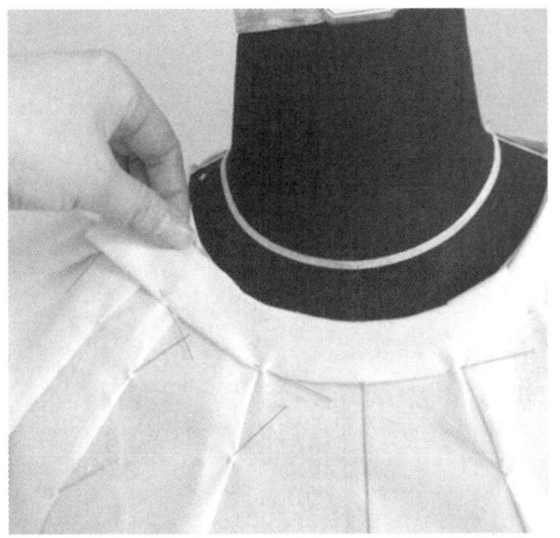

图4-86　完成领子制作

(36) 调整试样，完成整体造型

整理坯布，调整试样，完成整体造型，如图4-87所示。

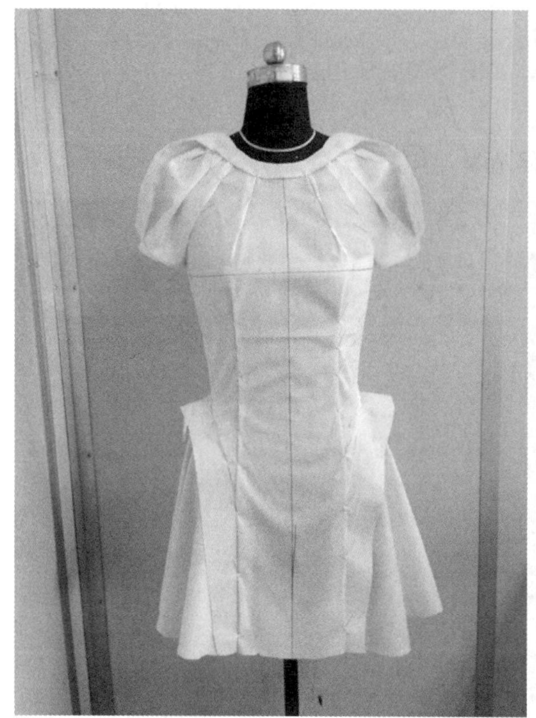
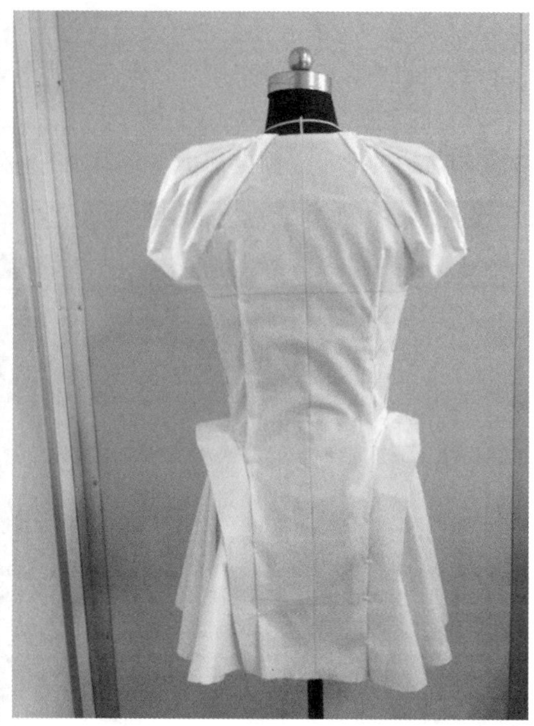

图 4-87　合体连衣裙整体造型

思考与练习

1. 你觉得本款式中领口的省是怎样形成的?
2. 袖中线折叠的量如何控制?
3. 裙侧摆的制作与嵌条和波浪的制作在手法上有什么区别?

任务四　无规则不对称褶裥连衣裙的立体裁剪

<table>
<tr><td>班级</td><td></td><td>姓名</td><td></td><td>学习时间</td><td></td><td>上交时间</td><td></td></tr>
<tr><td colspan="4">款式描述</td><td colspan="4">作品质量标准</td></tr>
<tr><td colspan="4">合体连衣裙。不对称领口领，插肩袖，上衣不对称褶裥分割，下摆无规则褶裥裙</td><td colspan="4">衣身整体平衡，丝绺纵直横平，曲面饱满，省道处理合理，领口袖窿线条圆顺；裙子层次分明，波浪均匀</td></tr>
<tr><td colspan="4">工具材料准备</td><td colspan="4">产品规格</td></tr>
<tr><td colspan="2">名称</td><td colspan="2">数量</td><td>部位</td><td>规格</td><td>部位</td><td>规格</td></tr>
<tr><td colspan="2">熨斗</td><td colspan="2">1台</td><td>裙长</td><td>80cm</td><td>胸围</td><td>84cm</td></tr>
<tr><td colspan="2">白坯布</td><td colspan="2">若干</td><td>肩宽</td><td>38cm</td><td>臀围</td><td>90cm</td></tr>
<tr><td colspan="2">珠针</td><td colspan="2">1盒</td><td></td><td></td><td></td><td></td></tr>
</table>

一、任务与操作技术要求

本任务是连衣裙制作项目学习中，连衣裙变化款式立体裁剪制作。通过本任务的学习和技能训练，学生能够掌握立体裁剪中省道设计、制作的合理性和科学性，以及由省转换成褶等不同形式的变化；同时增强对多层次裙装的制作理解。制作的过程能促进学生对复杂款式的分析、理解和制作表达，并为在以后实际操作中运用更灵活、为更多样式的服装立体剪裁打下基础。

本款连衣裙在立体裁剪的制作过程中，要求丝绺保持纵直横平，胸腰曲面饱满，不起涟、不起皱、不起吊，省道处理科学、合理、合体，领口袖窿线条圆顺，左右对称，不起角；裙子层次分明，波浪均匀、自然；衣身整体平衡。

二、无规则不对称褶裥连衣裙简介

无规则的褶裥裙是一款合体的连衣裙。本款连衣裙通过不对称、无规律的褶裥传达出青春、动感的时尚美。领口为简单不对称的领口领，褶裥插肩袖；裙身前片为不对称门襟设计，后片直线分割。裙身的合体性使用不同的省道或者褶裥，尤其是后片褶裥与波浪的综合运用让款式的表达更加的丰富。

三、制作过程介绍

1. 准备工作

（1）白坯布估料

连衣裙上衣部分前小片、前大片各 1 片；连衣裙上衣部分后侧 2 片、后中 1 片；连衣裙波浪裙部分前、后片各 1 片。

连衣裙上衣部分前、后片规格：长度＝上衣长＋8cm 左右；宽度＝胸围前中造型的面积宽＋6cm 左右。

前、后片规格：长度＝裙长＋30cm 左右；宽度＝120～150cm。

（2）画辅助线

坯布中心线：对应人台中心线，单位规格尺寸内，二等分。

坯布水平线：对应人台臀围线，单位规格尺寸内，确定上围线往下量取 30cm 左右。

辅助线如图 4－88 所示。

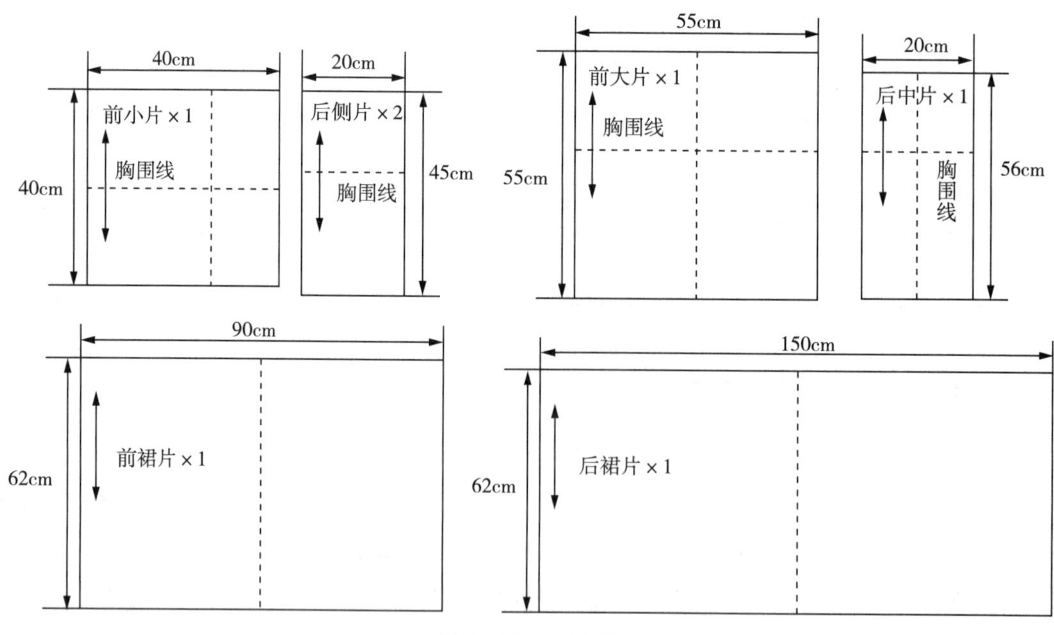

图 4－88　辅助线

（3）工具

熨斗、大头针、人台等。

2. 制作过程

（1）粘贴造型线

根据款式粘贴款式造型线，如图 4-89 所示。

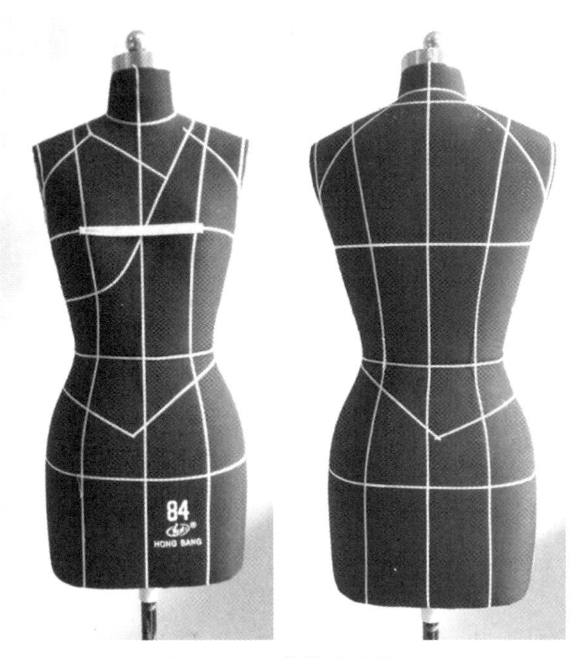

图 4-89　粘贴造型线

（2）固定前小片坯布

将前小片坯布固定于人台上，注意将坯布的中心线和围度线分别与人台的前中心线和胸围线对齐，如图 4-90 所示。

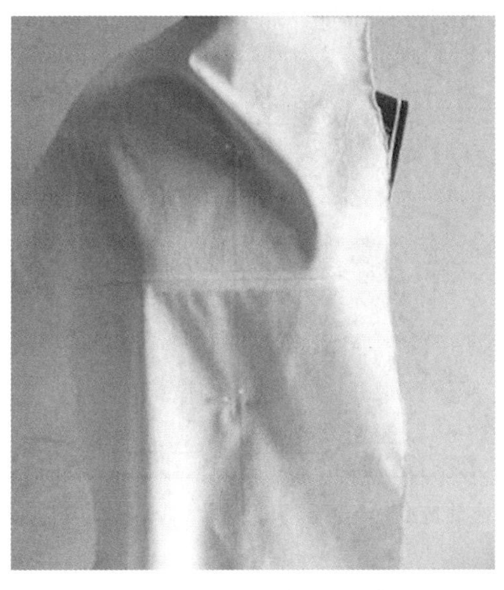

图 4-90　固定前小片坯布

（3）制作前小片褶裥

抚平前胸坯布，产生的不伏贴松量逆时针转移至前小片胸省处，做衣褶并扎针固定，如

图 4 - 91 所示。

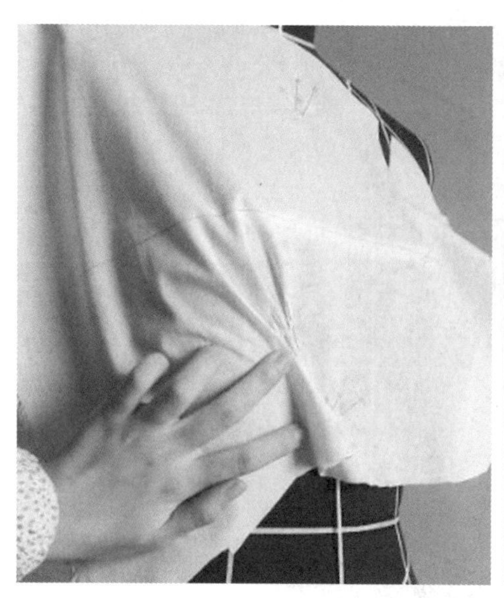

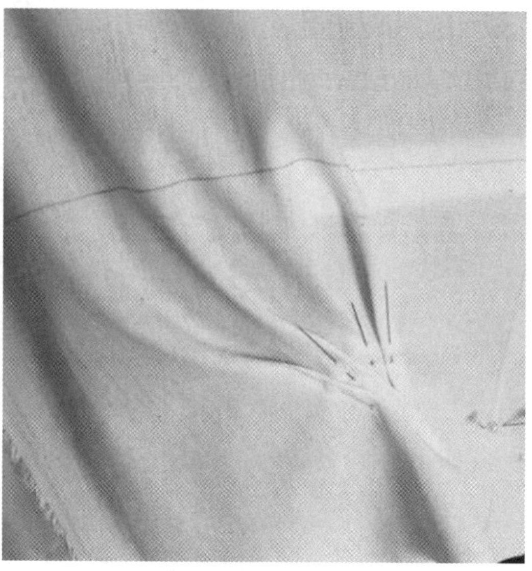

图 4 - 91　制作前小片褶裥

(4) 修剪前小片造型

根据前领、袖窿等造型修剪出前小片的造型，如图 4 - 92 所示。

(5) 固定前片坯布

将前片坯布固定于人台上，注意将坯布的中心线和围度线分别与人台的前中心线和胸围线对齐，如图 4 - 93 所示。

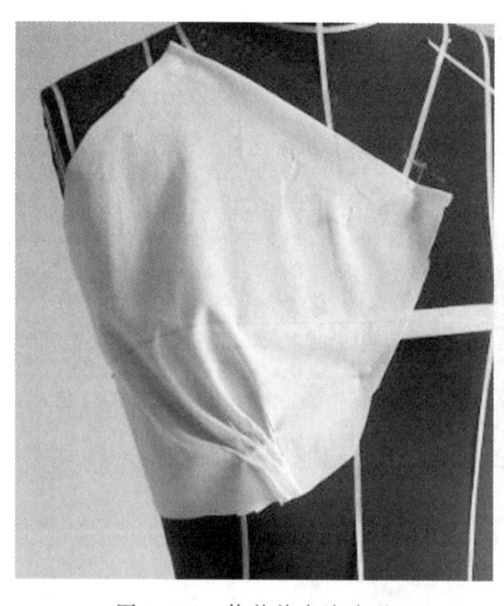

图 4 - 92　修剪前小片造型

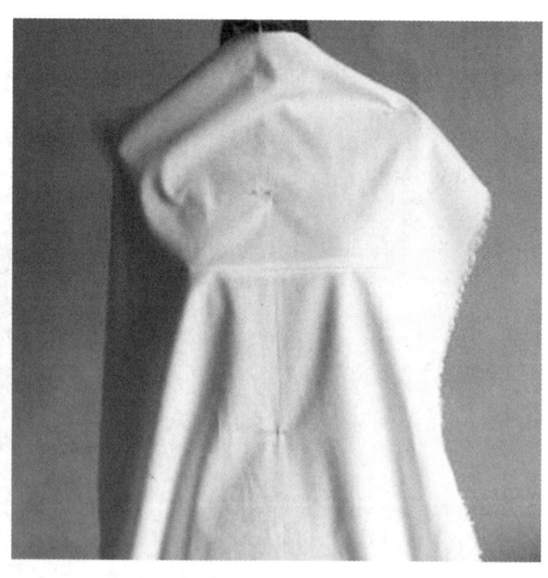

图 4 - 93　固定前大片坯布

(6) 前片初修

依据前领口大片的造型和门襟走势修剪，注意丝绺的纵直横平，如图 4 - 94 所示。

(7) 前片收左省

从前胸向下顺时针抚平坯布，将多余松量向下转移至腰部，做腰省，并扎针固定，如图

4－95所示。

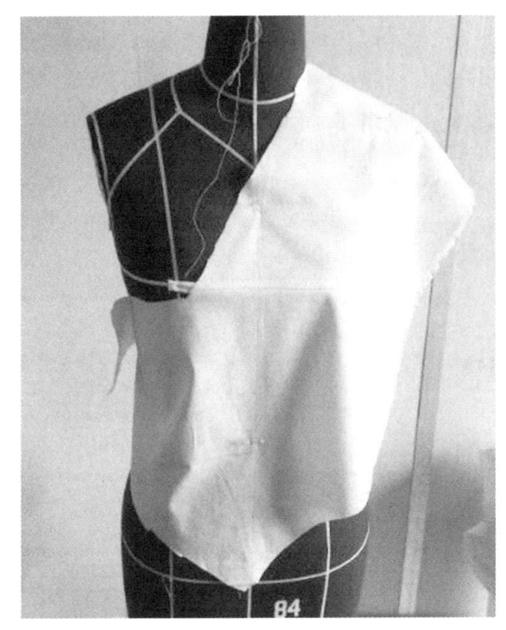

图4－94　前片初修

图4－95　前片收左省

(8) 前片收右省

将另一侧腰部多余松量捏出做腰省，并扎针固定，如图4－96所示。

(9) 前片领口翻折

修剪领口缝边，打剪口，折边完成领口造型，如图4－97所示。

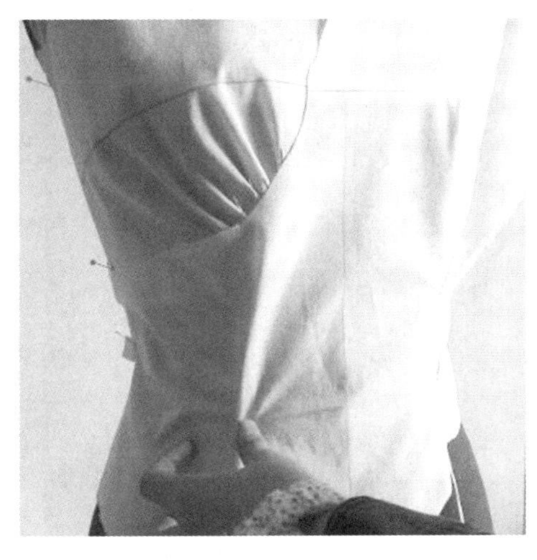

图4－96　前片收右省

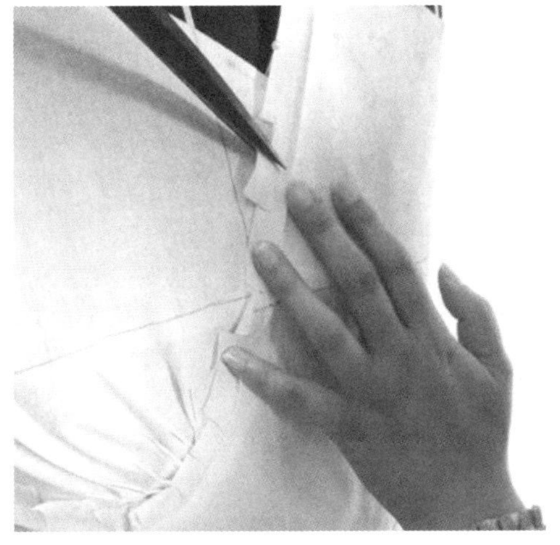

图4－97　前片领口翻折

(10) 固定后片

将后片坯布固定于人台上，注意将坯布的中心线和围度线分别与人台的后中心线和胸围线对齐，如图4－98所示。

(11) 制作后片

修剪后片领口，根据公主线修剪后片形状，如图4－99所示。

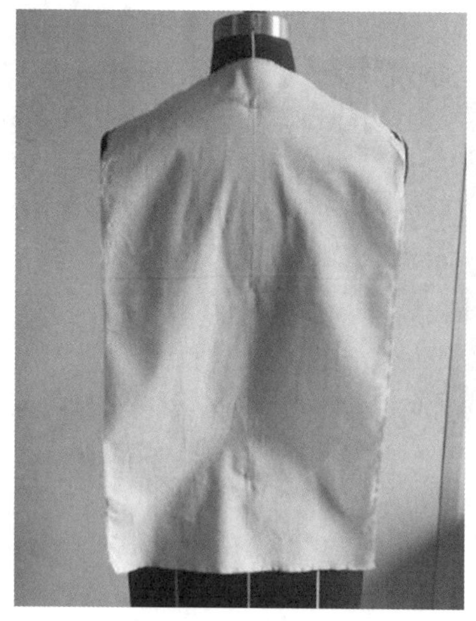

图 4-98　固定后片

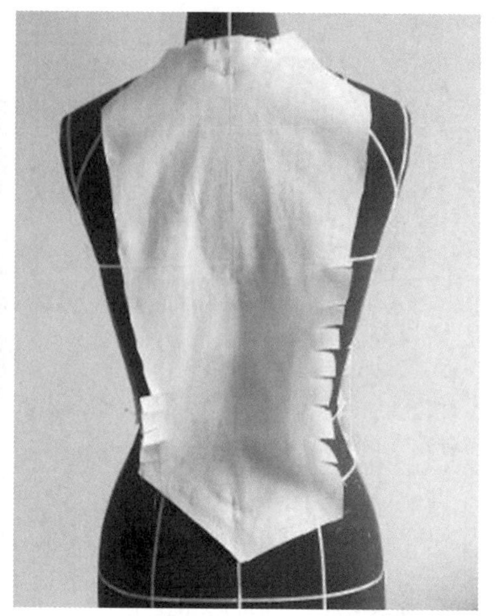
图 4-99　制作后片

（12）固定后侧片坯布

将侧片布固定于人台上，注意将坯布围度线与胸围线对齐，如图 4-100 所示。

（13）制作后片

根据造型线抚平，点影并修剪侧片，留出 2cm 左右的缝边，如图 4-101 所示。

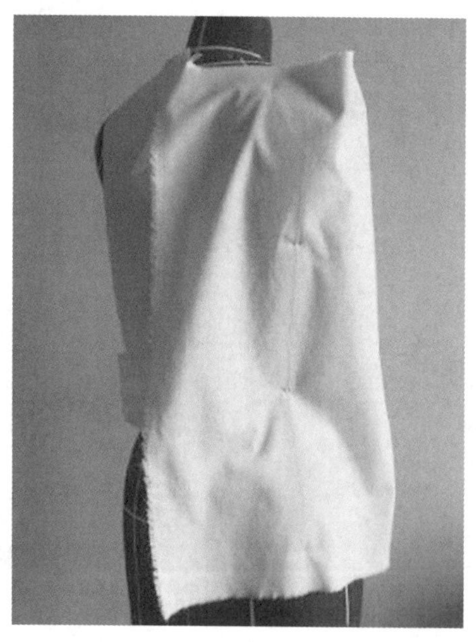
图 4-100　固定后侧片坯布

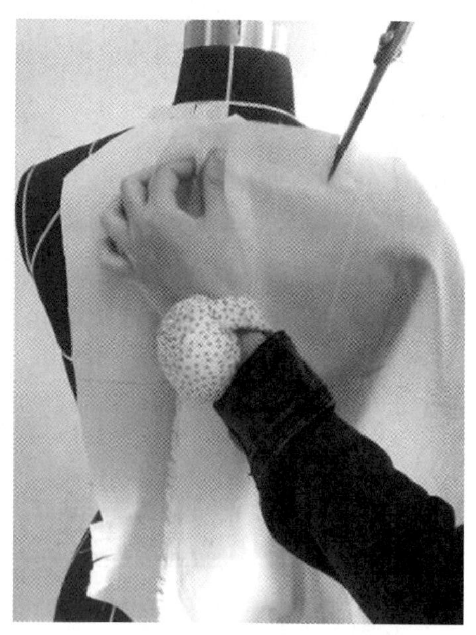
图 4-101　制作后片

（14）后侧片拓样

将侧片取下，根据点影绘制样版轮廓，并拓样剪下，如图 4-102 所示。

（15）别合后片

将后片的左右两片侧片分别与后衣片拼合，如图 4-103 所示。

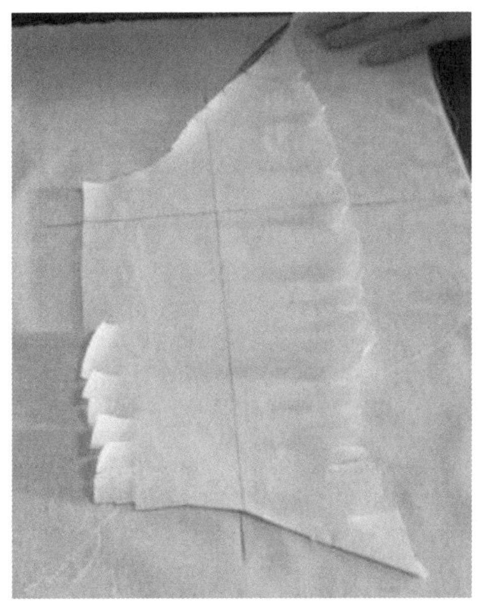

图4-102　后侧片拓样

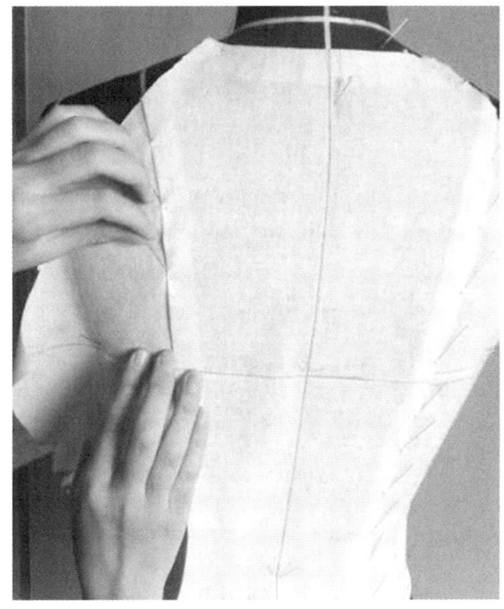

图4-103　别合后片

（16）完成裙身上衣制作

别合侧缝，裙身上衣初步造型完成，如图4-104所示。

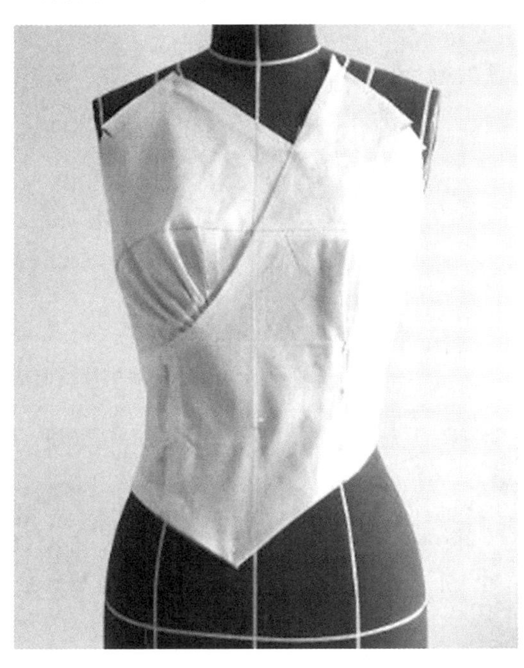

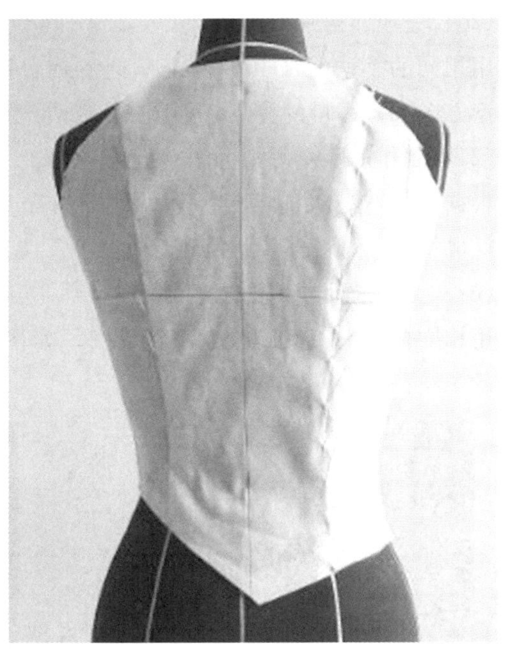

图4-104　完成裙身上衣制作

（17）固定裙片坯布

将前裙片坯布固定于人台上，注意将坯布的中心线和围度线分别与人台的前中心线和臀围线对齐，且坯布上端预留10cm以上的量，如图4-105所示。

（18）前裙片横向褶

根据造型要求，在裙片横向褶的位置上打剪开口至造型要求的位置，如图4-106所示。

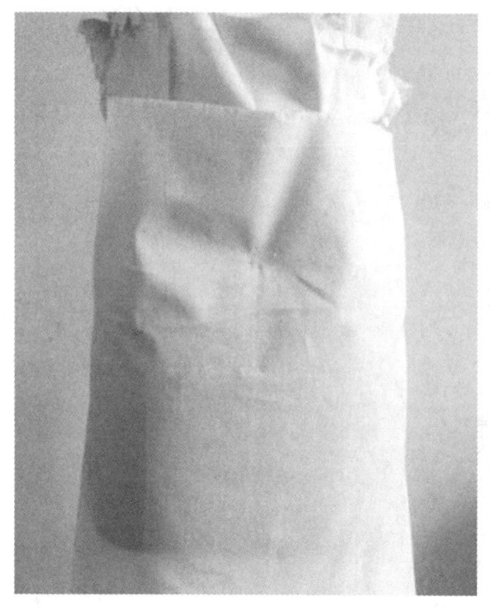

图 4-105　固定裙片坯布

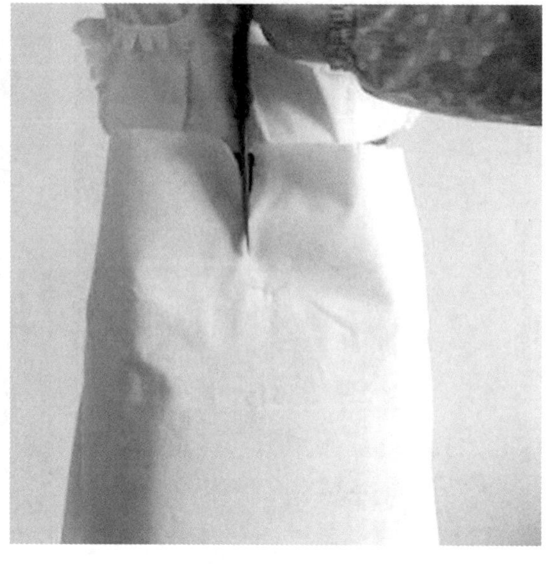

图 4-106　前裙片横向褶

(19) 制作第一个前裙片横向褶

将左侧坯布往右下方向折，捏合做出第一个衣褶，并扎针固定，如图 4-107 所示。

(20) 完成前裙片横向褶

用相同的手法完成其他两个横向衣褶，注意褶裥的造型方向和褶裥量的控制，如图 4-108 所示。

(21) 制作前片左侧第一个褶裥

根据款式造型将前裙片左侧的坯布推至横向褶方向，做成褶裥，如图 4-109 所示。

(22) 完成前片左侧的褶裥

用相同的手法完成其他两个褶裥，如图 4-110 所示。

图 4-107　制作第一个前裙片横向褶

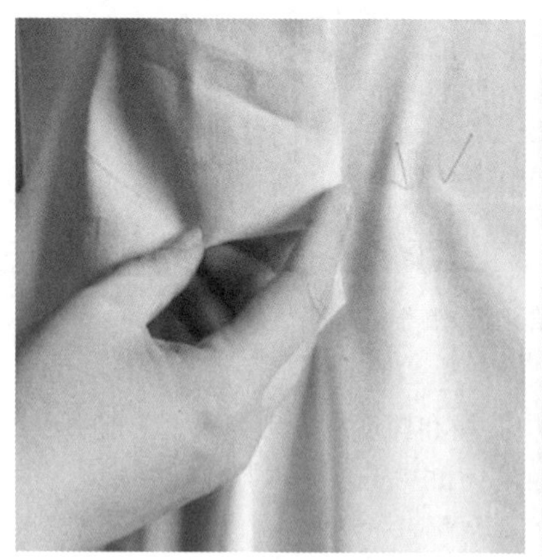

图 4-108　完成前裙片横向褶

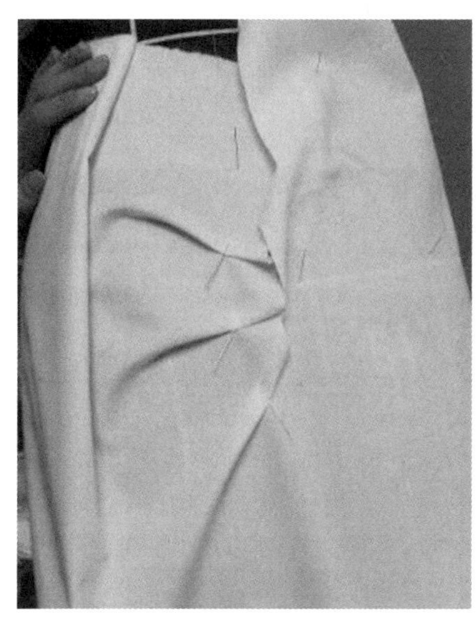

图4-109　制作前片左侧第一个褶裥

图4-110　完成前片左侧的褶裥

（23）制作横向褶右边褶裥

根据款式造型将前中的坯布推至横向褶制作成褶裥，注意遮住横向衣褶的毛边，如图4-111所示。

（24）完成前片右侧褶裥

用相同的手法完成其他两个衣褶，成并排状，褶裥量对比；完成裙身前片的造型，如图4-112所示。

图4-111　制作横向褶右边褶裥

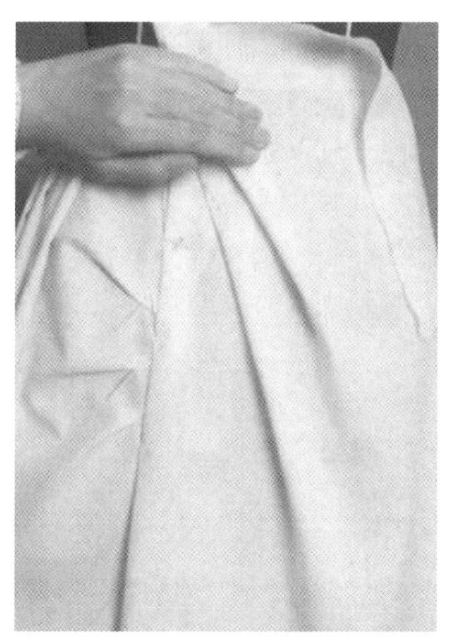

图4-112　完成前片右侧褶裥

（25）固定裙子后片

将后裙片坯布固定于人台上，注意将坯布的中心线和围度线分别与人台的后中心线和臀围线对齐，如图4-113所示。

(26) 制作后中褶裥

折叠坯布，以后中为中线，对应的位置制作褶裥 4 个，褶裥成并列状，注意褶裥量的把握，如图 4-114 所示。

图 4-113 固定裙子后片

图 4-114 制作后中褶裥

(27) 制作后裙片波浪

根据款式造型，设置波浪位置，打剪口，旋转布料制作波浪，如图 4-115 所示。

(28) 别合侧缝

用叠别针别合裙侧，如图 4-116 所示。

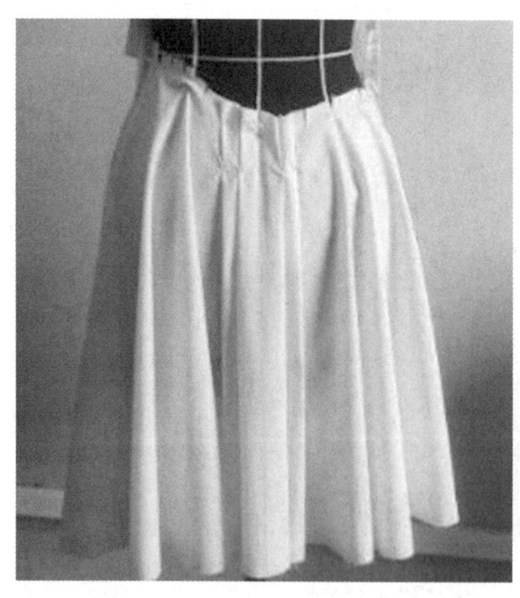

图 4-115 制作后裙片波浪

图 4-116 别合侧缝

(29) 调整试样，完成上衣造型

别合裙大身，完成裙大身的制作，如图 4-117 所示。

（30）固定袖片坯布

将袖片坯布置于肩上，注意将坯布中心线与人体的肩线对齐，沿线扎针固定，如图4－118所示。

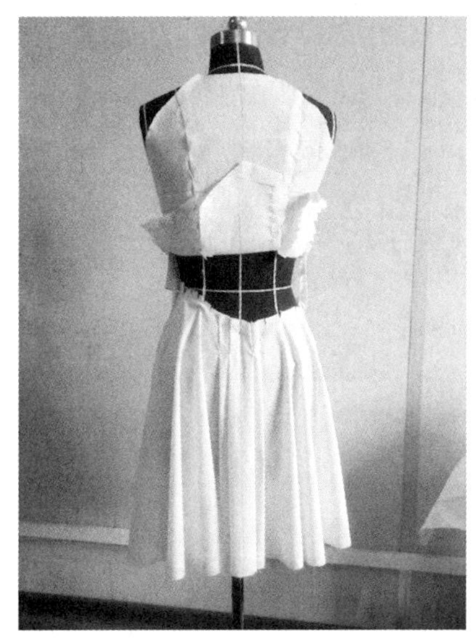

图4－117　调整试样，完成上衣造型

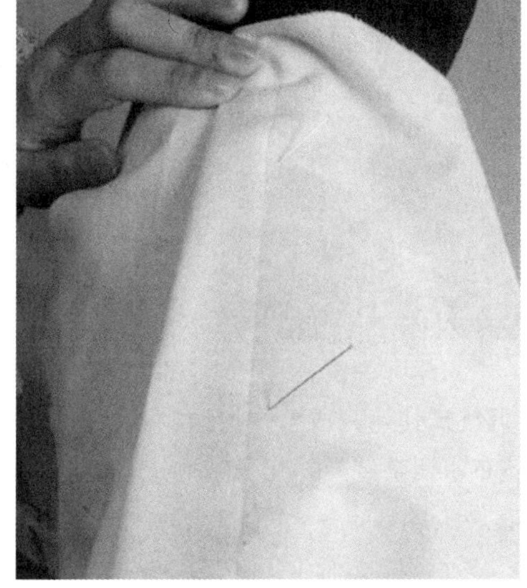

图4－118　固定袖片坯布

（31）制作袖片上褶裥

折叠坯布，制作褶裥，褶裥方向以袖中线为界，各向前后折叠3个褶裥，如图4－119所示。

（32）绱袖

转折衣袖用布，修剪袖片结构弧线，沿袖窿线衣袖与衣身直接固定分割处，完成绱袖，如图4－120所示。

图4－119　制作袖片上褶裥

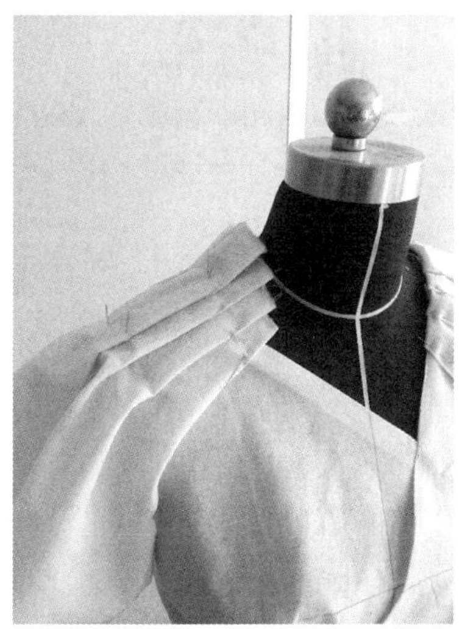

图4－120　绱袖

（33）设置袖口衣褶

以袖中线两侧向内折叠，设置袖口衣褶，如图4－121所示。

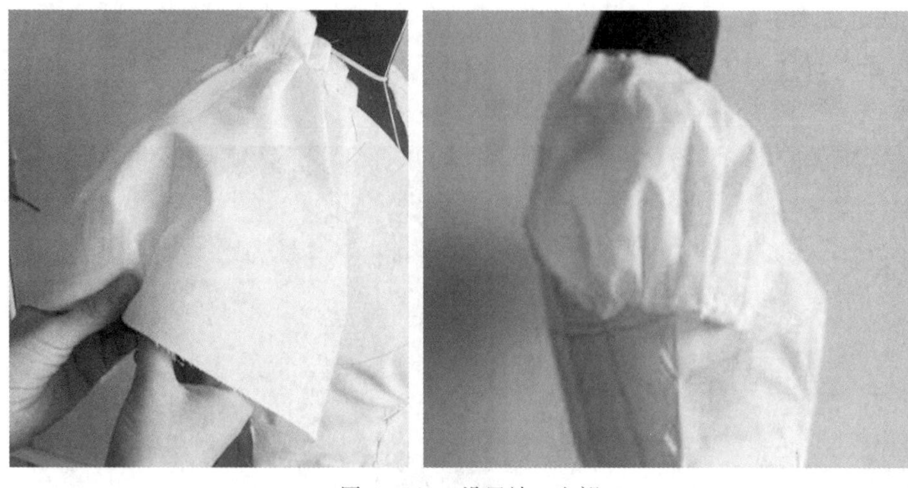

图 4-121 设置袖口衣褶

(34) 调整试样，完成整体造型

整理坯布，调整试样，完成整体造型，如图 4-122 所示。

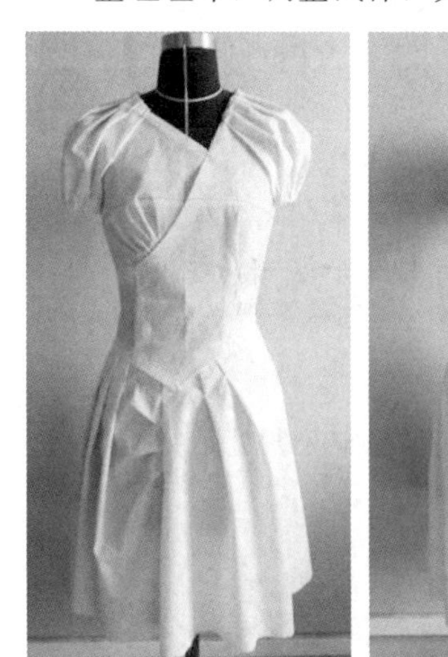

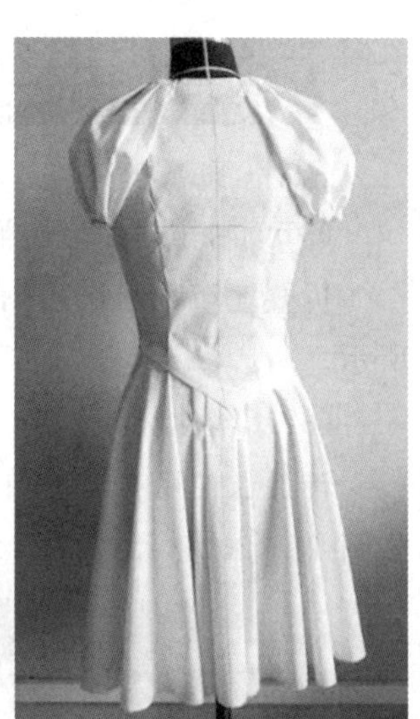

图 4-122 调整试样，完成整体造型

思考与练习

服装中的褶裥有什么作用？

任务五　无领短袖连衣裙的立体裁剪

班级		姓名		学习时间		上交时间	

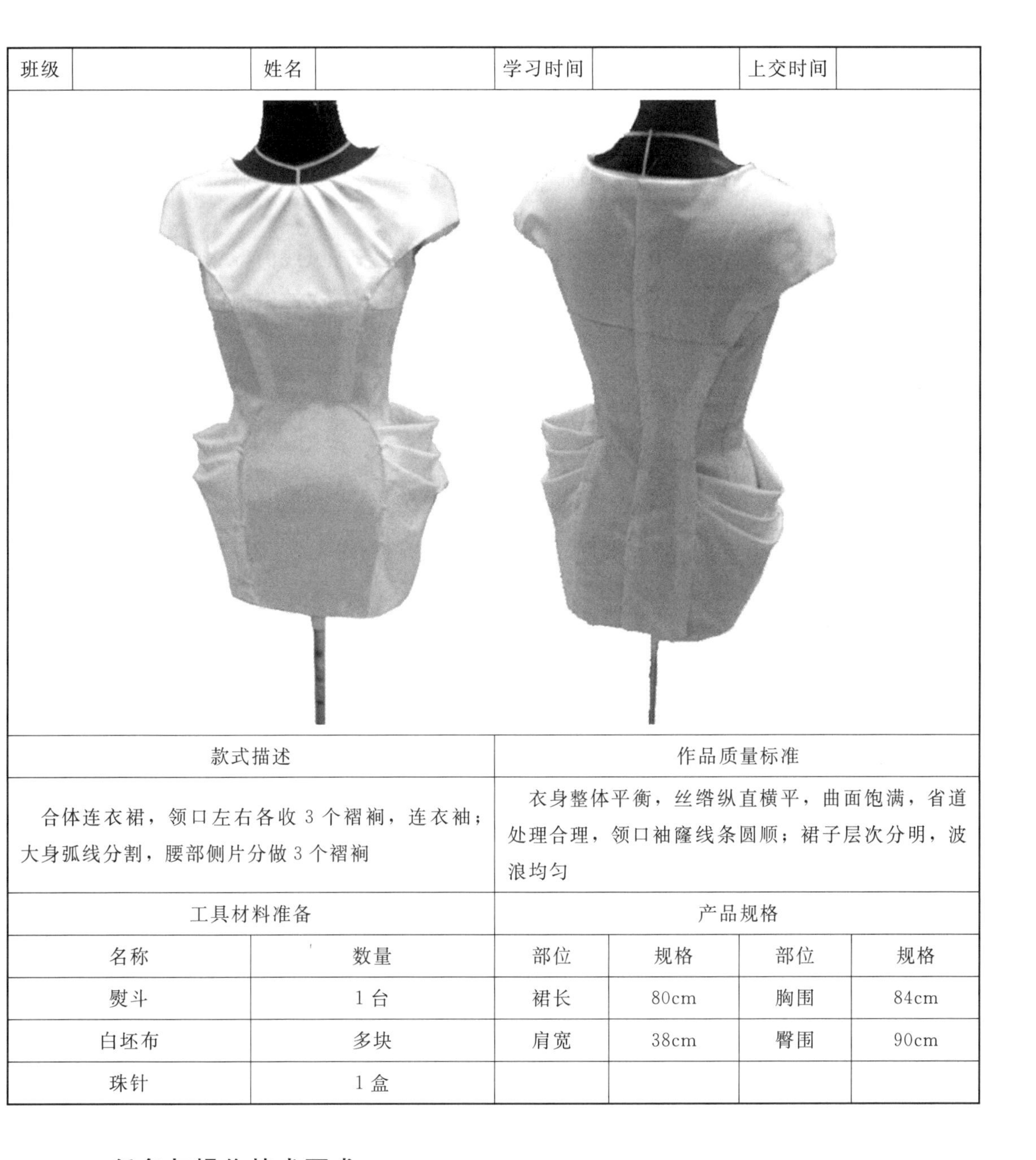

款式描述		作品质量标准			
合体连衣裙，领口左右各收3个褶裥，连衣袖；大身弧线分割，腰部侧片分做3个褶裥		衣身整体平衡，丝绺纵直横平，曲面饱满，省道处理合理，领口袖窿线条圆顺；裙子层次分明，波浪均匀			
工具材料准备		产品规格			
名称	数量	部位	规格	部位	规格
熨斗	1台	裙长	80cm	胸围	84cm
白坯布	多块	肩宽	38cm	臀围	90cm
珠针	1盒				

一、任务与操作技术要求

本任务是连衣裙制作项目学习中，连衣裙变化款式立体裁剪制作。通过本任务的学习和技能训练，学生能掌握立体裁剪中省道设计、制作的合理性和科学性，以及由省转换成褶等不同形式的变化；同时增强对多层次裙装的制作理解。制作的过程能促进学生对复杂款式的分析、理解和制作表达，并为在以后实际操作中运用更灵活、为更多样式的服装立裁打下基础。

本款连衣裙在立体裁剪的制作过程中，要求丝绺保持纵直横平，胸腰曲面饱满，不起涟、不起皱、不起吊，省道处理科学、合理、合体，领口袖窿线条圆顺，左右对称，不起角；裙子层次分明，波浪均匀、自然；衣身整体平衡。

制作要求衣身平服，拼接处不起吊；口袋造型立体。

二、无领短袖连衣裙简介

本款款式为无领短袖连衣裙，衣身合体，领口处左右各收 3 个褶裥，并在侧边设有立体褶裥。

本款式的设计造型特点在于其不同以往的弧线分割，属于弧线的特殊分割，突出了腰部的弧线设计，尤其是在腰部弧线分割的同时还在腰侧部增加了大的褶裥设计，类似于口袋的效果，在视觉上整个款式都显得立体而丰富，呼应了领口的褶裥设计。

三、制作过程介绍

1. 准备工作

（1）白坯布估料

连衣裙前、后各 1 片；连衣裙前侧片 2 片，连衣裙后侧片 2 片，连衣裙侧造型片 2 片。

（2）画辅助线

辅助线如图 4－123 所示。

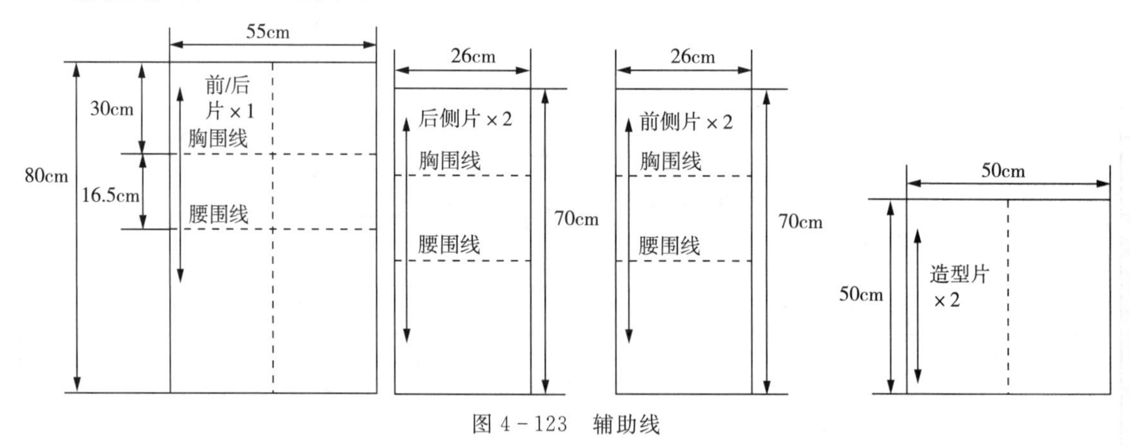

图 4－123　辅助线

（3）工具

熨斗、大头针、人台等。

2. 制作过程

（1）粘贴造型线

根据款式粘贴款式造型线，如图 4－124 所示。

（2）固定前小片坯布

将前小片坯布固定于人台上，注意将坯布的中心线和围度线分别与人台的前中心线和胸围线对齐，如图 4－125 所示。

（3）修剪领口

根据领口造型线修剪前片领口，如图 4－126 所示。

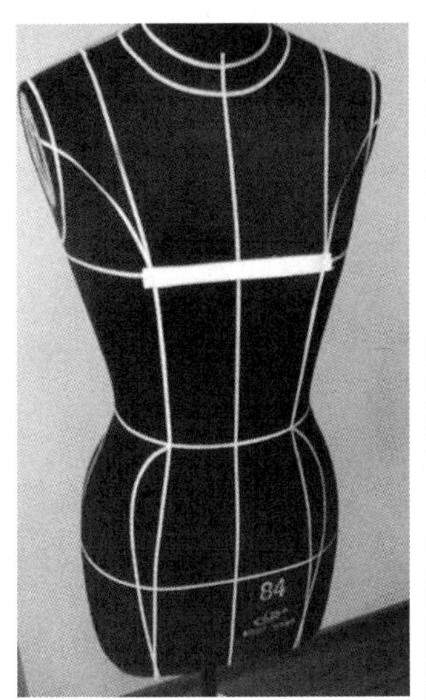

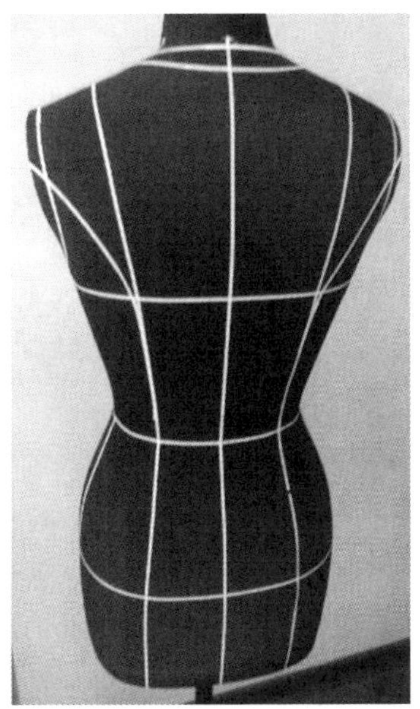

图 4－124　粘贴造型线

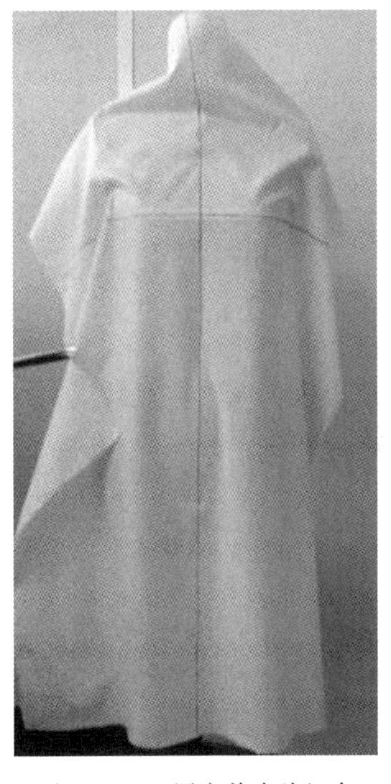

图 4－125　固定前小片坯布

图 4－126　修剪领口

（4）领口褶裥制作

抚平前领口坯布，将浮余松量转移至领口，初步分配省道量，设置省道褶裥，抚平肩部，如图 4－127 所示。

(5) 前领口修剪

肩部抚平，修剪前领口，如图 4－128 所示。

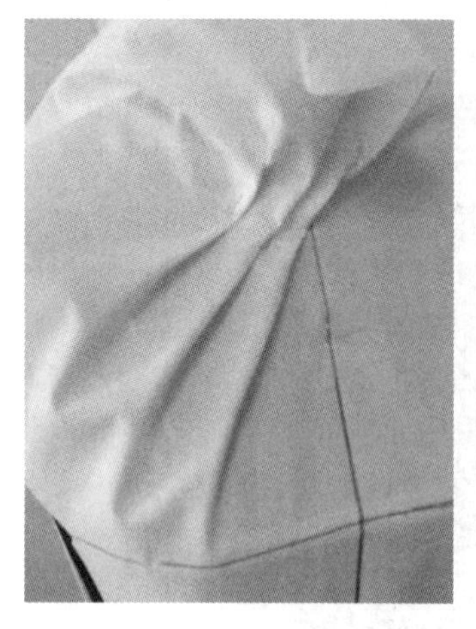

图 4－127　领口褶裥制作　　图 4－128　前领口修剪

(6) 前大身造型

初修前片大身，如图 4－129 所示。

(7) 前片点影

根据造型线将前连衣裙片点影，如图 4－130 所示。

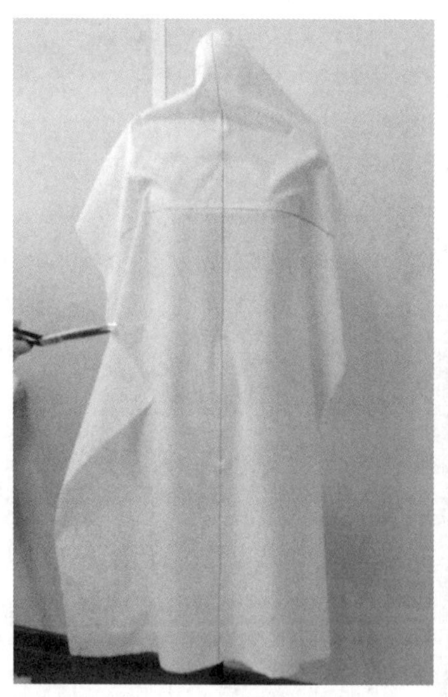

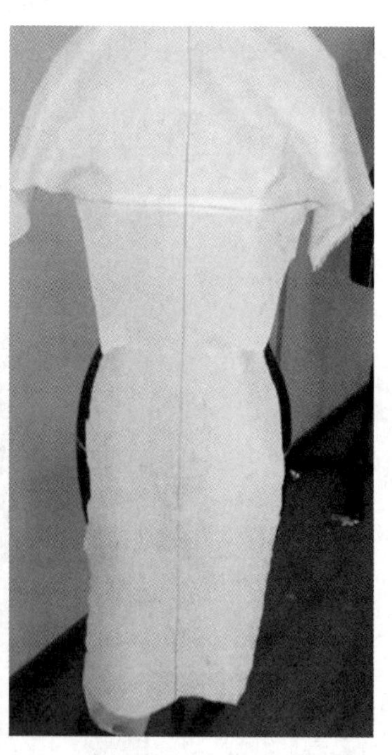

图 4－129　前大身造型　　图 4－130　前片点影

(8) 拓印前裙片

调整前裙片轮廓，根据左边裙片的轮廓造型拓印右边造型。

(9) 领口翻折

领口打刀口并折边，如图 4－131 所示。

(10) 前片塑型完成

完成前片轮廓造型，如图 4-132 所示。

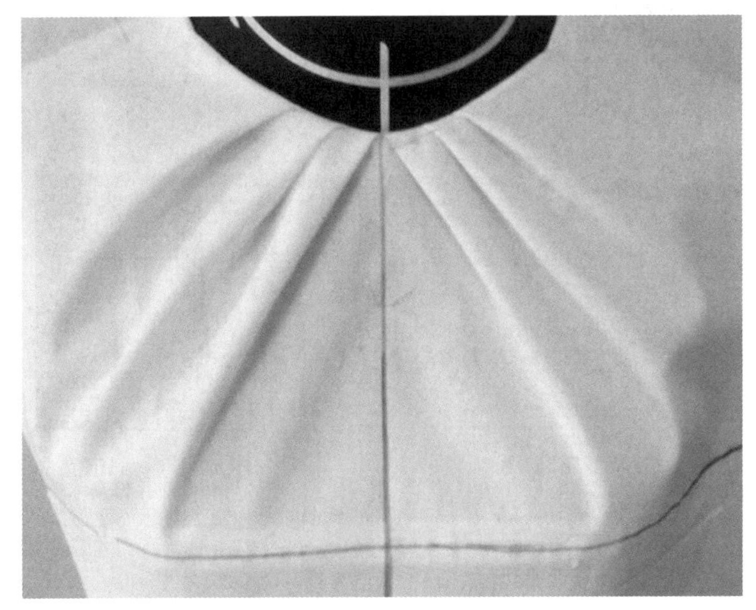

图 4-131　领口翻折

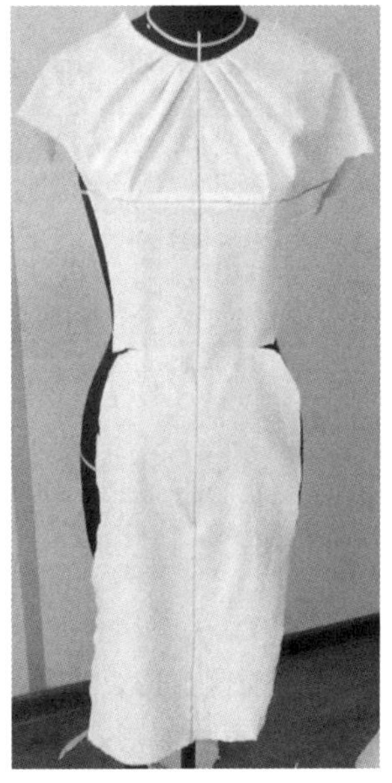

图 4-132　前片塑型完成

(11) 固定后片，修剪后片领口

将后片坯布固定于人台上，将坯布中心线和围度线分别与人台的后中心和胸围线对齐，修剪后领圈，如图 4-133 所示。

(12) 修剪后片

根据造型修剪后片，如图 4-134 所示。

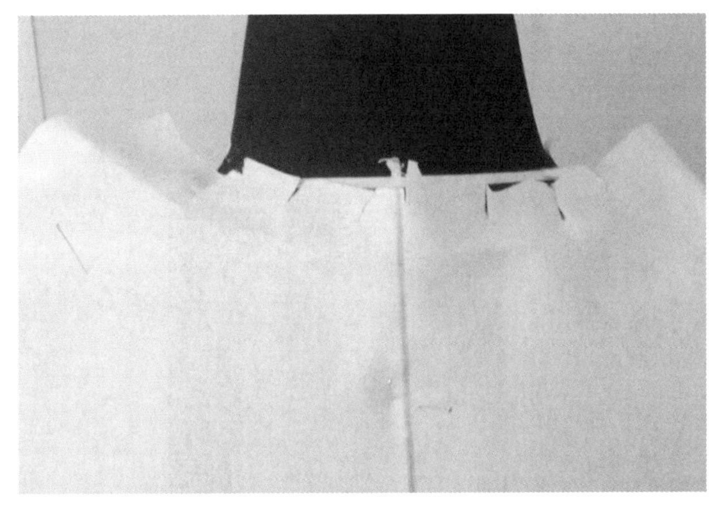

图 4-133　固定后片，修剪后片领口

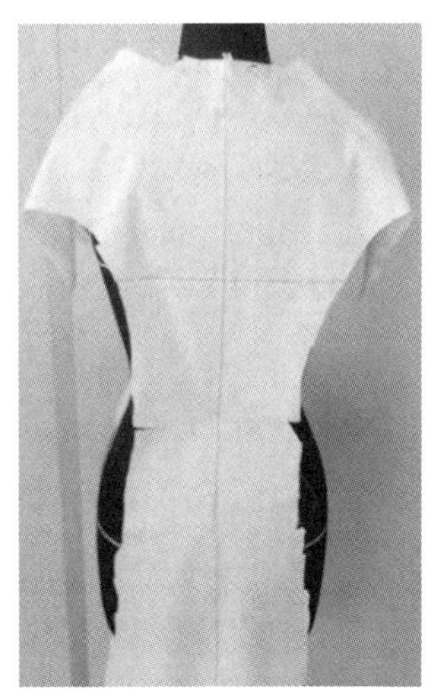

图 4-134　修剪后片

(13) 后片塑型完成

完成后片轮廓造型，并将领口折边，如图 4-135 所示。

(14) 固定前侧片，并修剪

固定前侧片，注意将坯布的围度线分别与人体的胸围线、腰围线对应，并沿裙片造型线要求修剪前侧片，如图 4－136 所示。

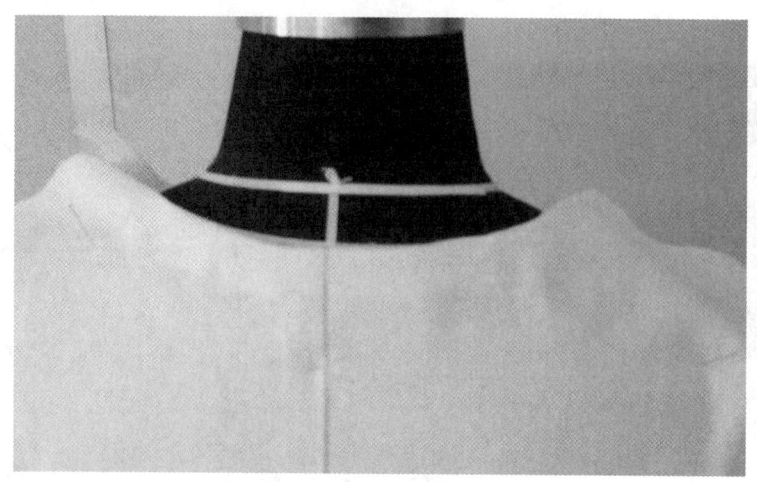

图 4－135　后片塑型完成

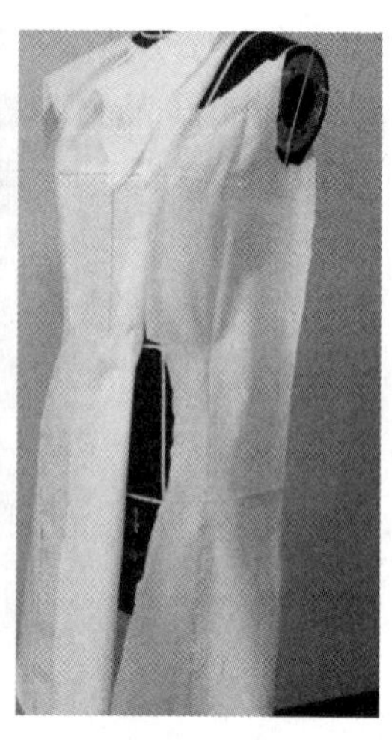

图 4－136　固定前侧片，并修剪

（15）前侧点影，修版拓样

前侧片根据造型线点影，并根据点影修改版型，拓样。

（16）拼合前片弧线分割线

将前片与前侧片用叠别针别合，如图 4－137 所示。

（17）完成前片塑型

前片造型初步形成，如图 4－138 所示。

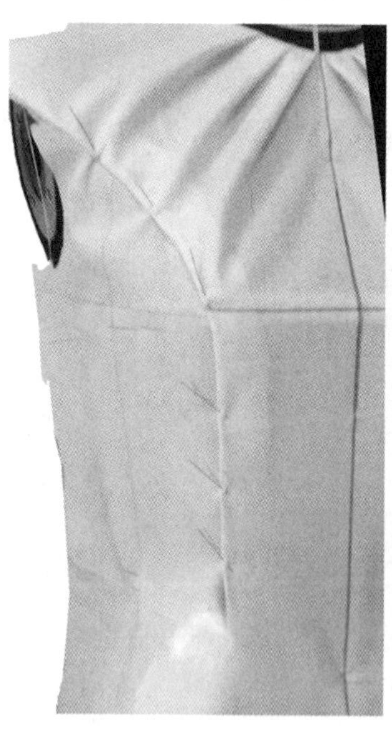

图 4－137　拼合前片弧线分割线

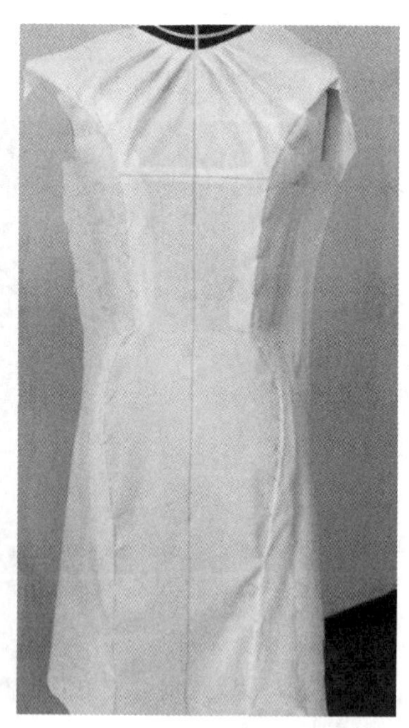

图 4－138　完成前片塑型

（18）固定后侧片坯布，并修剪

固定后侧片，注意将坯布的围度线分别与人体的胸围线、腰围线对应，并沿裙片造型线要求修剪后侧片，点影、修版拓样，如图 4－139 所示。

（19）别合前、后侧缝片

用叠别针别合侧缝，连接前、后片，如图 4－140 所示。

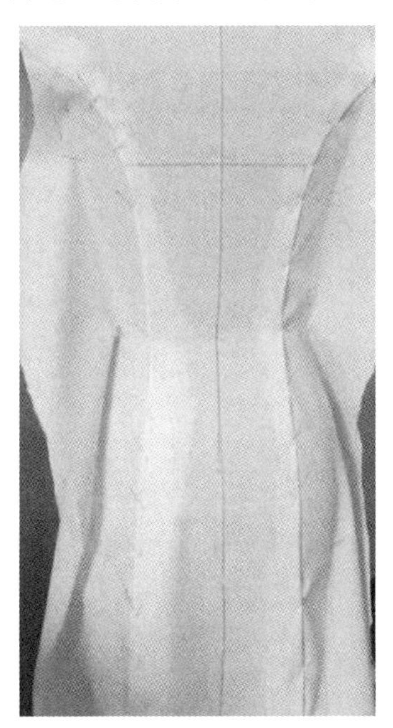

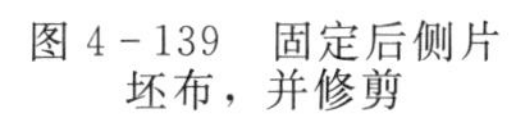

图 4－139　固定后侧片坯布，并修剪

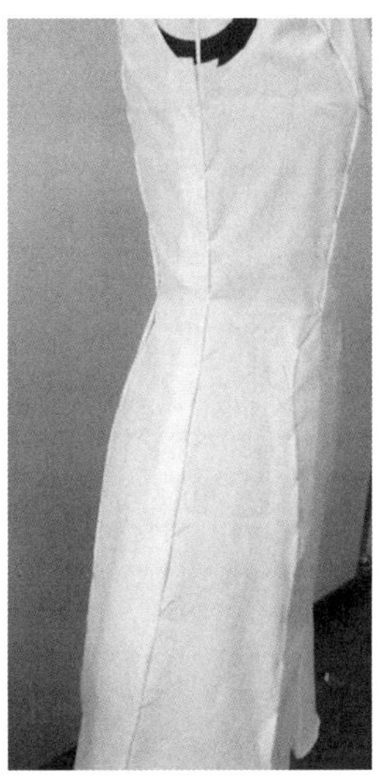

图 4－140　别合前、后侧缝片

（20）腰部造型片塑型

用裙子造型片制作第一个褶裥，如图 4－141 所示。

（21）完成造型片塑型

折叠、捏合布片，完成侧边哈伦造型，并修剪多余的面料，如图 4－142 所示。

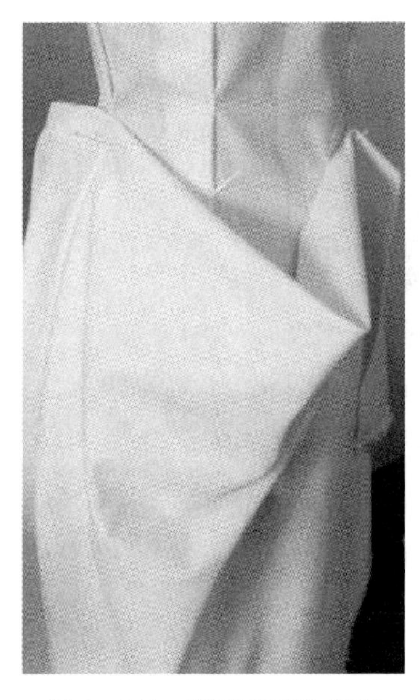

图 4－141　腰部造型片塑型

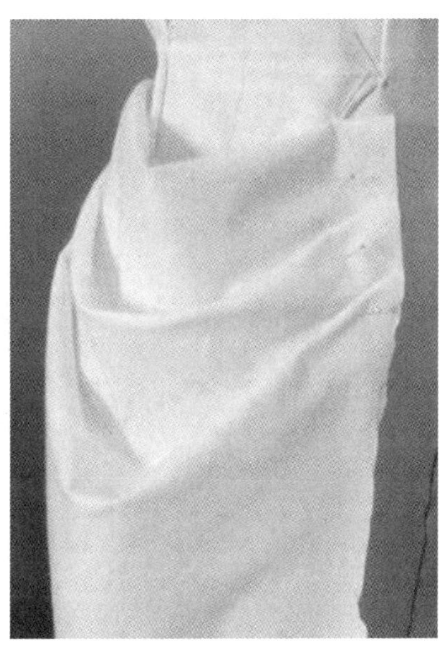

图 4－142　完成造型片塑型

(22) 完成造型裁片

拓样右边造型片，并别合造型片，如图 4－143 所示。

(23) 完成前后肩线的别合

抚平肩部，预留袖子松量，别合肩线，如图 4－144 所示。

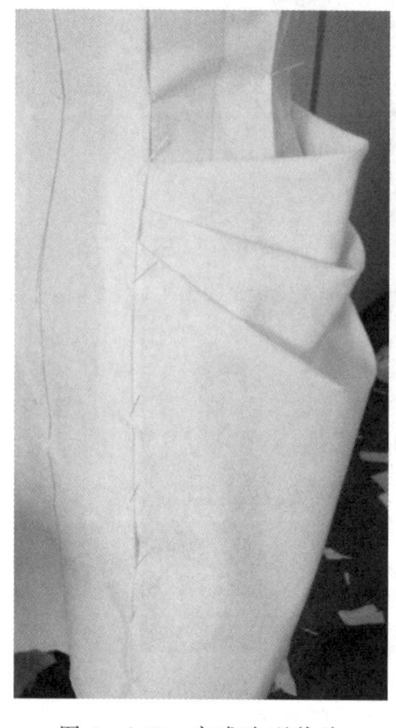

图 4－143　完成造型裁片

图 4－144　完成前后肩线的别合

(24) 袖窿翻折

根据款式将侧片袖窿处的弧线打剪口翻折，如图 4－145 所示。

(25) 完成袖片折边

根据款式特点调整袖片造型，翻折袖片毛边，如图 4－146 所示。

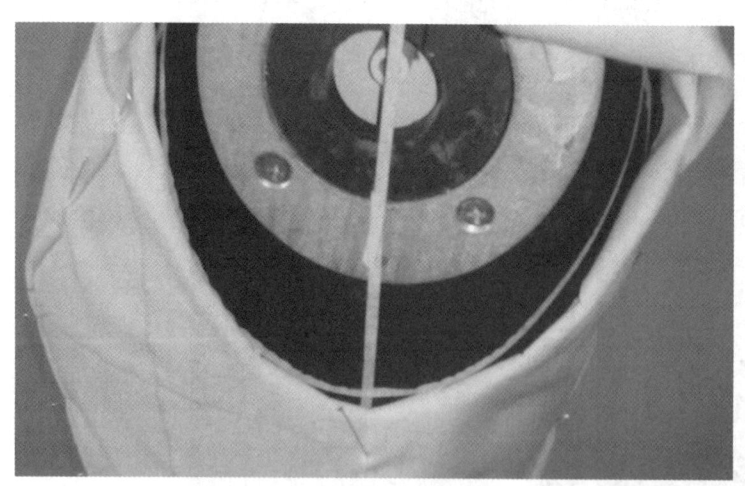

图 4－145　袖窿翻折

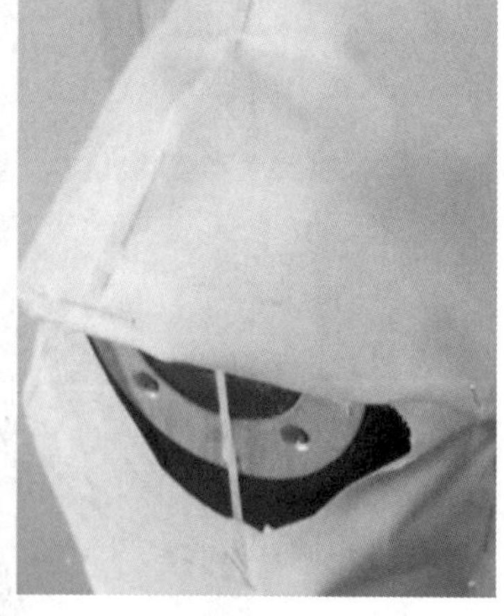

图 4－146　完成袖片折边

(26) 调整试样，完成整体造型

整理坯布，调整试样，完成整体造型，如图 4－147 所示。

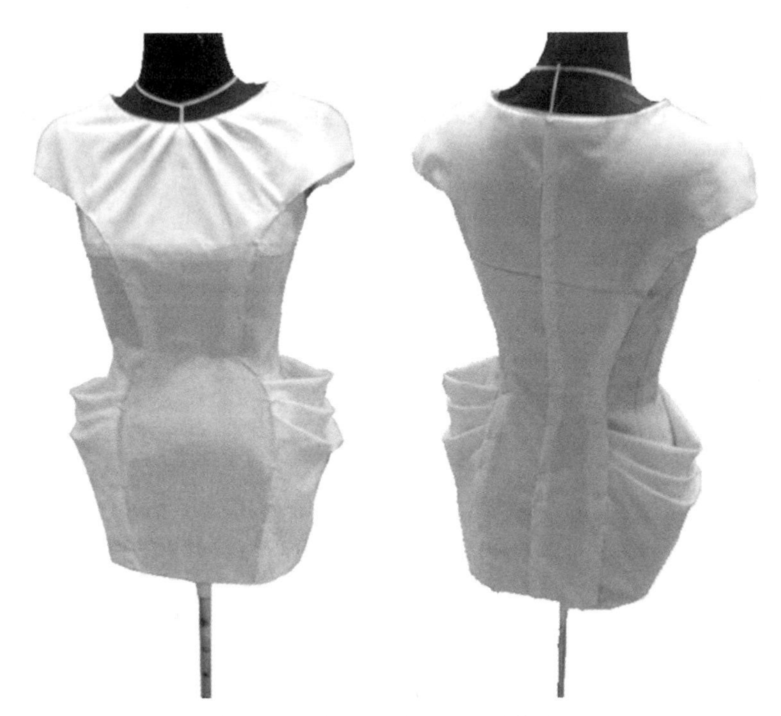

图 4-147　调整试样，完成整体造型

思考与练习

1. 连衣袖在立体裁剪中的制作有什么技巧？

2. 腰侧朋克的制作效果如何挺立？

任务六　无领立体短袖合体连衣裙的立体裁剪

<table>
<tr><td>班级</td><td></td><td>姓名</td><td></td><td>学习时间</td><td></td><td>上交时间</td><td></td></tr>
<tr><td colspan="8">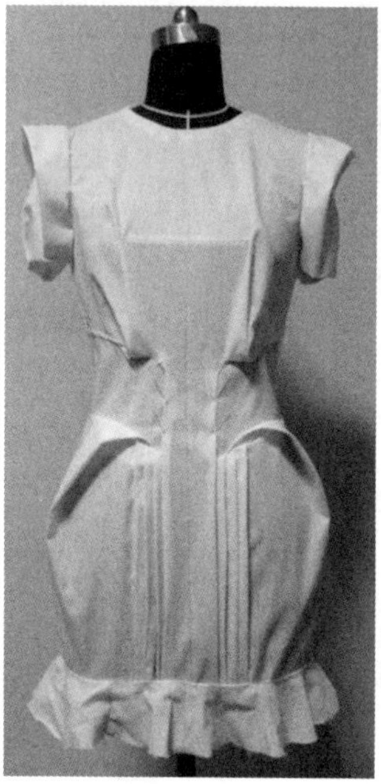 </td></tr>
<tr><td colspan="4">款式描述</td><td colspan="4">作品质量标准</td></tr>
<tr><td colspan="4">无领立体短袖合体连衣裙，包裙裙摆设有波浪荷叶边，前片造型设有立体褶，大身前中塔克分割</td><td colspan="4">衣身整体平衡，丝绺纵直横平，曲面饱满，省道处理合理，领口袖窿线条圆顺；裙子层次分明，波浪均匀</td></tr>
<tr><td colspan="4">工具材料准备</td><td colspan="4">产品规格</td></tr>
<tr><td colspan="2">名称</td><td colspan="2">数量</td><td>部位</td><td>规格</td><td>部位</td><td>规格</td></tr>
<tr><td colspan="2">熨斗</td><td colspan="2">1台</td><td>裙长</td><td>80cm</td><td>胸围</td><td>84cm</td></tr>
<tr><td colspan="2">白坯布</td><td colspan="2">若干</td><td>肩宽</td><td>38cm</td><td>臀围</td><td>90cm</td></tr>
<tr><td colspan="2">珠针</td><td colspan="2">1盒</td><td></td><td></td><td></td><td></td></tr>
</table>

一、任务与操作技术要求

本任务是关于连衣裙省道多余的量与款式进行复杂分割的制作训练，是本项目连衣裙立体裁剪制作中比较复杂的变化款。通过本任务的学习和技能训练，学生能够掌握立体裁剪中省道位置变化的合理性和科学性，以及由省转换成褶等不同形式的变化；同时学生能够掌握裙装多种分割和复杂结构处理的制作。学习操作的过程能促进学生对复杂款式的分析、理解和制作表达，并在以后实际操作中运用更灵活，制作更加娴熟、完整。

复杂款连衣裙在立体裁剪的制作过程中，要求丝绺保持纵直横平，胸腰曲面饱满，不起涟、不起皱、不起吊，省道处理科学、合理、合体，领口袖窿线条圆顺，左右对称，不起角；分割线整齐，线条流畅，裙子层次分明，波浪均匀、自然；衣身整体平衡。

二、无领立体短袖合体连衣裙简介

本任务练习的款式为无领立体短袖合体连衣裙，裙型为包裙，裙摆处波浪荷叶边造型设计，增强裙摆处的妩媚动感，前片造型将腰省和多余的量折叠成两个相叠的小立体褶，让裙身的上半部分立体突出，丰富款式的设计；在裙身中间部分坦克分割设计，让设计从面到细节的线有收有放；裙腰部利用腰省的量和多余量归拢制作成两个大的立体褶，与裙身处的褶相呼应，在设计上整体性更加协调。

三、制作过程介绍

1. 准备工作

（1）白坯布估料

连衣裙前、后片各1片；连衣裙腰片2片；连衣裙裙裙片前、后片2片；连衣裙袖片2片；连衣裙荷叶边1片。

（2）画辅助线

辅助线如图4－148所示。

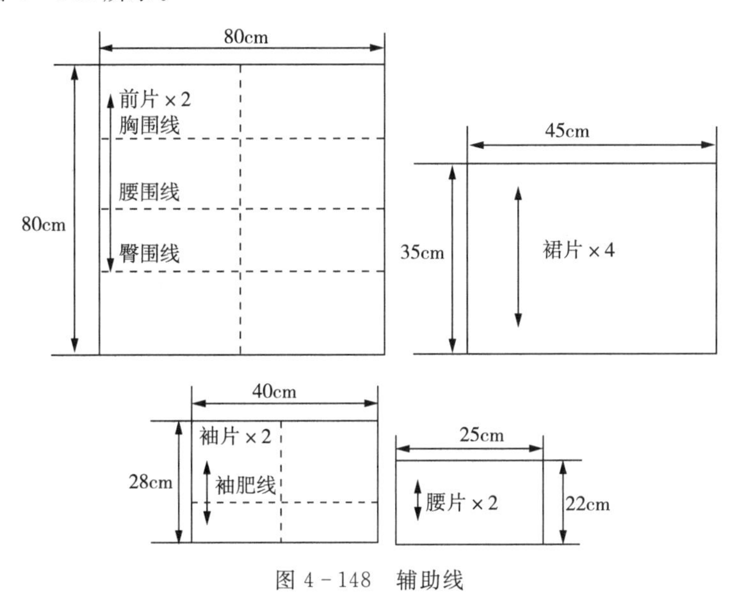

图4－148　辅助线

（3）工具

熨斗、大头针、人台等。

2. 制作过程

（1）粘贴造型线

根据款式粘贴款式造型线，如图4－149所示。

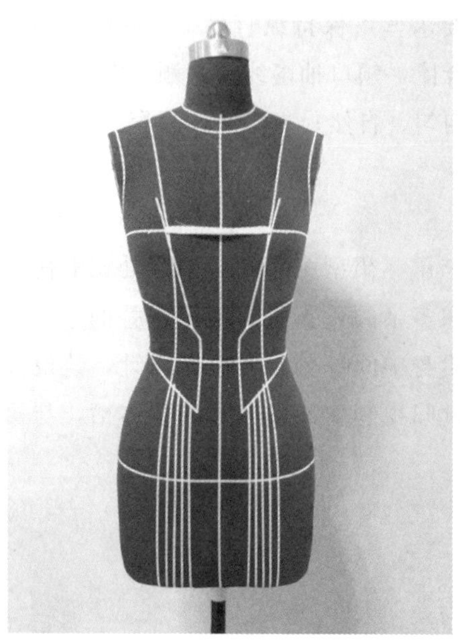
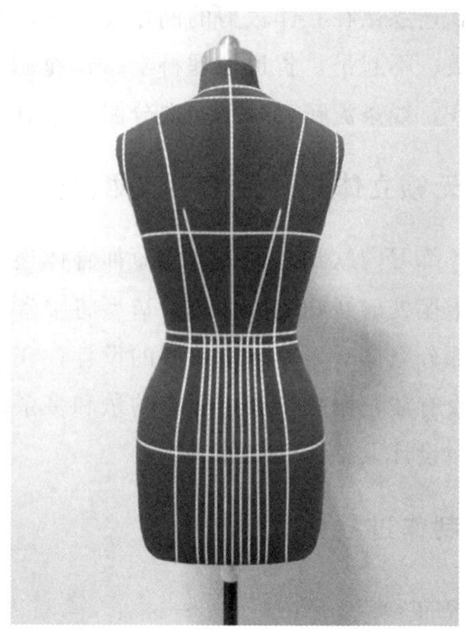

图 4－149　粘贴造型线

（2）固定坯布

将前片布固定于人台上，注意将坯布的中心线和围度分别与人台的前中心线和胸围线对齐，如图 4－150 所示。

（3）前片领圈制作

根据领围造型标识线制作前领圈。修剪肩部，并用立裁针固定肩颈点和肩端点，如图 4－151所示。

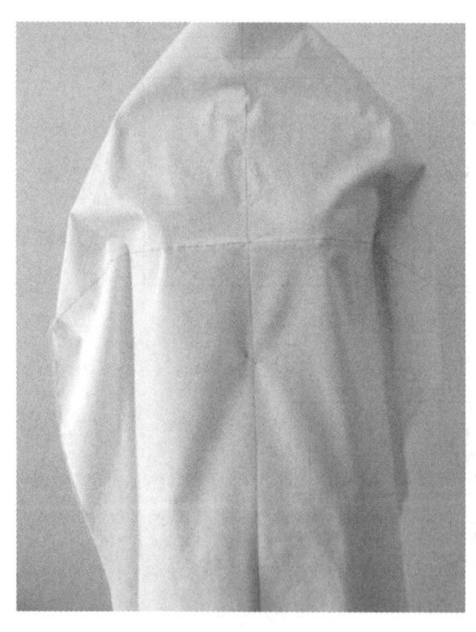

图 4－150　固定坯布

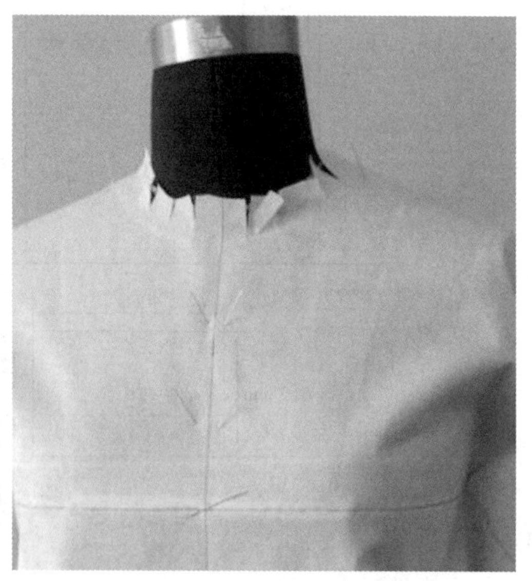

图 4－151　前片领圈制作

（4）修剪前片腰部

根据款式要求剪至开口点，注意剪口由低到高斜剪，为制作立体小褶裥备料，如图 4－152所示。

(5) 捏出上腰省量

抚平前胸坯布，捏出省量为第一个立体褶裥量，如图 4－153 所示。

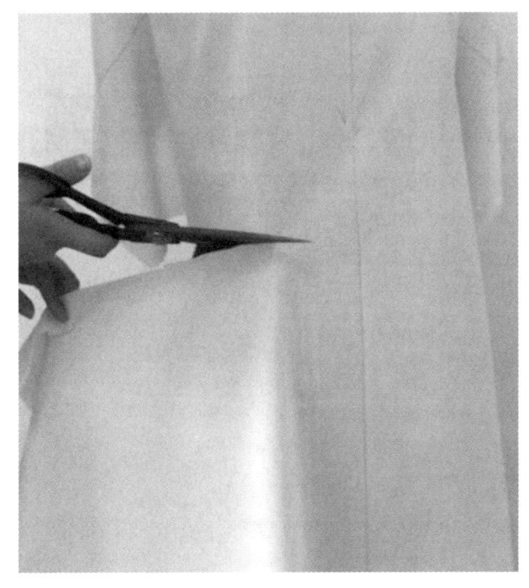
图 4－152　修剪前片腰部

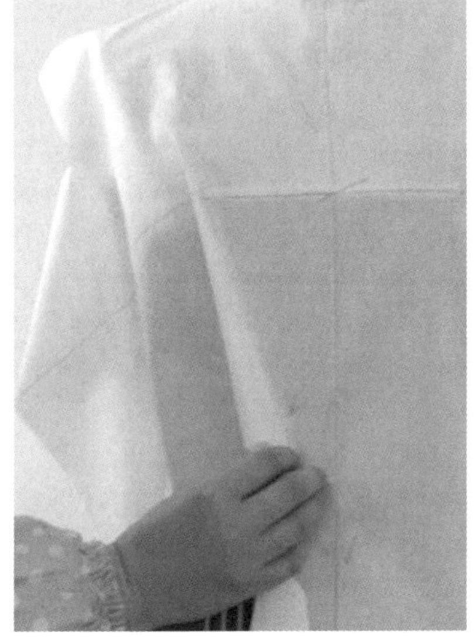
图 4－153　捏出上腰省量

(6) 归拢多余量制作褶量

上腰省左侧边捏出多余量为第二个立体褶裥量，在第一个和第二个立体褶裥的中间打刀口，使其平整，将腰部抚平，如图 4－154 所示。

(7) 制作上腰立体褶裥

上腰部沿造型线反折叠坯布，塞至腰侧，折叠腰侧部毛边，做出相应的效果，如图 4－155所示。

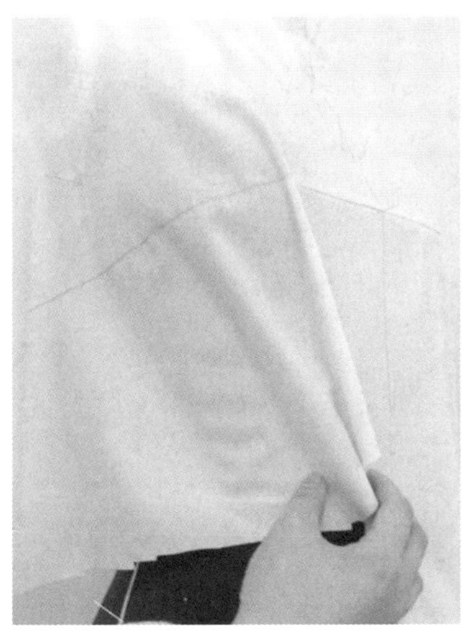
图 4－154　归拢多余量制作褶量

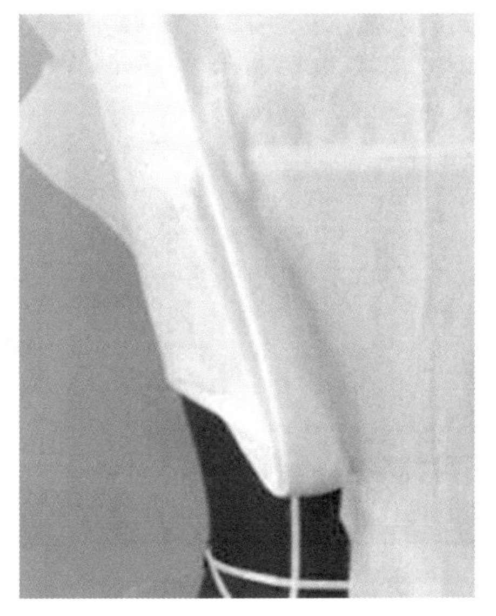
图 4－155　制作上腰立体褶裥

(8) 完成裙身立体褶裥制作

完成另一侧造型，修剪袖窿线与腰部，并点影描线复制另一侧造型，如图 4－156 所示。

（9）塔克的制作

根据款式的要求在相应的位置沿裙片造型线对坯布进行 0.8cm 折叠，制作 4 个形成塔克，并固定，如图 4－157 所示。

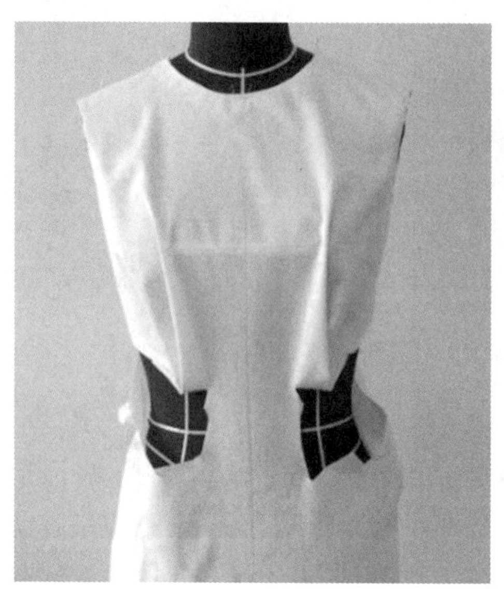

图 4－156　完成裙身立体褶裥制作

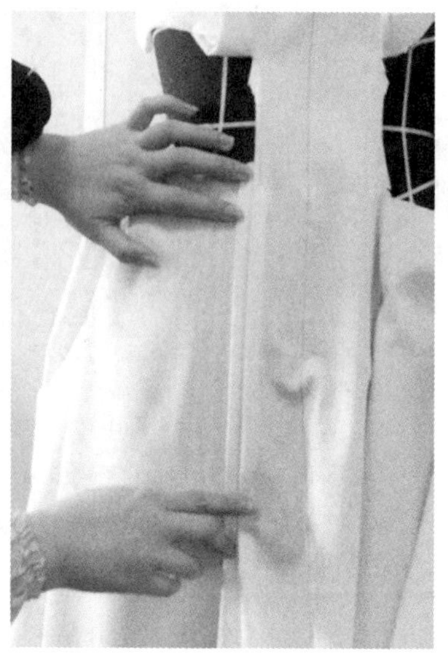

图 4－157　塔克的制作

（10）完成塔克制作

用相同的手法完成裙身塔克制作，如图 4－158 所示。

（11）腰片固定

将腰片坯布固定于人台上，注意丝绺的纵直横平和松量的控制，如图 4－159 所示。

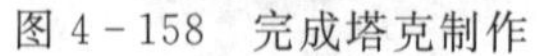

图 4－158　完成塔克制作

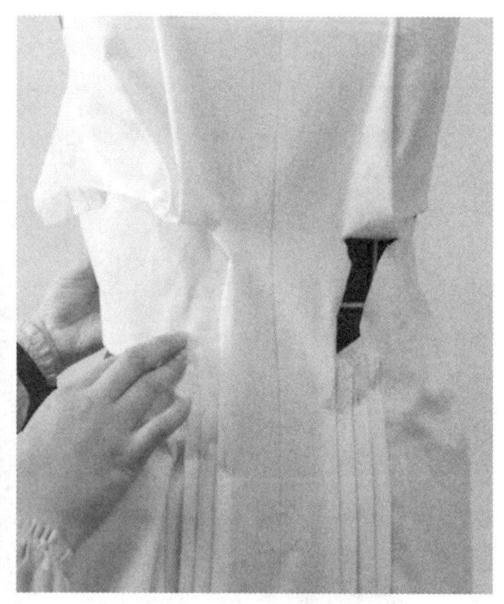

图 4－159　腰片固定

（12）腰部大褶裥制作

根据款式造型要求从侧片中部捏出适量布料，弯折坯布至腰部分割线处，如图 4－160 所示。

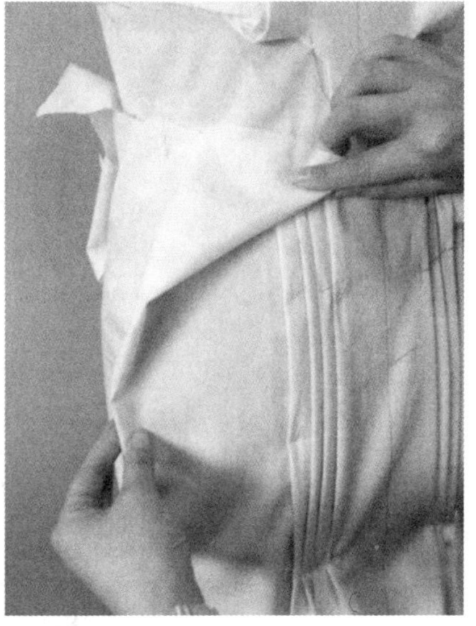

图 4－160　腰部大褶裥制作

（13）腰部大褶裥毛边折叠

折叠拼合缝边，如图 4－161 所示。

（14）前片造型完成

前片造型初步完成，如图 4－162 所示。

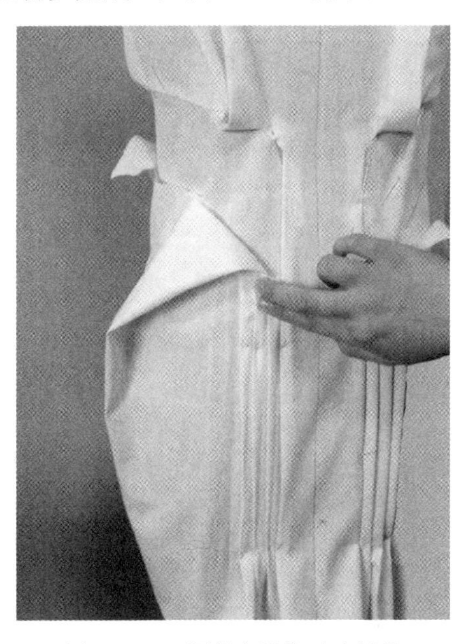
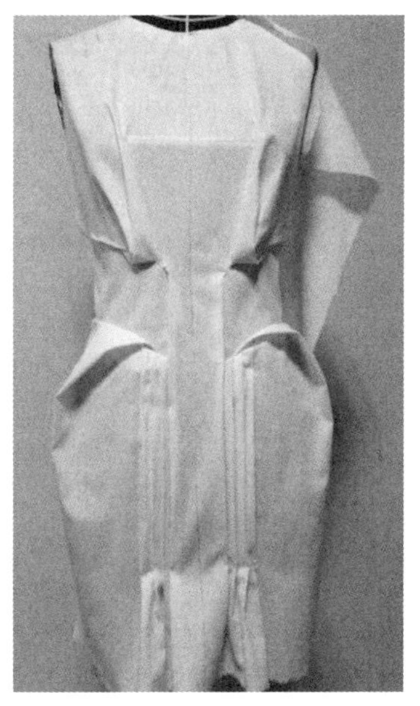

图 4－161　腰部大褶裥毛边折叠　　图 4－162　前片造型完成

（15）裙身后片固定

将后片坯布固定于人台上，将坯布中心线和围度线分别与人台的后中心和胸围线对齐，预收腰省，如图 4－163 所示。

（16）裙身后片塑型

根据人台和款式造型对后片进行塑型，如图 4－164 所示。

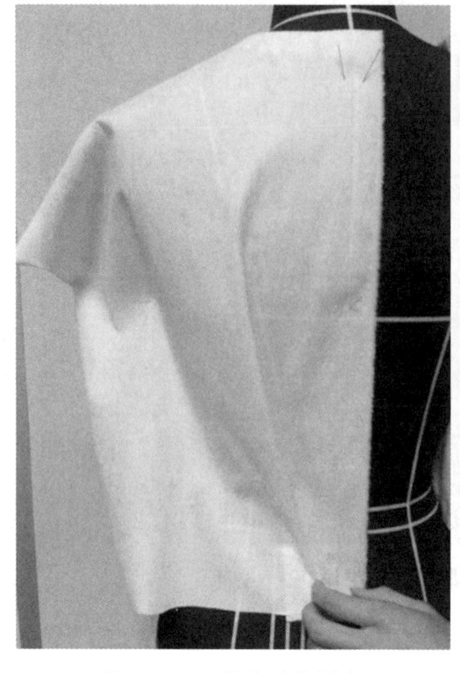

图 4-163　裙身后片固定

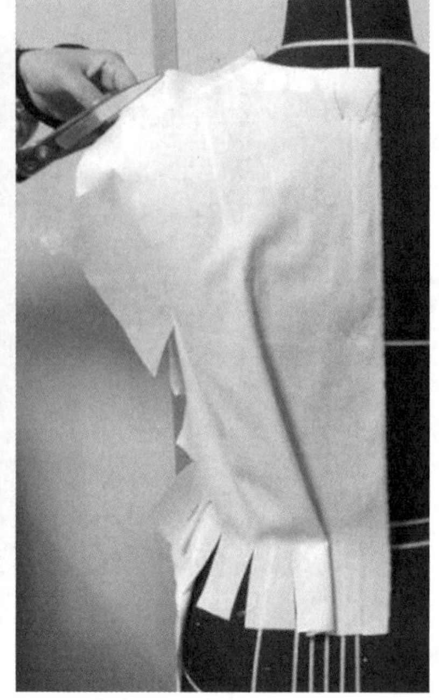

图 4-164　裙身后片塑型

(17) 后片点影

沿人台标志线在布样上点影，做标记；拓印后片，如图 4-165 所示。

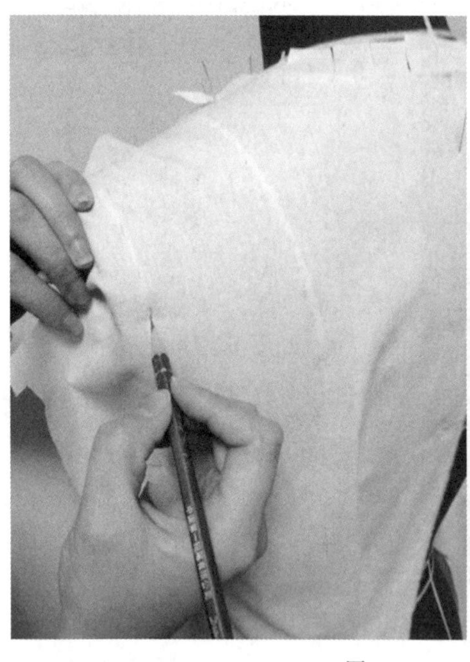

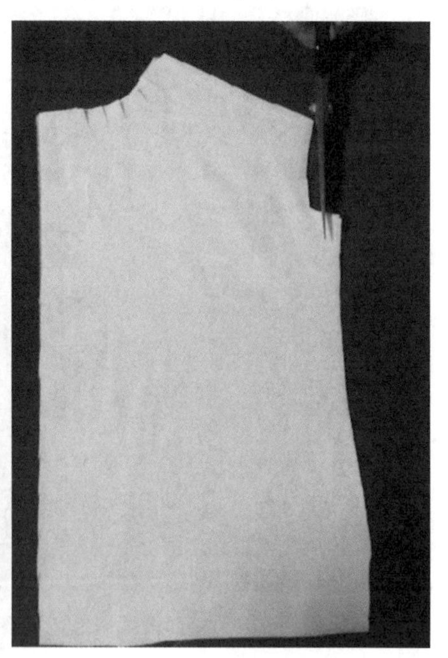

图 4-165　后片点影

(18) 制作后片

将拓印好的样板再别合制作，如图 4-166 所示。

(19) 拼合侧缝

将前片与后片侧缝叠别针别合，如图 4-167 所示。

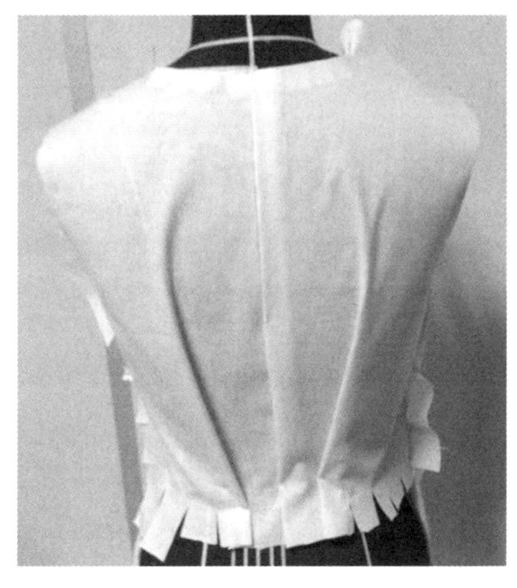

图4-166　制作后片

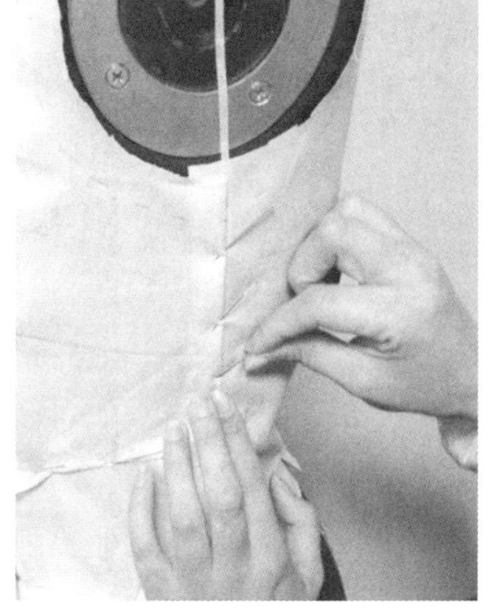

图4-167　拼合侧缝

(20) 固定后裙片

将后片坯布固定于人台上，将坯布中心线和围度线分别与人台的后中心和臀围线对齐，如图4-168所示。

(21) 后裙片塔克制作

根据款式的要求，在相应的位置沿裙片造型线对坯布进行0.8cm折叠，制作并排4个褶裥，形成塔克，右边用相同的操作方法并固定，如图4-169所示。

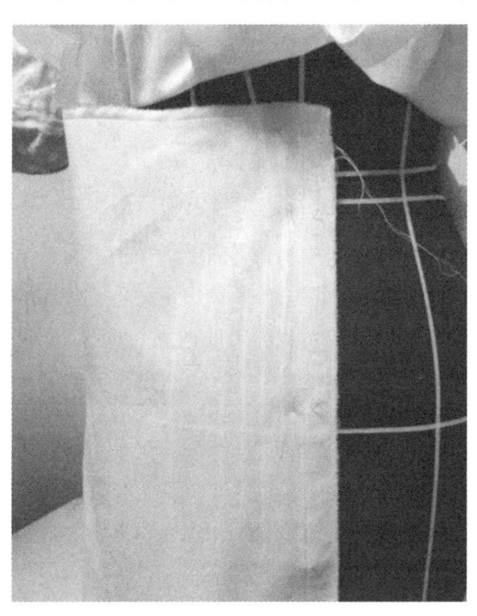

图4-168　固定后裙片

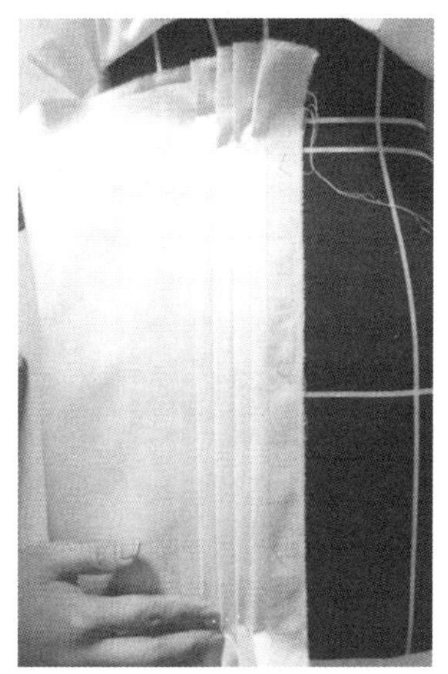

图4-169　后裙片塔克制作

(22) 后腰部大褶裥制作

根据款式造型要求从侧片中部捏出适量布料，弯折坯布至腰部分割线处，如图4-170所示。

(23) 制作侧缝

修剪侧缝，并前后片侧缝叠别，如图4-171所示。

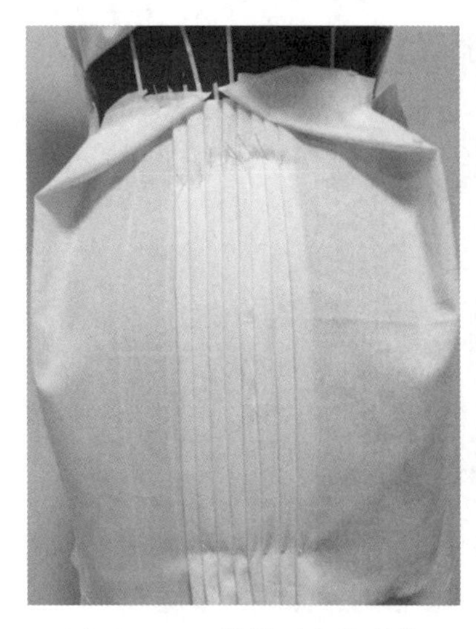

图 4-170　后腰部大褶裥制作

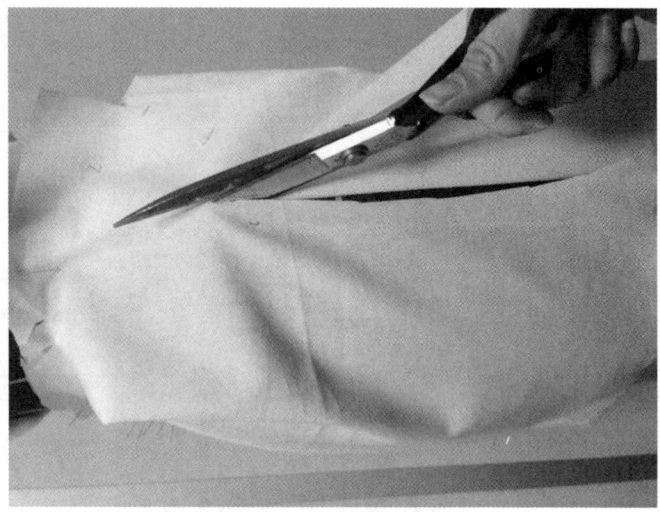

图 4-171　制作侧缝

(24) 别合肩缝、腰线

将肩缝、腰线处用叠别针别合，如图 4-172 所示。

(25) 修剪裙摆

根据款式裙长修剪裙长，如图 4-173 所示。

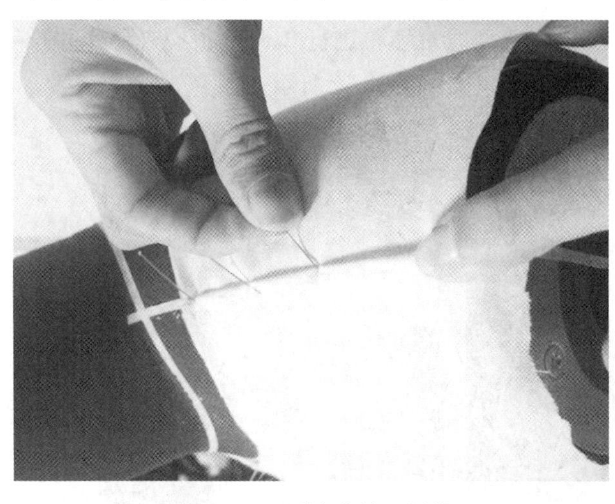

图 4-172　别合肩缝、腰线

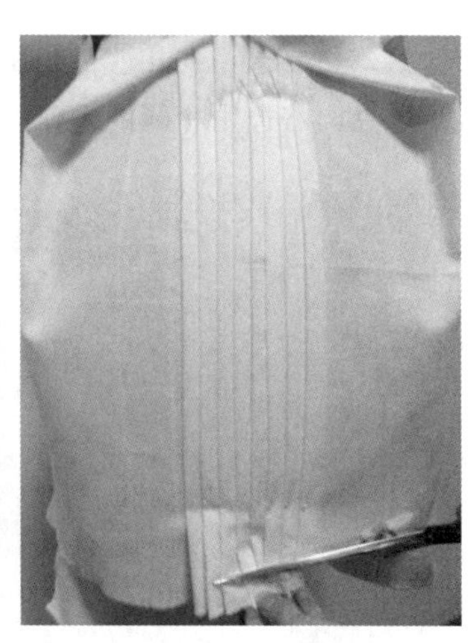

图 4-173　修剪裙摆

(26) 下摆荷叶边制作

用斜裙的制作方法，沿裙摆做出波浪效果，固定，如图 4-174 所示。

(27) 袖片样板绘制

根据款式的特点绘制袖片，并修剪坯布袖片样板，如图 4-175 所示。

(28) 制作袖子

根据袖子的样板制作袖子。

(29) 绱袖

将袖子沿衣身的袖窿圈从底部开始固定一圈，注意袖窿的吃势量分配，如图 4-176 所示。

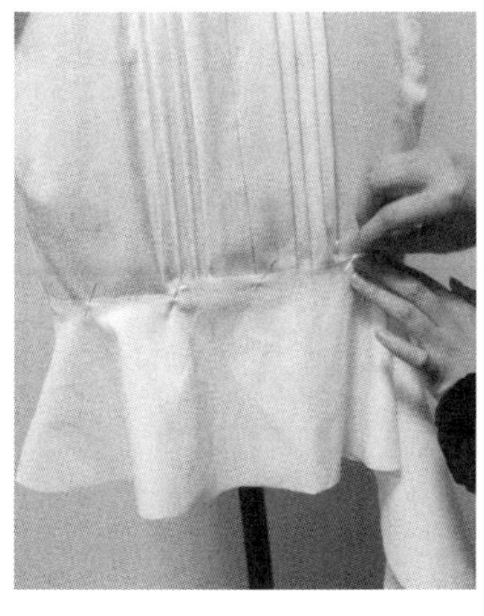

图 4-174 下摆荷叶边制作

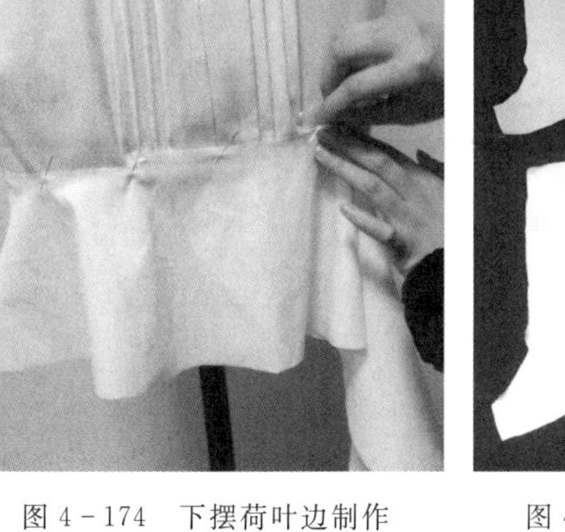

图 4-175 袖片样板绘制

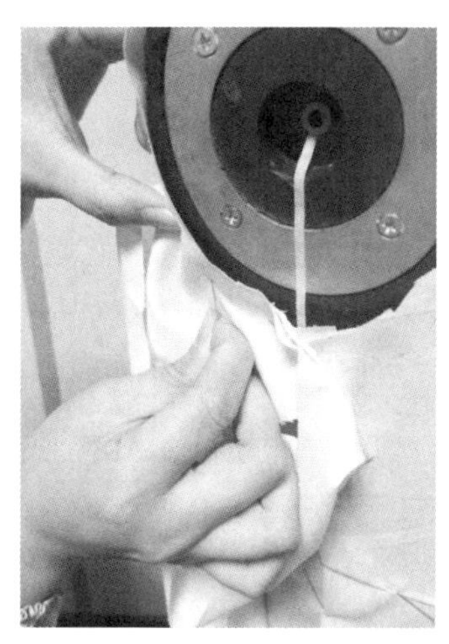

图 4-176 绱袖

（30）调整试样，完成整体造型

整理坯布，调整试样，完成整体造型，如图 4-177 所示。

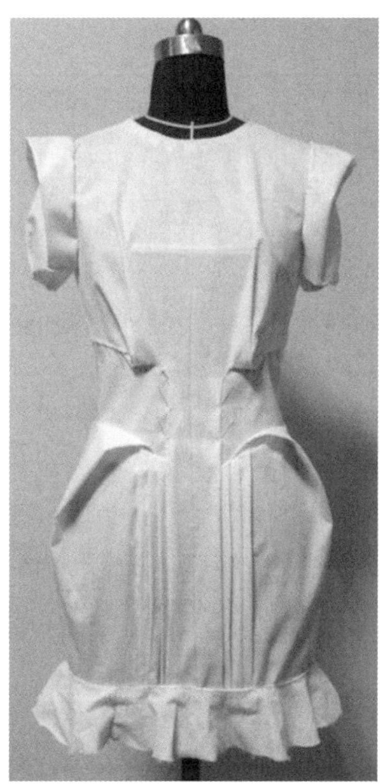

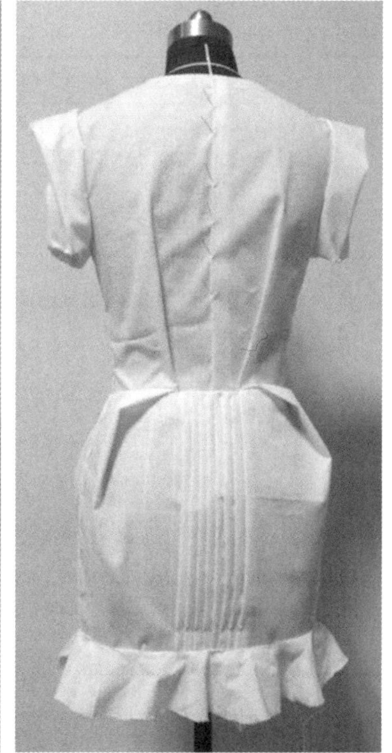

图 4-177 调整试样，完成整体造型

思考与练习

试述无领立体短袖合体连衣裙的制作过程。

项目 5　外套的立体裁剪

任务一　扇形装饰外套款式变化的立体裁剪

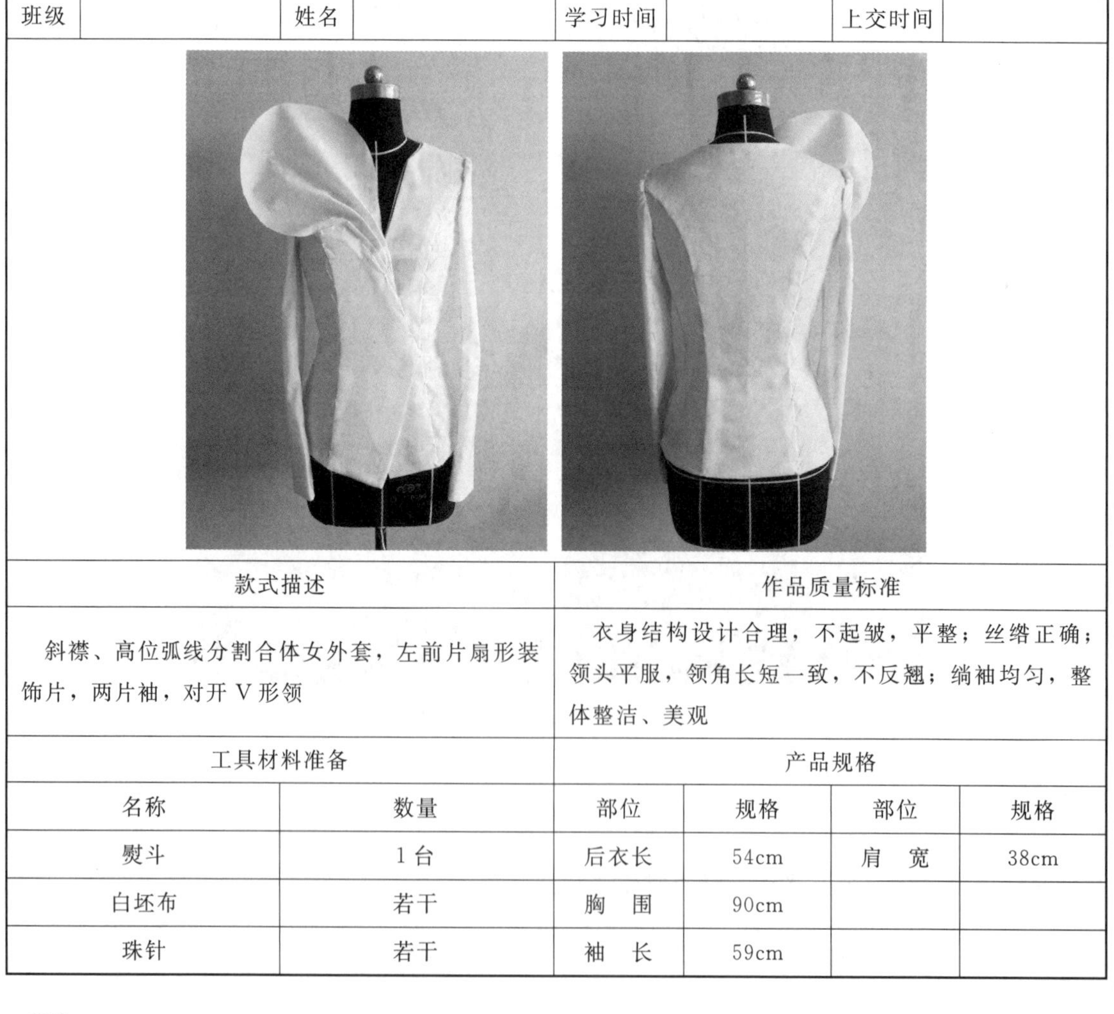

班级		姓名		学习时间		上交时间	

款式描述	作品质量标准
斜襟、高位弧线分割合体女外套，左前片扇形装饰片，两片袖，对开 V 形领	衣身结构设计合理，不起皱，平整；丝绺正确；领头平服，领角长短一致，不反翘；绱袖均匀，整体整洁、美观

工具材料准备		产品规格			
名称	数量	部位	规格	部位	规格
熨斗	1 台	后衣长	54cm	肩　宽	38cm
白坯布	若干	胸　围	90cm		
珠针	若干	袖　长	59cm		

一、任务与操作技术要求

本任务是服装制作中更为深入的外套制作。外套是穿着在人体最外面一层的服装，一般为大身开门襟、长袖，具有蔽体和保暖的作用。

本任务是学生在经过系统性的学习立体裁剪的基础知识和简单的款式变化后对立体裁剪技术的进一步探讨，使学生能够更深入地了解立体裁剪塑型操作、更好地完成具有设计感的造型部分。

外套在立裁制作中要求丝绺正确，纵直横平；衣身整洁美观，前后衣长平衡；胸围松量适宜，腰部合体，胸腰曲面饱满；领子结构准确，领座光滑平顺，领上口线圆顺，领口弧线长度合适，与颈部关系合理，领角对称、服帖不起翘；门襟长短一致不起吊；袖子外观造型美观，袖山的弧线和袖子的前倾性合理，绱袖吃势均匀，左右袖长短、袖肥一致。

二、扇形装饰外套款式变化简介

外套款式变化的制作能帮助我们更好地理解外套版型设计的原理、更好地运用正确的立体裁剪手法，制作变化丰富的服装款式。

本任务是一款合体女外套，衣身前后片有优雅的高位弧线公主分割设计，使该外套更加适身合体；对开V形领，四开身，斜开下摆及前中对插门襟单排扣，让该款式在外观上更加简洁、大方。本款的视觉的中心在于前片左边的扇形造型片，从门襟至左肩上逐步打开，让本款在优雅廓型的基础上更显妩媚。

三、制作过程介绍

1. 准备工作

（1）白坯布估料

上衣前片：前中片2片；前侧片2片。

上衣后片：后中片2片；后侧片2片。

袖片：大袖片2片；小袖片2片。

领片1片，装饰片1片。

前、后中片规格：长度＝衣长＋8cm左右；宽度＝前或后胸围/4＋6cm左右。

前、后侧片规格：长度＝衣长＋8cm左右；宽度＝前后侧片＋6cm左右。

大、小袖片：长度＝袖长＋8cm左右；宽度＝袖肥＋6cm左右。

领片：长度25cm左右；宽度15cm左右。

装饰片：长度45cm左右；宽度40cm左右。

（2）画辅助线

面料丝绺调整完成后，在坯布上绘出各辅助线条，要求各裁片丝绺要纵直横平；大身片对应人台中线和胸围、腰围的围度线，如图5－1所示。

袖片分是将袖子的中心与坯布的中心对应以及袖子的手肘线与大身的腰围线、袖肥线对于胸围线，如图 5－2 所示。

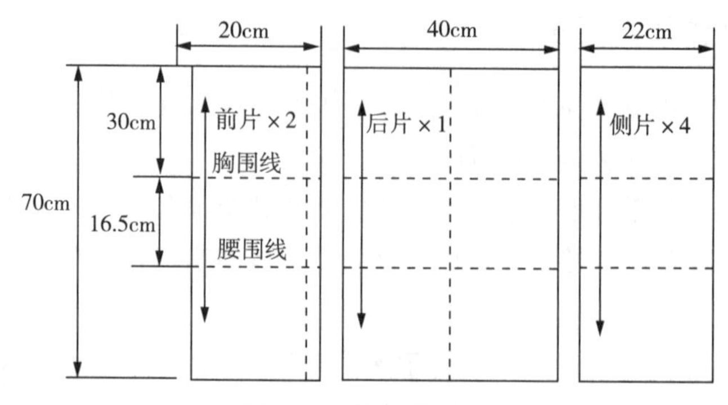

图 5－1　辅助线（1）

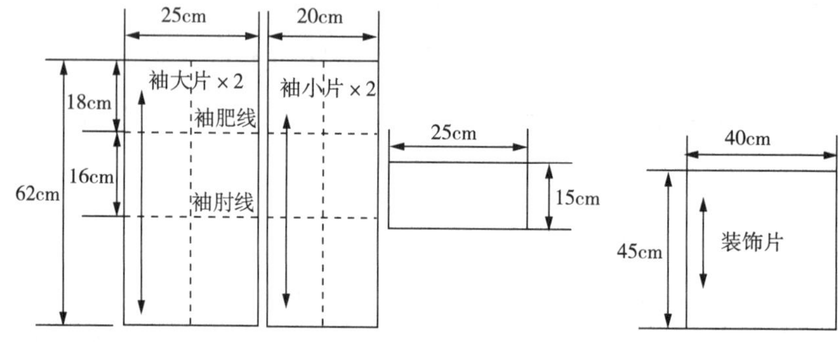

图 5－2　辅助线（2）

（3）工具

熨斗、大头针、人台等。

2. 制作过程

（1）粘贴造型线

根据款式粘贴款式造型线，如图 5－3 所示。

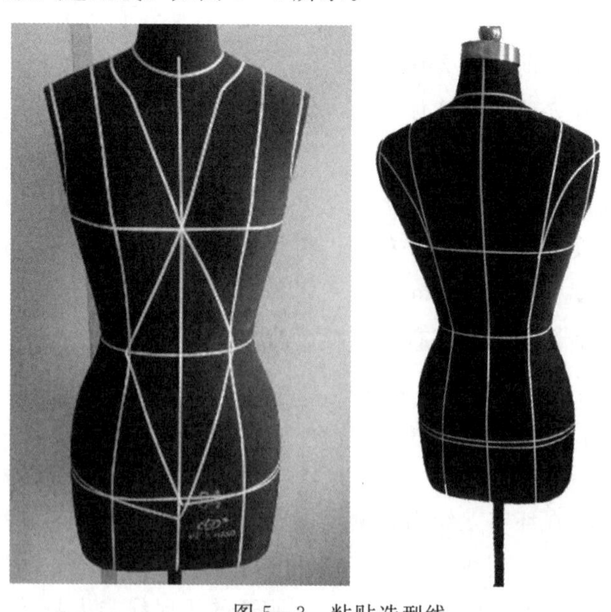

图 5－3　粘贴造型线

（2）固定右前片坯布

将前片布固定于人台上，注意将前中心线和胸围线分别与人台的前中心线和胸围线对齐，如图 5－4 所示。

（3）修剪右前片

依据前片的造型修剪及并翻折领口与门襟，如图 5－5 所示。

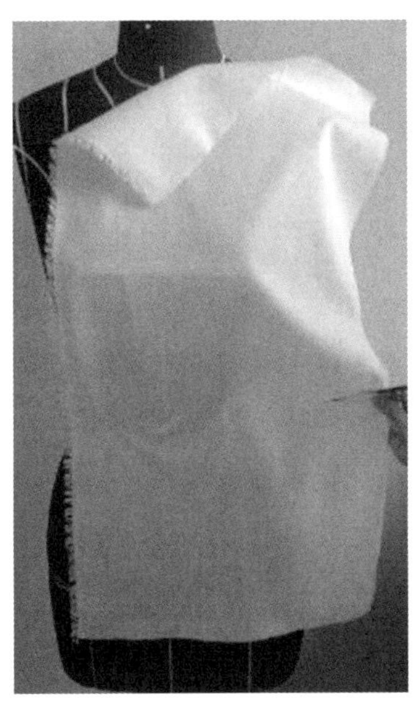

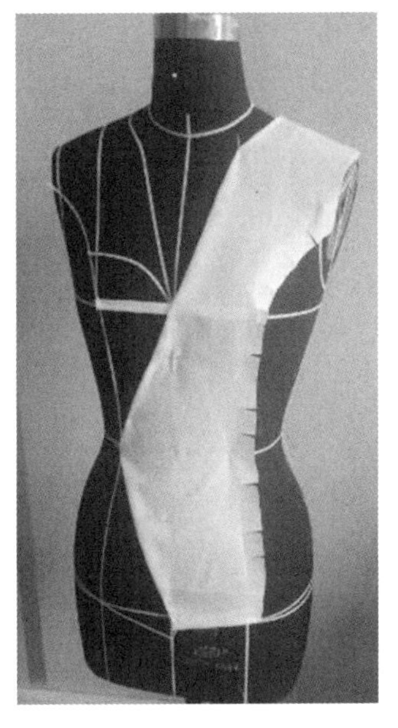

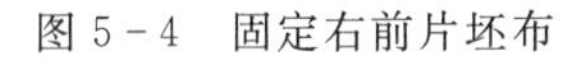

图 5－4　固定右前片坯布　　　图 5－5　修剪右前片

（4）固定左前大片坯布

固定左前大片坯布，修剪造型并翻折门襟，如图 5－6 所示。

（5）固定左前小片坯布

固定左前胸小片坯布，修剪造型并拼合左前片，翻折领口与门襟，如图 5－7 所示。

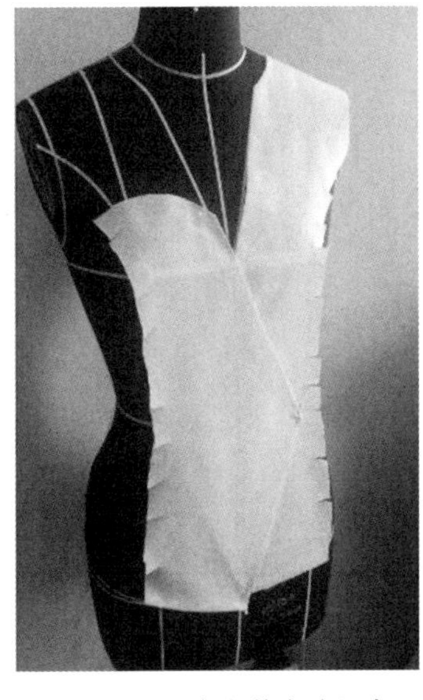

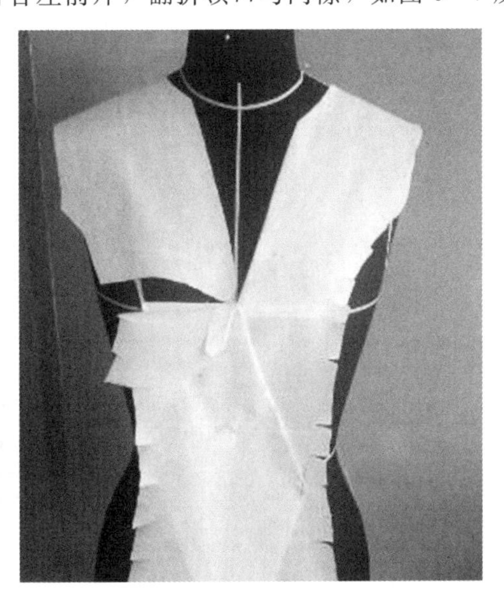

图 5－6　固定左前大片坯布　　　图 5－7　固定左前小片坯布

（6）制作前片侧片

固定前侧片，将坯布围度线与胸围线对应；修剪侧片造型，如图 5－8 所示。

（7）拼合弧线分割线

根据右侧片的造型，点影调整版型，拷贝复制另一侧的侧缝，并叠合别针，如图 5－9 所示。

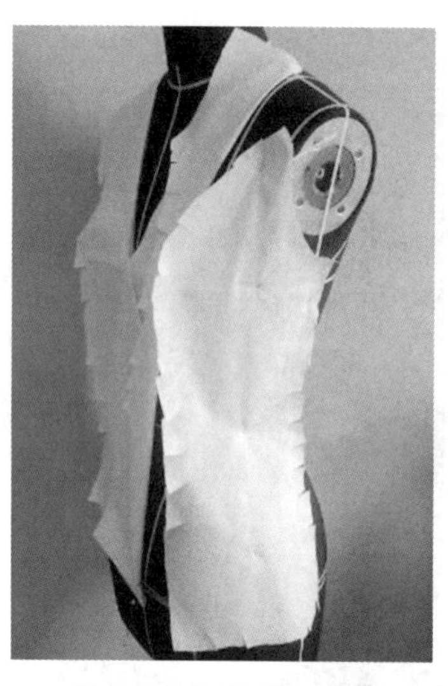

图 5－8　制作前片侧片

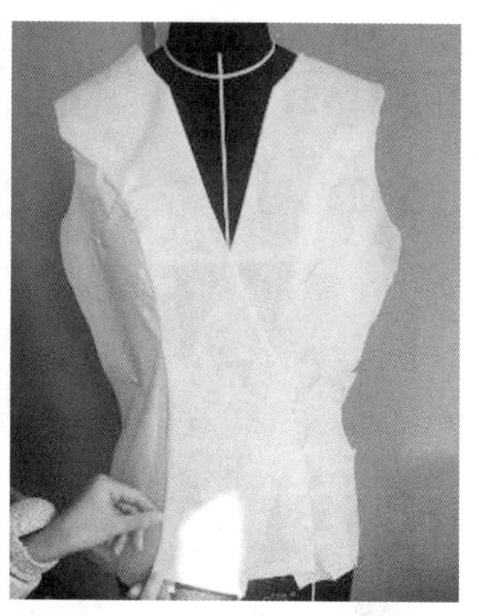

图 5－9　拼合弧线分割线

（8）固定后中心片

将后片坯布固定于人台上，将坯布中心线和围度线分别与人台的后中心和胸围线对齐，如图 5－10 所示。

（9）制作后片

抚平坯布，修剪右边后片、点影，拓样另一侧，如图 5－11 所示。

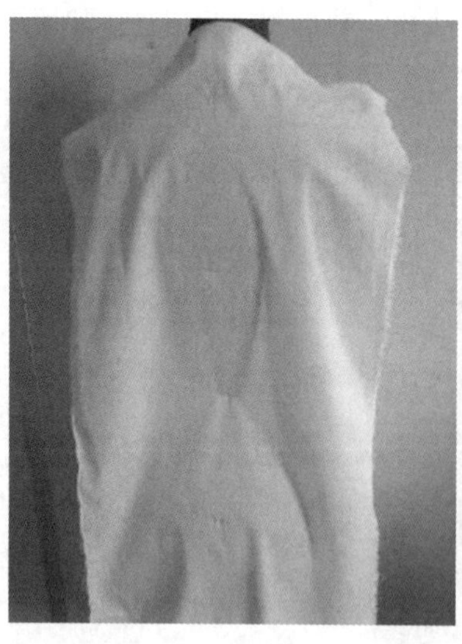

图 5－10　固定后中心片

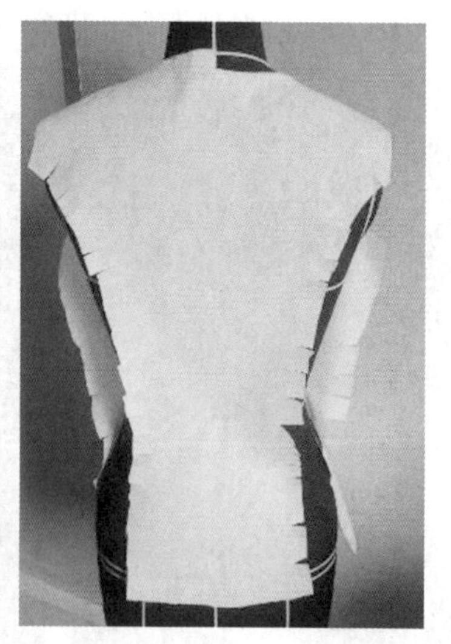

图 5－11　制作后片

（10）制作后侧片

固定后侧片，注意将坯布围度线和人台的胸围线对齐；依据造型修剪侧缝造型，点影并拷贝另一侧侧缝，如图 5－12 所示。

（11）叠别弧线分割

叠别后片弧线分割，注意造型弧线的线条的流畅和裁片的平整，如图 5－13 所示。

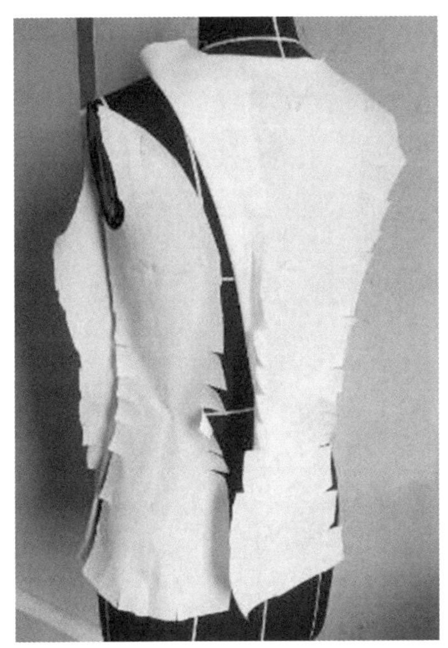

图 5－12　制作后侧片

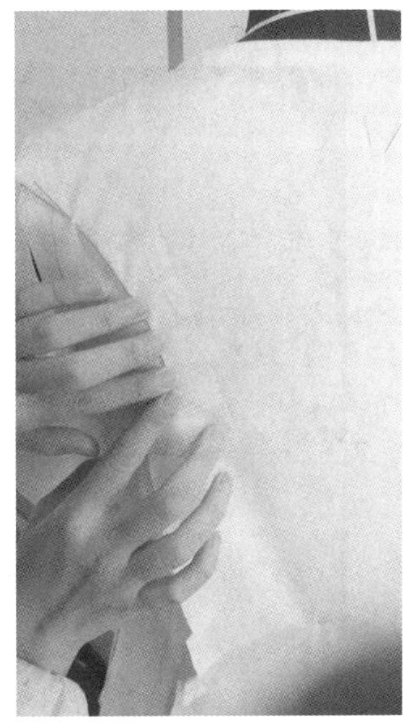

图 5－13　叠别弧线分割

（12）拼合侧缝、肩缝

用立裁针叠别侧缝，注意前后片侧缝线的丝绺的平整，如图 5－14 所示。

（13）绘制袖片

绘制袖片样板，如图 5－15 所示。

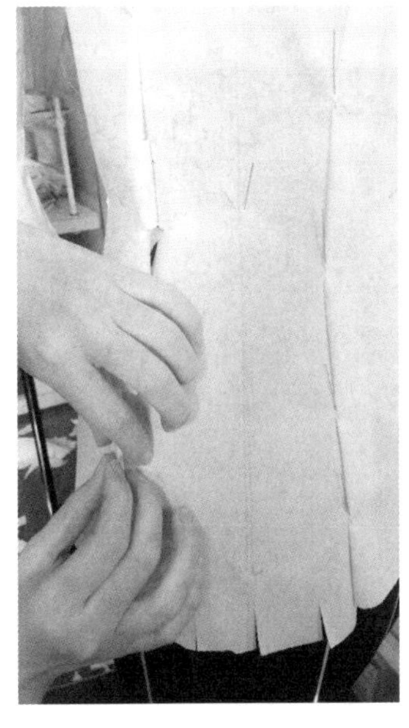

图 5－14　拼合侧缝、肩缝

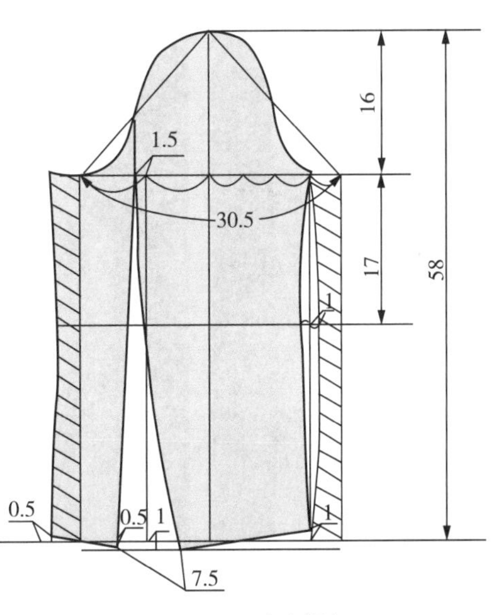

图 5－15　袖片样板

（14）拓印坯布

完成袖身绘制，拓印样板至坯布，如图 5－16 所示。

（15）制作袖子

折叠袖子缝份，如图 5－17 所示。

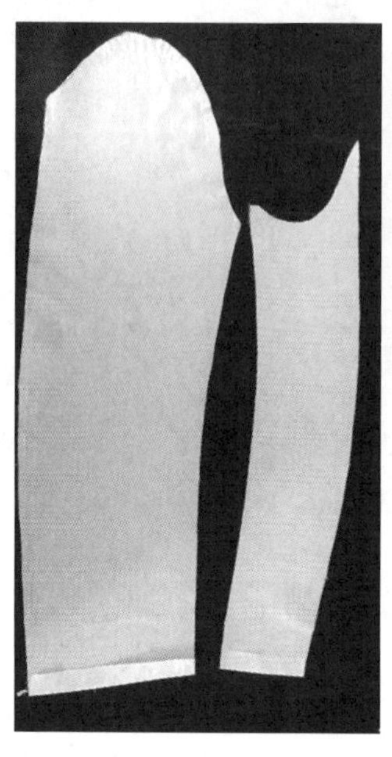

图 5－16　拓印坯布

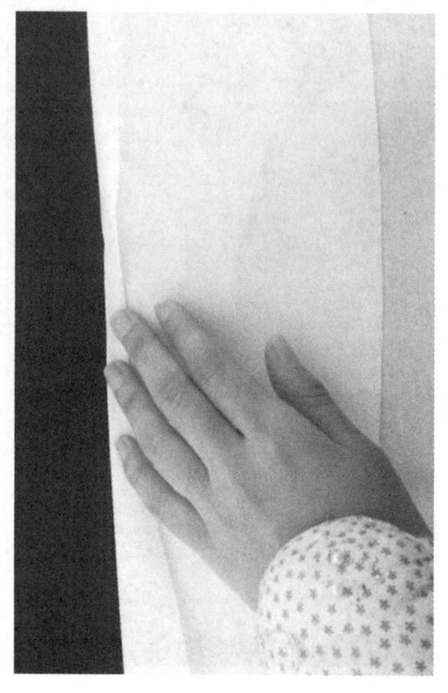

图 5－17　折叠袖子缝份

（16）完成袖子

别合大小袖片，完成袖片造型，如图 5－18 所示。

（17）收拢袖山吃势

在袖山缝份处约 0.5cm 用手工针线走针，并均匀分配袖山吃势，做适当抽缩，如图 5－19所示。

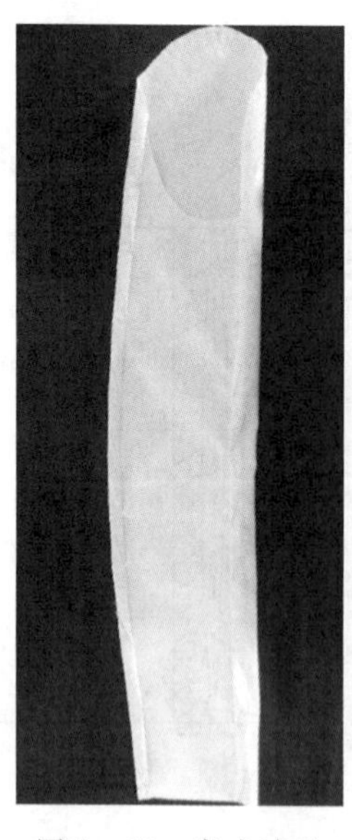

图 5－18　完成袖子

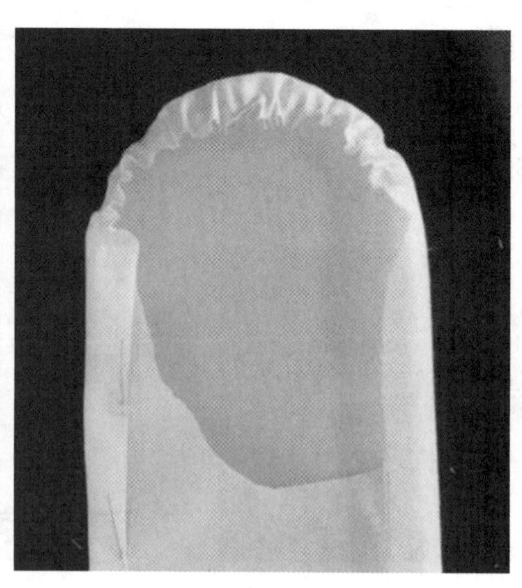

图 5－19　收拢袖山吃势

（18）固定袖窿与袖山底线

将袖子底缝与袖窿低点位置对齐，固定袖窿底部弧线，如图5-20所示。

（19）固定袖子

用立裁针从袖子的内部与衣身别合，固定至前胸和后背，如图5-21所示。

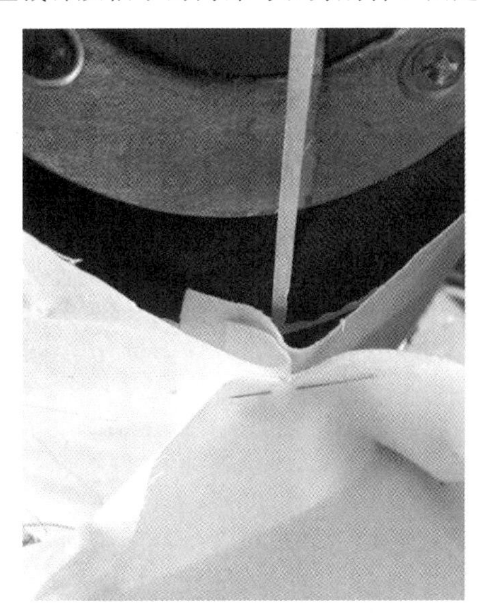

图5-20　固定袖窿与袖山底线

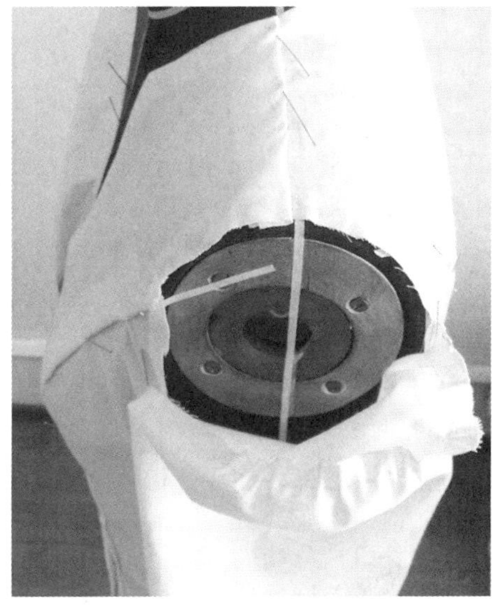

图5-21　固定袖子

（20）装袖

袖山顶点固定于衣身肩点。沿袖窿弧线别缝袖片与衣身袖窿，注意袖身前倾，袖窿底无吃势，保持平服，确保袖山弧线的圆顺、饱满，如图5-22所示。

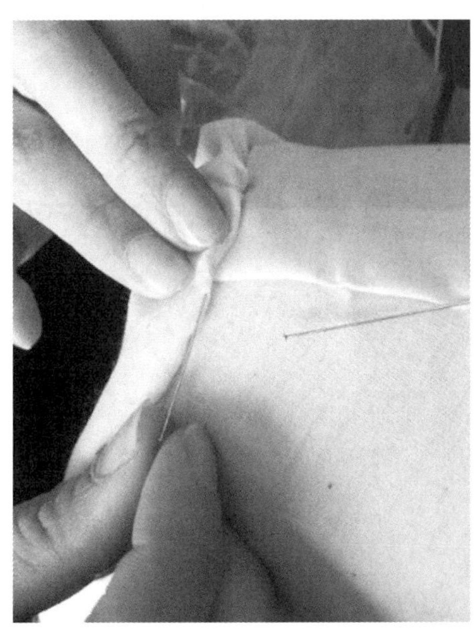

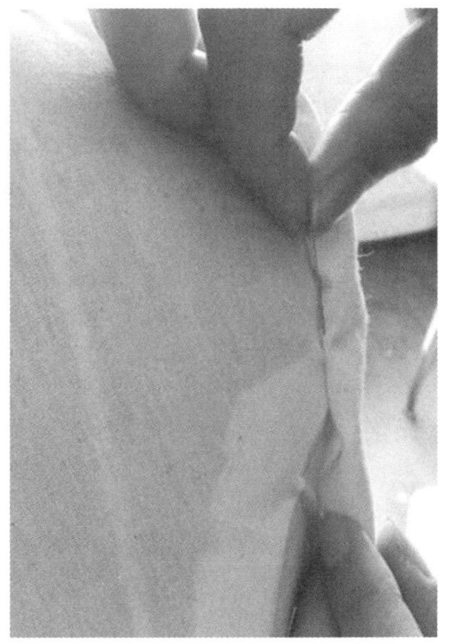

图5-22　装袖

（21）折叠扇形装饰片

折叠前胸造型布片，插入相应处，并修剪装饰片造型，如图5-23所示。

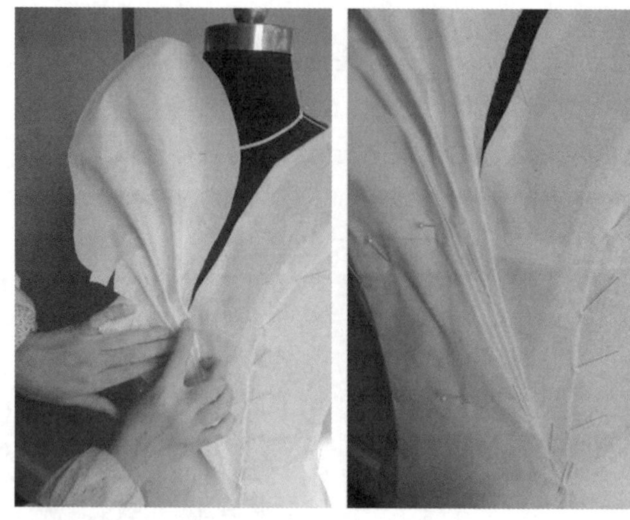

图 5 - 23　折叠扇形装饰片

（22）调整试样，完成整体造型

整理坯布，调整试样，完成整体造型，如图 5 - 24 所示。

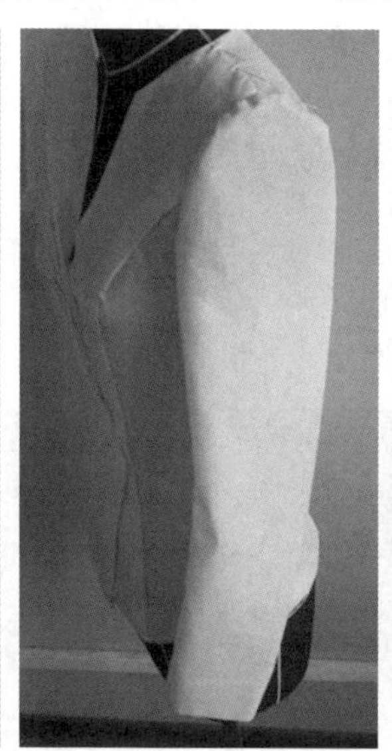

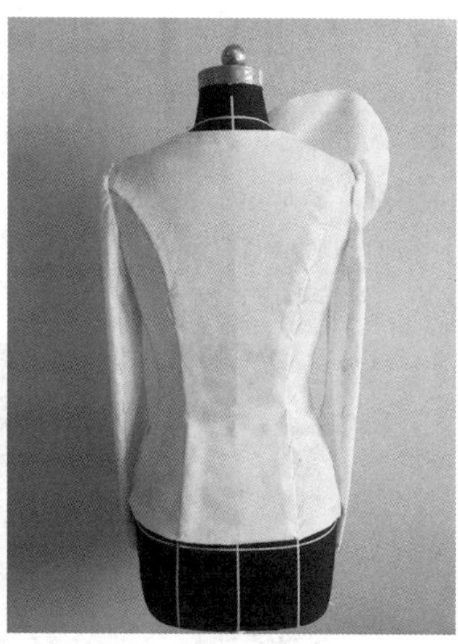

图 5 - 24　扇形装饰外套整体造型

思考与练习

试述扇形装饰外套的制作过程。

任务二　合体披风V领女外套款式变化的立体裁剪

班级		姓名		学习时间		上交时间	

款式描述	作品质量标准
合体披风V领女外套，直线分割设计，长袖，开口圆下摆立体褶裥口袋，前门襟单排扣	衣身结构设计合理，不起皱，平整；丝绺正确；领头平服，领角长短一致，不反翘；绱袖均匀，整体整洁、美观

工具材料准备		产品规格			
名称	数量	部位	规格	部位	规格
熨斗	1台	后衣长	54cm	肩　宽	38cm
白坯布	若干	胸　围	90cm		
珠针	若干	袖　长	59cm		

一、任务与操作技术要求

本任务是服装制作中更为深入的外套制作。外套是穿着在人体最外面一层的服装，一般有大身开门襟、长袖，具有蔽体和保暖的作用。

本任务是学生在经过系统性的学习立体裁剪的基础知识和简单的款式变化后对立体裁剪技术的进一步探讨，能够使学生更深入地了解立体裁剪塑型操作、更好地完成具有设计感的造型部分。

外套在立裁制作中要求丝绺正确，纵直横平；衣身整洁美观，前后衣长平衡；胸围松量适宜，腰部合体，胸腰曲面饱满；领子结构准确，领座光滑平顺，领上口线圆顺，领口弧线长度合适，与颈部关系合理，领角对称、服帖不起翘；门襟长短一致、不起吊；袖子外观造型美观，袖山的弧线和袖子的前倾性合理，绱袖吃势均匀，左右袖长短、袖肥一致。

二、合体披风 V 领女外套简介

外套款式的制作能够帮助我们更好地理解外套版型设计的原理、更好地运用正确的立体裁剪手法制作变化丰富的服装款式。

该任务是制作合体披风 V 领女外套，衣身为直线公主线分割设计，以增强外套的合体性，在传统的 V 形领的基础上别具匠心地设计了具有海军领特点的披肩夹翻领，让领口在外形上不仅简练、庄重，而且增强了服装设计的趣味感，利用直线分割线在侧腰处夹了立体塑型褶裥口袋，褶裥的塑型与领口相呼应，使款式更加风趣；长袖、弧形开口下摆及设有前中门襟单排扣无不突出款式的典雅的风格。

三、制作过程介绍

1. 准备工作

(1) 白坯布估料

上衣前片：前中片 2 片；前侧片 2 片。

上衣后片：后中片 2 片；后侧片 2 片。

袖片：大袖片 2 片；小袖片 2 片。

领贴 1 片；装饰领片 1 片；褶裥片 2 片。

前、后中片规格：长度＝衣长＋8cm 左右；宽度＝前或后胸围/4＋6cm 左右。

前、后侧片规格：长度＝衣长＋8cm 左右；宽度＝前后侧片＋6cm 左右。

大、小袖片：长度＝袖长＋8cm 左右；宽度＝袖肥＋6cm 左右。

领贴片：长度 25cm 左右；宽度 15cm 左右。

褶裥片：长度 45cm 左右；宽度 40cm 左右。

(2) 画辅助线

面料丝绺调整完成后，在坯布上绘出各辅助线条，要求各裁片丝绺要纵直横平：大身片对应人台中线和胸围、腰围的围度线，如图 5－25 所示。

袖片分别是将袖子的中心与坯布的中心对应以及袖子的手肘线与大身的腰围线、袖肥线对于胸围线，如图 5－26 所示。

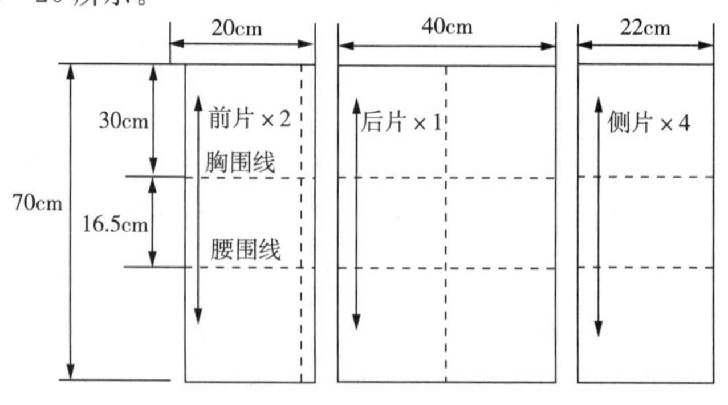

图 5－25　辅助线（1）

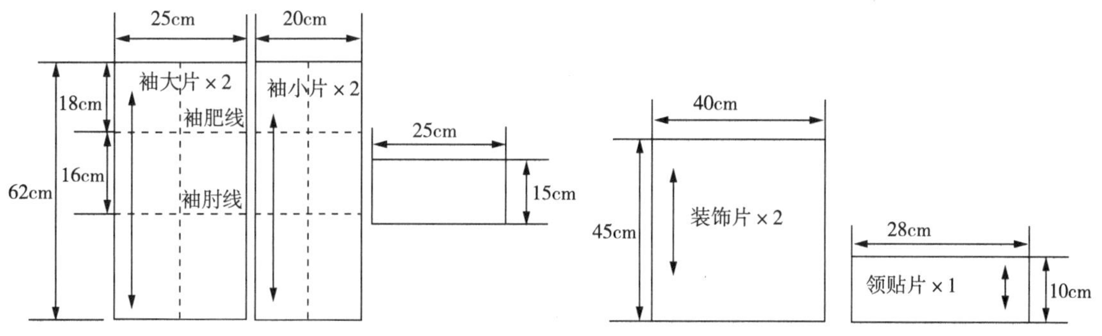

图5-26　辅助线（2）

（3）工具

熨斗、大头针、人台等。

2. 制作过程

（1）粘贴造型线

根据款式粘贴款式造型线，如图5-27所示。

（2）固定左前片坯布并修剪

将前片布固定于人台上，注意将前中心线和胸围线分别与人台的前中心线和胸围线对齐，从领口修剪前片坯布，如图5-28所示。

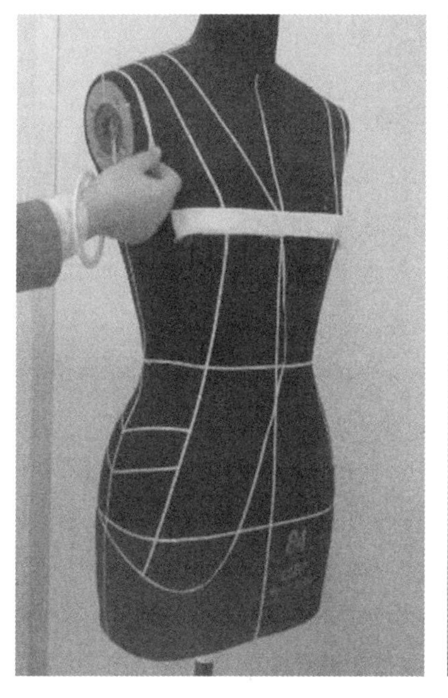

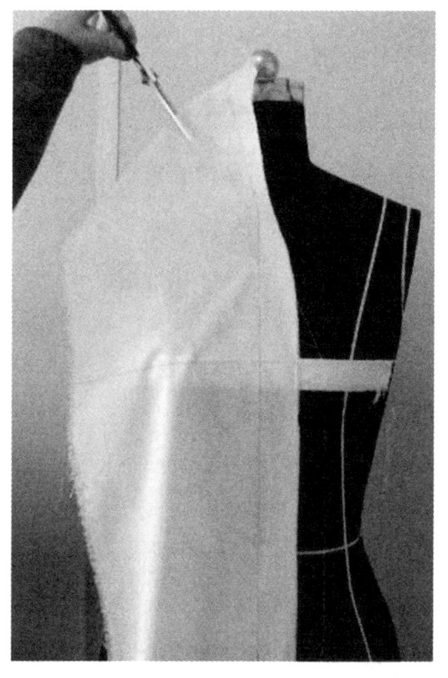

图5-27　粘贴造型线

图5-28　固定左前片坯布并修剪

（3）制作前片

依据前片的造型修剪、点影、拓样及并翻折领口与门襟，完成前片造型，如图5-29所示。

（4）前侧片修剪

固定前侧片，抚平坯布，按款式修剪形状，注意侧缝的吸腰量的处理，如图5-30所示。

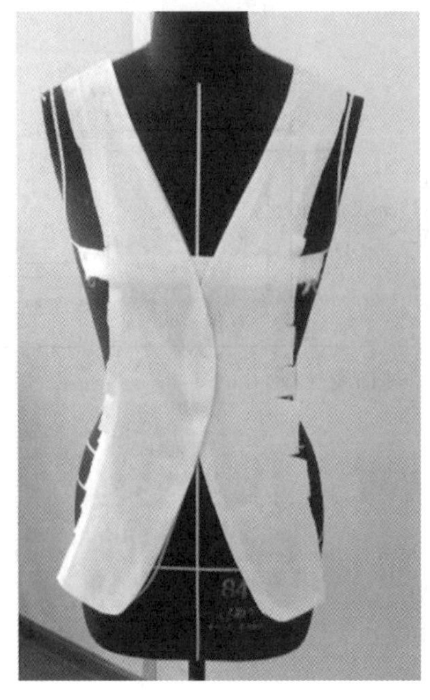

图 5－29　制作前片　　　　图 5－30　前侧片修剪

（5）前侧片制作

根据前侧片造型点影、拓样绘制侧片，并别合前中片，如图 5－31 所示。

（6）后领贴片修剪

将后领贴坯布中心线对准人台后中心线，修剪领口，如图 5－32 所示。

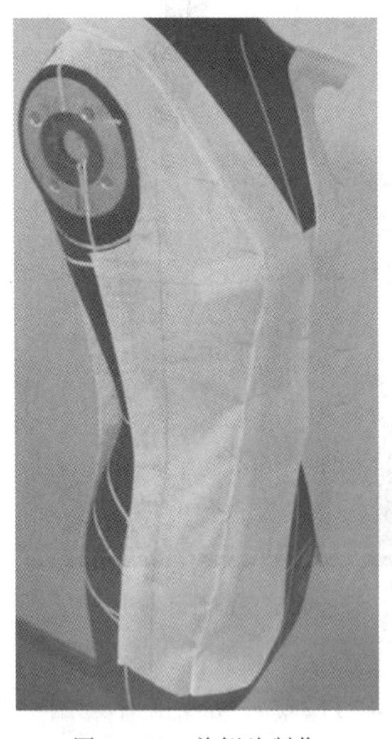

图 5－31　前侧片制作

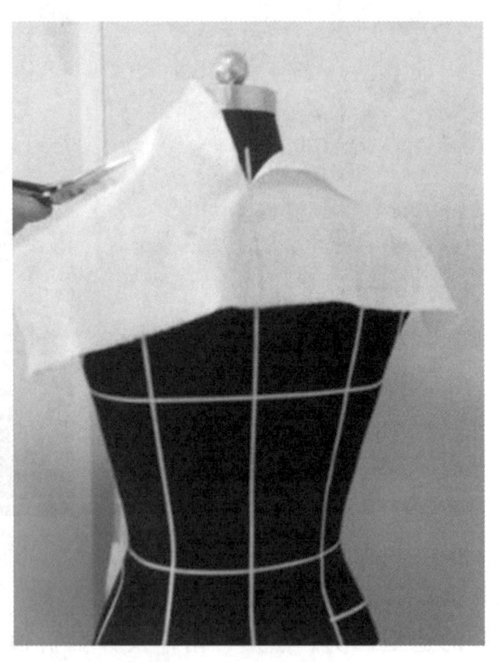

图 5－32　后领贴片修剪

（7）后领贴片制作

根据左领贴样板，点影拓样并翻折，如图 5－33 所示。

(8) 后片固定

将后片坯布固定于人台上，将坯布中心线和围度线分别与人台的后中心和胸围线对齐，如图5-34所示。

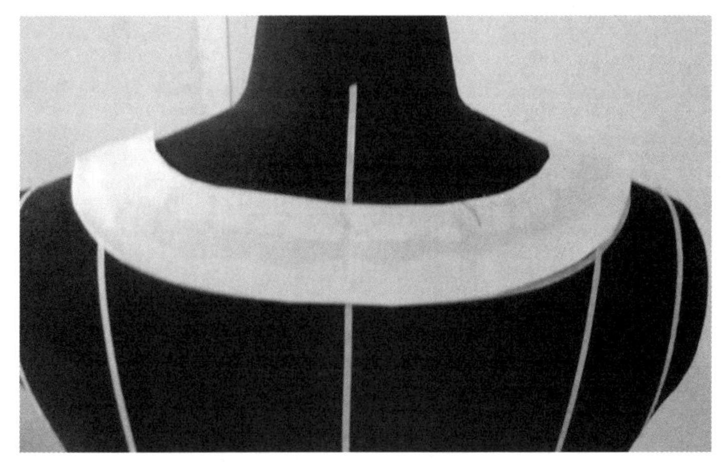

图5-33　后领贴片制作

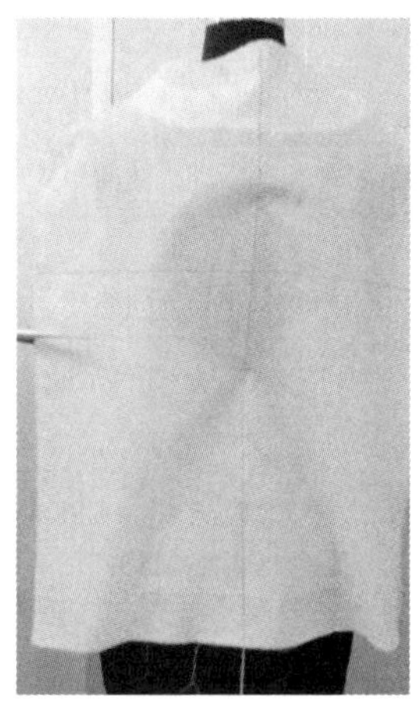

图5-34　后片固定

(9) 制作后片

抚平坯布，修剪右边后片、点影，拓样另一侧，并折烫，如图5-35所示。

(10) 后侧片修剪

固定后侧片，抚平坯布，注意将坯布围度线和人台的胸围线对齐；依据造型修剪侧缝，点影并拷贝另一侧侧缝，如图5-36所示。

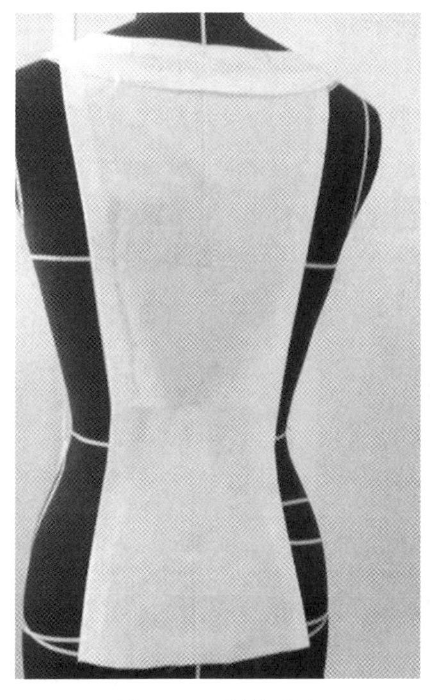

图5-35　制作后片

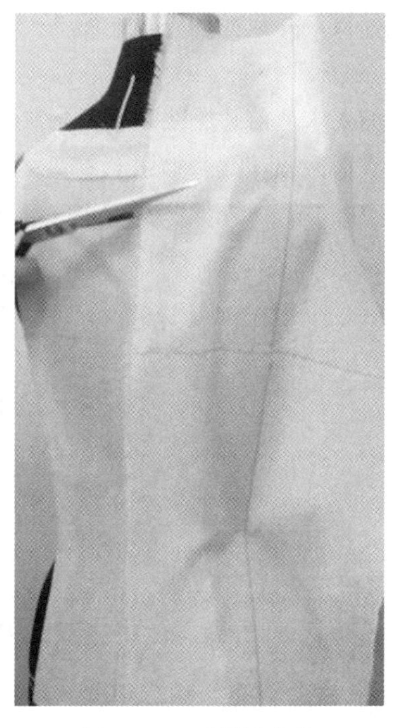

图5-36　后侧片修剪

(11) 叠别直线分割

叠别后片直线分割，注意造型分割线的线条的流畅和裁片的平整，如图5-37所示。

(12) 拼合侧缝、肩缝

用立裁针叠别侧缝，注意前后片侧缝线的丝绺的平整，如图 5－38 所示。

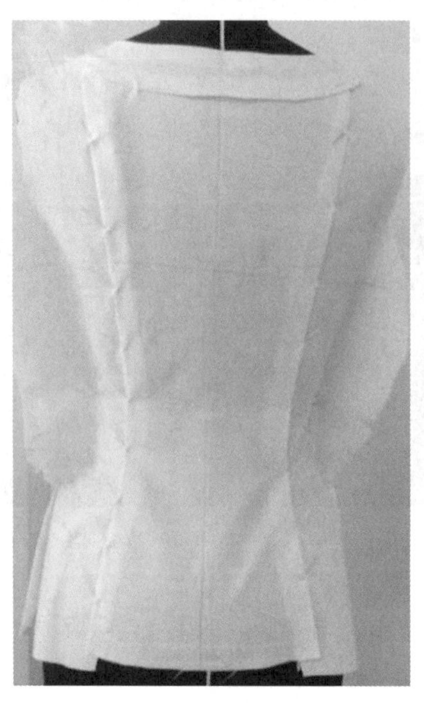

图 5－37　叠别直线分割

图 5－38　拼合侧缝、肩缝

(13) 夹领绘制

绘制夹领样板，并裁剪坯布，如图 5－39 所示。

(14) 固定领子

根据款式的要求从前片胸线以下开始夹别造型片，经直线分割线至后领贴分割线处，注意造型片的坯布层次和丝绺，如图 5－40 所示。

图 5－39　夹领绘制

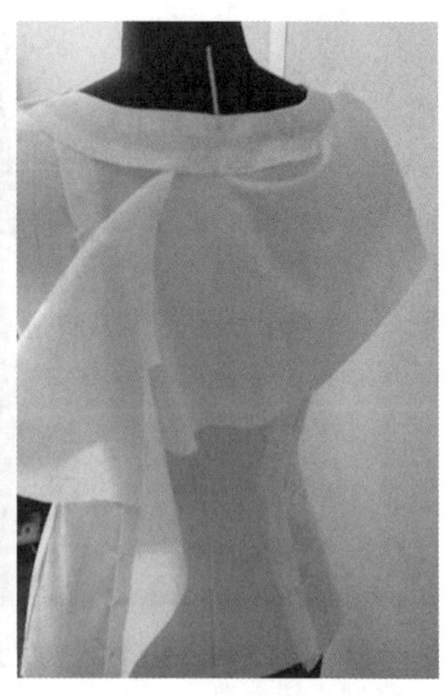

图 5－40　固定领子

(15) 完成造型夹领造型

完成造型夹领造型，如图 5－41 所示。

(16) 制作腰部褶裥

固定坯布，折叠做出垂荡的效果，如图 5－42 所示。

图 5－41　完成造型夹领造型　　图 5－42　制作腰部褶裥

(17) 完成腰部褶裥造型

修剪多余缝边并拼合至直线分割线内，如图 5－43 所示。

(18) 折叠下摆

折叠下摆完成衣身制作，如图 5－44 所示。

图 5－43　完成腰部褶裥造型

图 5－44　折叠下摆

(19) 绘制袖片

绘制袖片样板，如图 5－45 所示。

(20) 拓印坯布

完成袖身绘制，拓印样板至坯布，如图 5－46 所示。

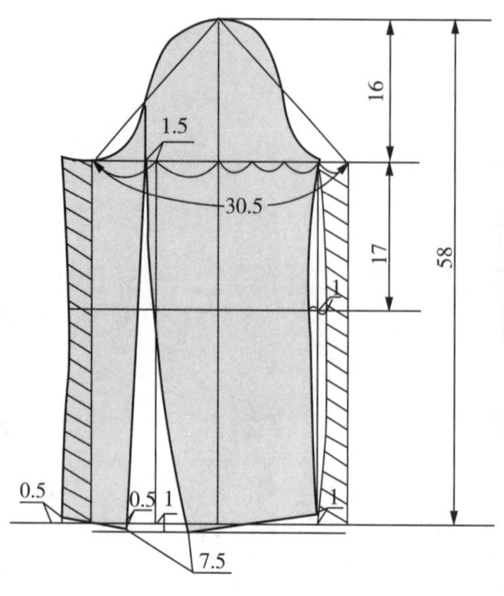

图 5-45　绘制袖片

图 5-46　拓印坯布

（21）制作袖子

折叠袖子缝份，如图 5-47 所示。

（22）完成袖子

别合大小袖片，完成袖片造型，如图 5-48 所示。

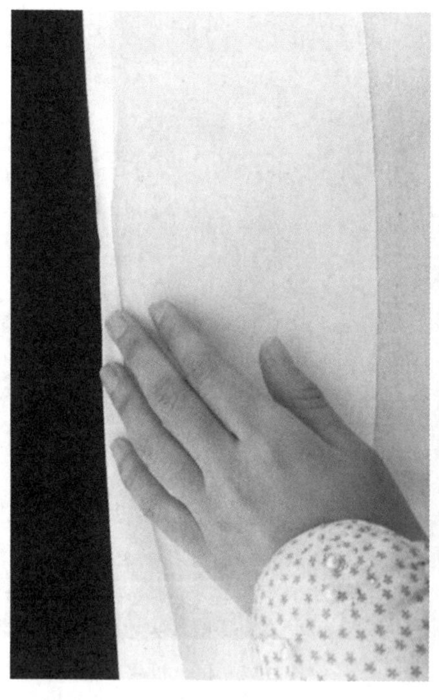

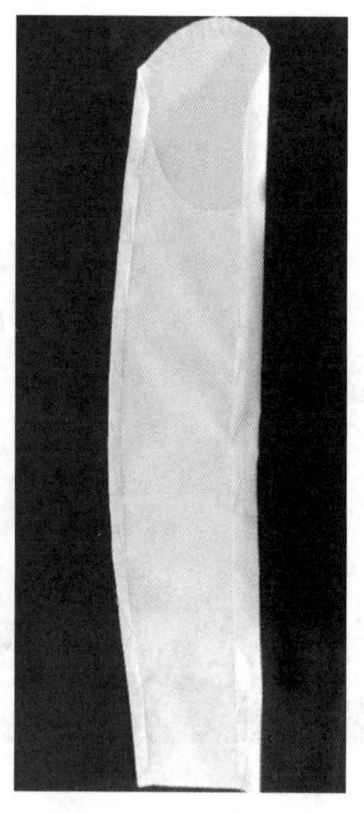

图 5-47　制作袖子

图 5-48　完成袖子

（23）收拢袖山吃势

在袖山缝份处约 0.5cm 用手工针线走针，并均匀分配袖山吃势，做适当抽缩，如图 5-49所示。

（24）固定袖窿与袖山底线

将袖子底缝与袖窿低点位置对齐，固定袖窿底部弧线，如图5－50所示。

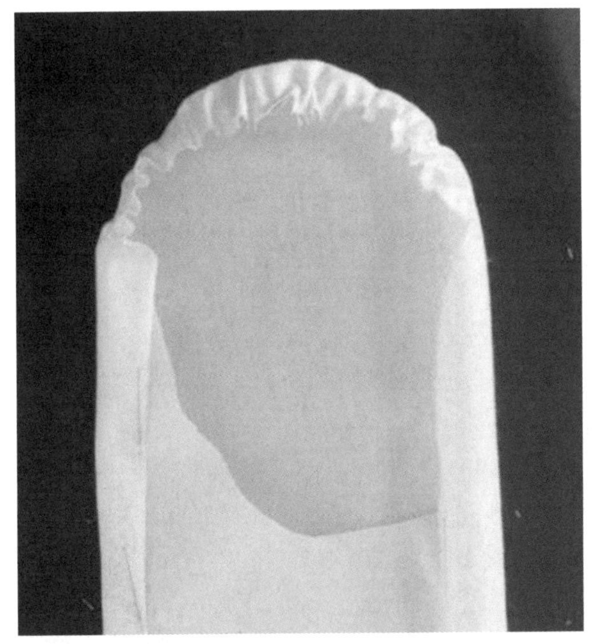

图5－49　收拢袖山吃势

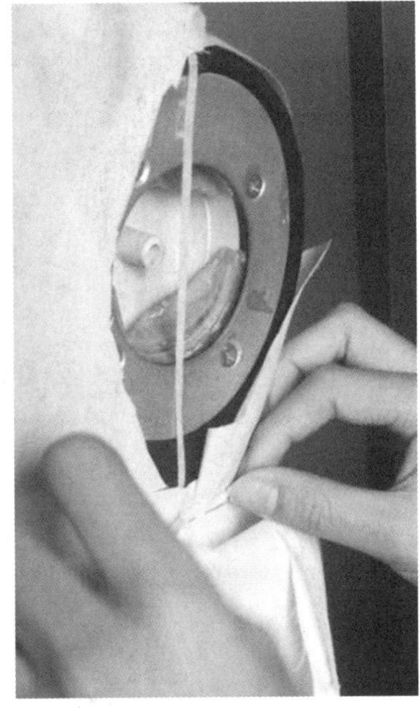

图5－50　固定袖窿与袖山底线

（25）固定袖子

用立裁针从袖子的内部与衣身别合，固定至前胸和后背，如图5－51所示。

（26）装袖

将袖山顶点固定于衣身肩点。沿袖窿弧线别缝袖片与衣身袖窿，注意袖身前倾，袖窿底无吃势，保持平服，确保袖山弧线的圆顺饱满，如图5－52所示。

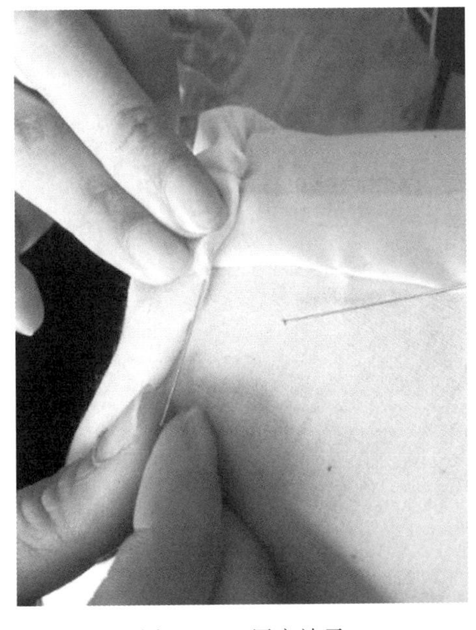

图5－51　固定袖子

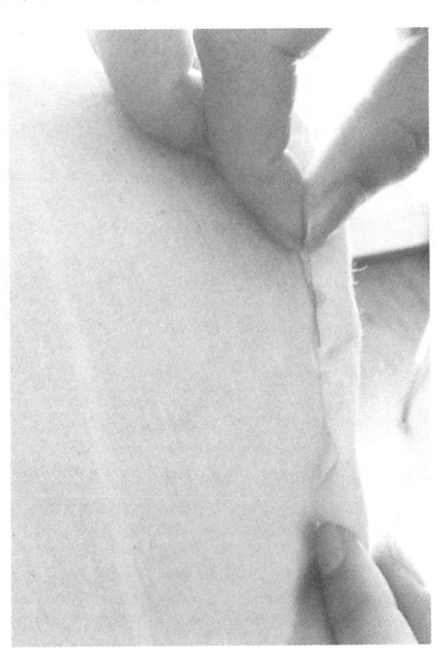

图5－52　装袖

(27) 调整试样，完成整体造型

整理坯布，调整试样，完成整体造型，如图 5-53 所示。

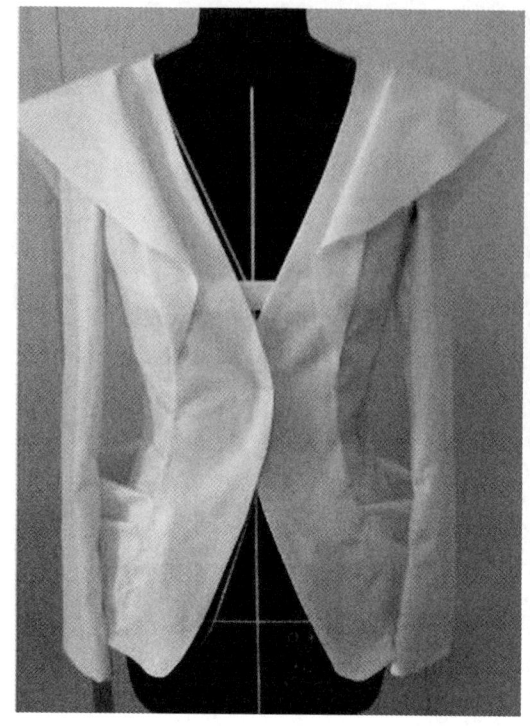

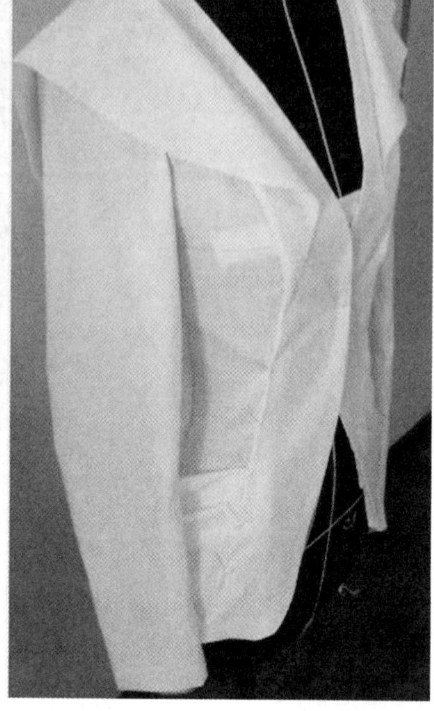

图 5-53 调整试样，完成整体造型

思考与练习

1. 如何制作立体裁剪中的装饰褶裥？
2. 如何把握夹领的造型裁剪？

任务三　翻驳领外套款式变化的立体裁剪

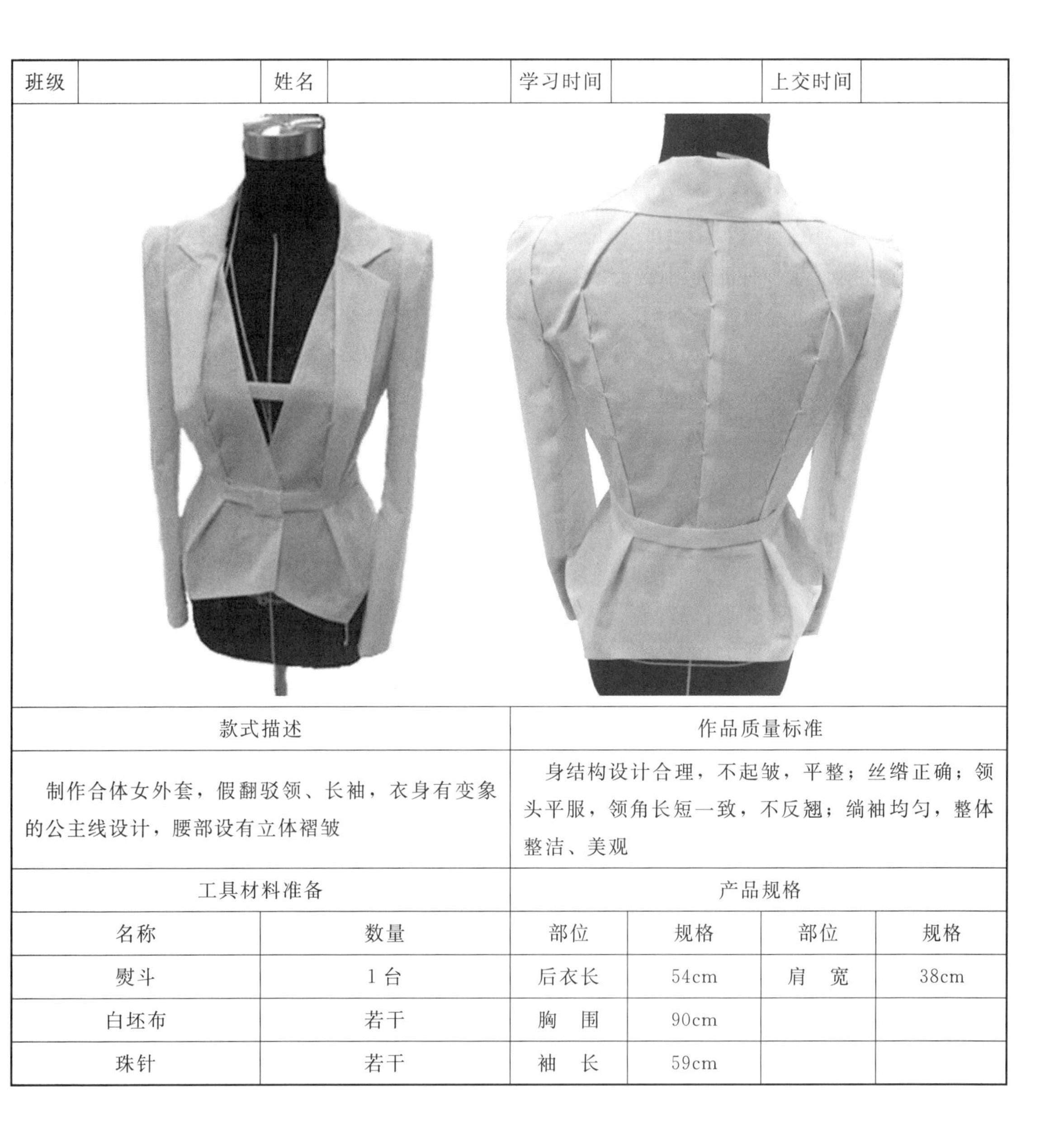

班级		姓名		学习时间		上交时间	

款式描述	作品质量标准
制作合体女外套，假翻驳领、长袖，衣身有变象的公主线设计，腰部设有立体褶皱	身结构设计合理，不起皱，平整；丝绺正确；领头平服，领角长短一致，不反翘；绱袖均匀，整体整洁、美观

工具材料准备		产品规格			
名称	数量	部位	规格	部位	规格
熨斗	1 台	后衣长	54cm	肩　宽	38cm
白坯布	若干	胸　围	90cm		
珠针	若干	袖　长	59cm		

一、任务与操作技术要求

本任务是服装制作中更为深入的外套制作。外套是穿着在人体最外面一层的服装，一般为大身开门襟、长袖，具有蔽体和保暖的作用。

本任务是学生在系统性地学习立体裁剪的基础知识和简单的款式变化后对立体裁剪技术的进一步探讨，使学生能够更深入地了解立体裁剪塑型操作、更好地完成具有设计感的造型部分。

外套在立裁制作中要求丝绺正确，纵直横平；衣身整洁美观，前后衣长平衡；胸围松量适宜，腰部合体，胸腰曲面饱满；领子结构准确，领座光滑平顺，领上口线圆顺，领口弧线长度合适，与颈部关系合理，领角对称、服帖不起翘；门襟长短一致不起吊；袖子外观造型美观，袖山的弧线和袖子的前倾性合理，绱袖吃势均匀，左右袖长短、袖肥一致。

二、翻驳领外套款式变化简介

本款是为职场女性量身定制的合体外套，翻驳领，衣身为多处分割设计，在端庄大方的前提下，增添了外套的合体性。本款别具匠心的设计在于将假驳领通过衣身的夹缝制作，区别了传统的翻驳领的制作，让领口在外形上不仅简练、庄重，而且增强了服装设计的趣味感；腰部不仅有褶裥设计，而且利用腰带的装饰突显腰部的细小圆润，也增添了活泼感，大方中不失女性的活泼。直线分割线在侧腰处夹了立体塑型褶裥口袋，在设计上相呼应，使款式更加完整。

三、制作过程介绍

1. 准备工作

（1）白坯布估料

上衣前片：前中片 2 片；前侧片 2 片；前下摆裁片 2 片。

上衣后片：后中片 2 片；后侧片 2 片。

肩部育克片 2 片；后下摆裁片 1 片；驳领 2 片，领片 1 片；腰带 1 片。

袖片：大袖片 2 片；小袖片 2 片。

前、后中片规格：长度＝衣长＋8cm 左右；宽度＝前或后胸围/4＋6cm 左右。

前、后侧片规格：长度＝衣长＋8cm 左右；宽度＝前后侧片＋6cm 左右。

前片下摆片规格：长度＝衣摆长＋8cm 左右；宽度＝前侧片＋6cm 左右。

后片下摆片规格：长度＝后衣摆长＋8cm 左右；宽度＝前侧片＋6cm 左右。

大、小袖片：长度＝袖长＋8cm 左右；宽度＝袖肥＋6cm 左右。

驳领片：长度 28cm 左右；宽度 20cm 左右。

领片：长度 28cm 左右；宽度 15cm 左右。

腰带：腰围长＋6cm 左右，宽度 6cm 左右。

（2）画辅助线

面料丝绺调整完成后，在坯布上绘出各辅助线条，要求各裁片丝绺纵直横平；大身片对应人台中线和胸围、腰围的围度线，如图 5－54 所示。

袖片分是将袖子的中心与坯布的中心对应以及袖子的手肘线与大身的腰围线、袖肥线对于胸围线，如图 5－55 所示。

（3）工具

熨斗、大头针、人台等。

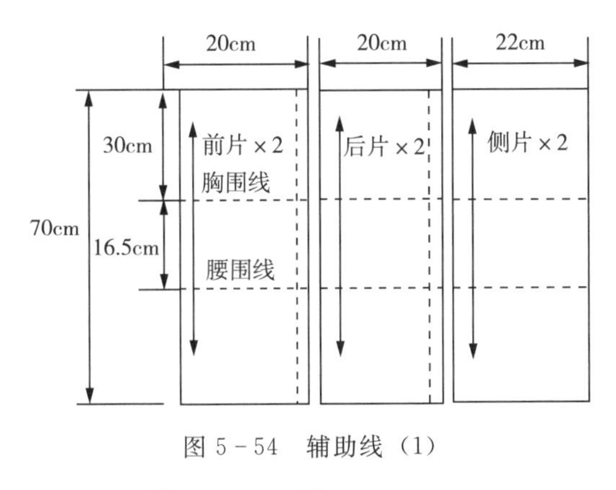

图5-54　辅助线（1）

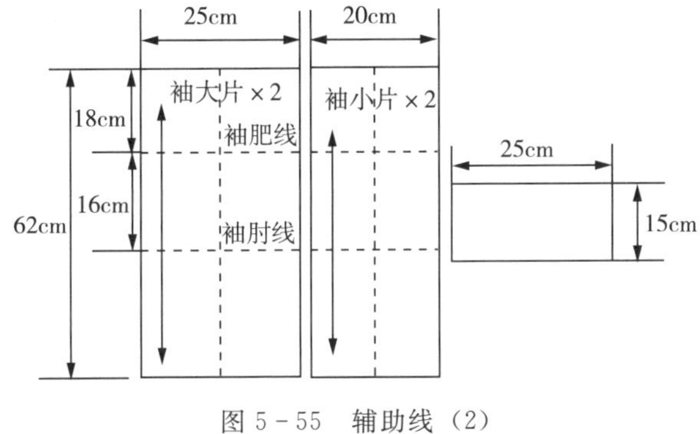

图5-55　辅助线（2）

2. 制作过程

（1）粘贴造型线

根据款式粘贴款式造型线，如图5-56所示。

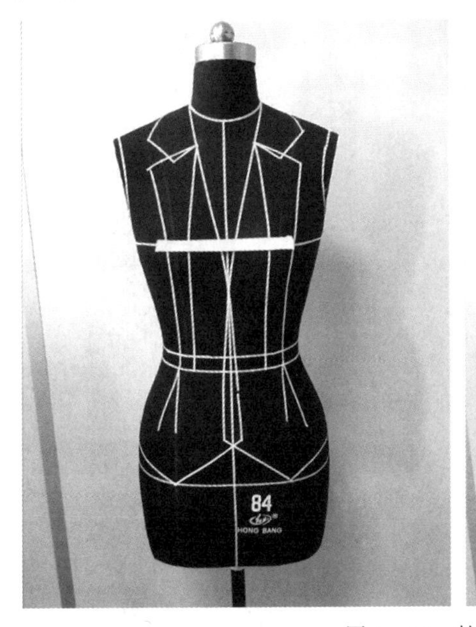

图5-56　粘贴造型线

（2）固定左前中片坯布并修剪

将前片布固定于人台上，注意将前中心线和胸围线分别与人台的前中心线和胸围线对齐，从领口修剪前片坯布，如图 5－57 所示。

（3）制作前片

依据前片的造型修剪、点影，完成前片造型，如图 5－58 所示。

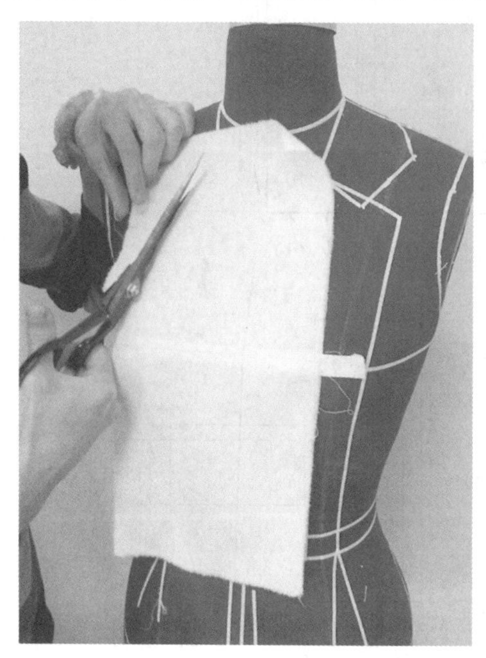

图 5－57　固定左前中片坯布并修剪

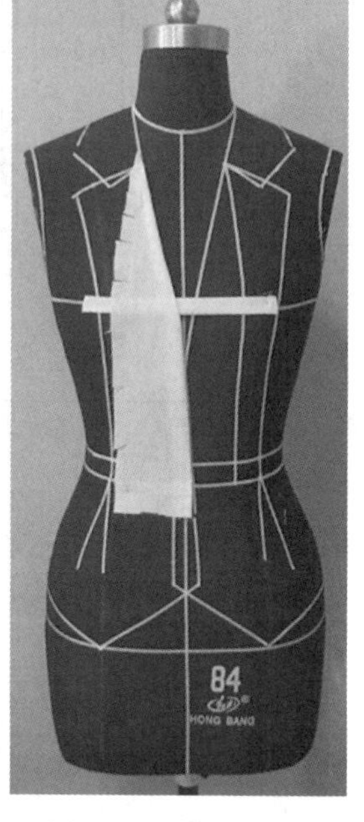

图 5－58　制作前片

（4）固定前测片并修剪

固定前侧片，抚平坯布，按款式修剪形状，注意侧缝的吸腰量的处理，并点影折叠，如图 5－59 所示。

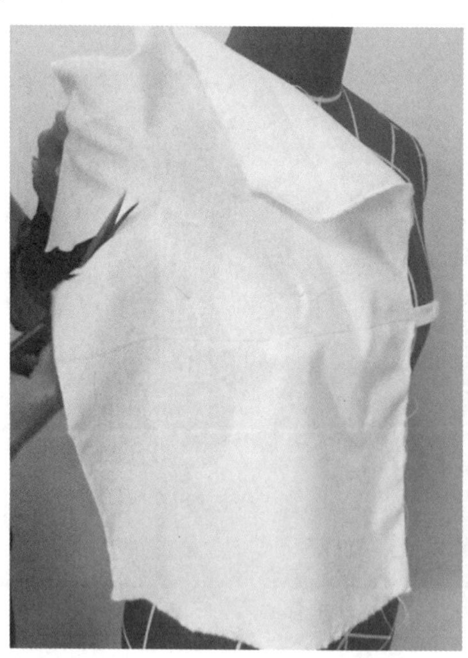

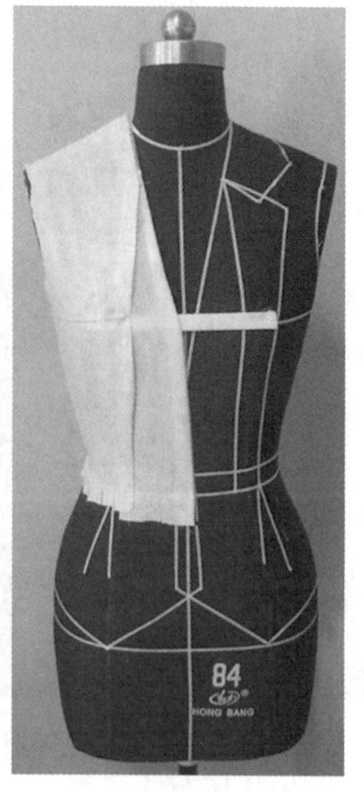

图 5－59　固定前测片并修剪

(5) 固定驳领片并修剪造型

固定前胸领片坯布，修剪造型，叠别缝边，如图 5-60 所示。

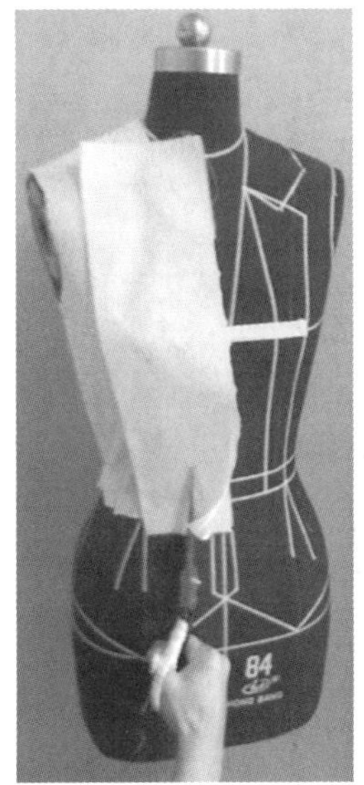
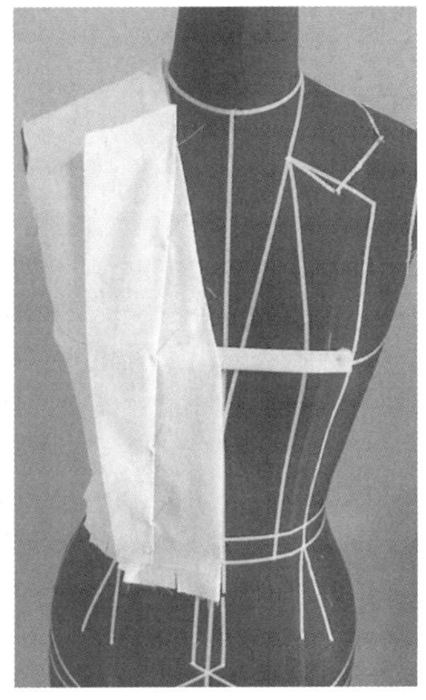

图 5-60　固定驳领片并修剪造型

(6) 固定前片下摆

固定前片下摆坯布，注意将坯布直纱对应人台前中心线，横纱对应人台腰围线，如图 5-61所示。

(7) 制作褶裥

抚平坯布，捏合腰部多余松量，于腰处插针固定，形成褶裥量，如图 5-62 所示。

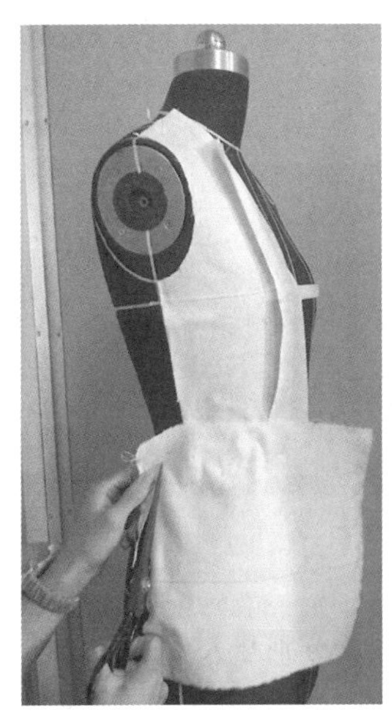

图 5-61　固定前片下摆

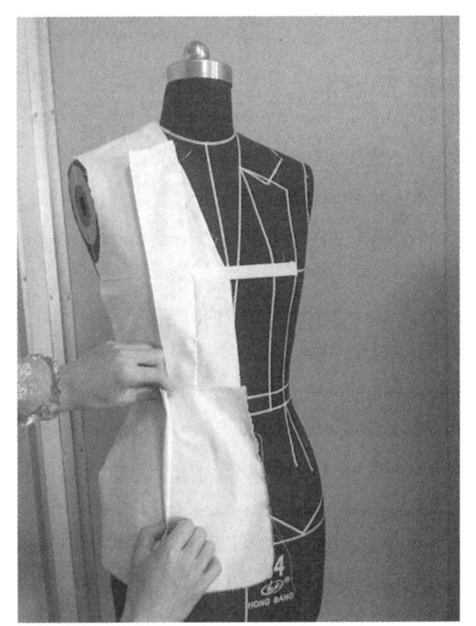

图 5-62　制作褶裥

(8) 左前片完成

左前片造型完成，点影拓样调整版型，如图 5-63 所示。

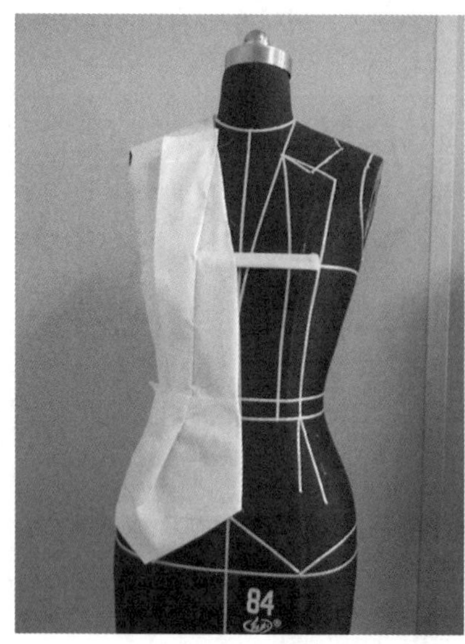
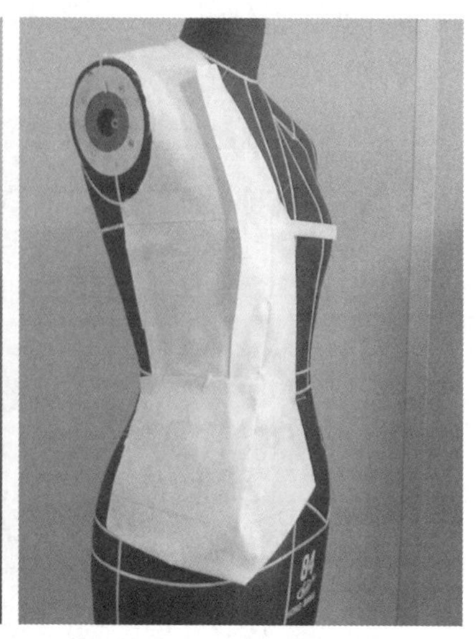

图 5-63　左前片完成

(9) 后侧片固定

将后片坯布固定于人台上，将围度线与人台胸围线对齐，如图 5-64 所示。

(10) 制作后侧片

依据造型修剪侧缝造型，点影并折叠侧缝与前侧缝线，如图 5-65 所示。

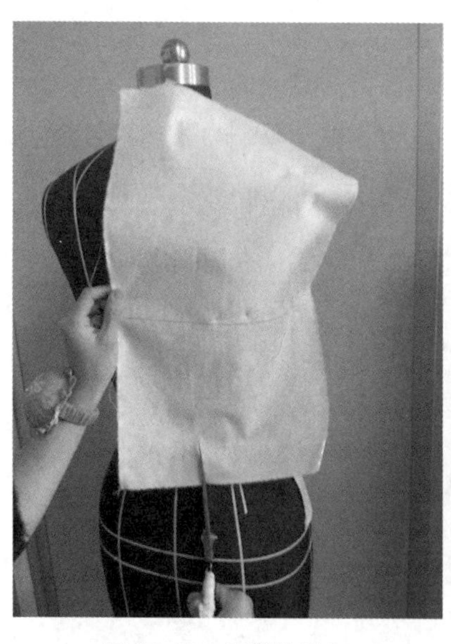
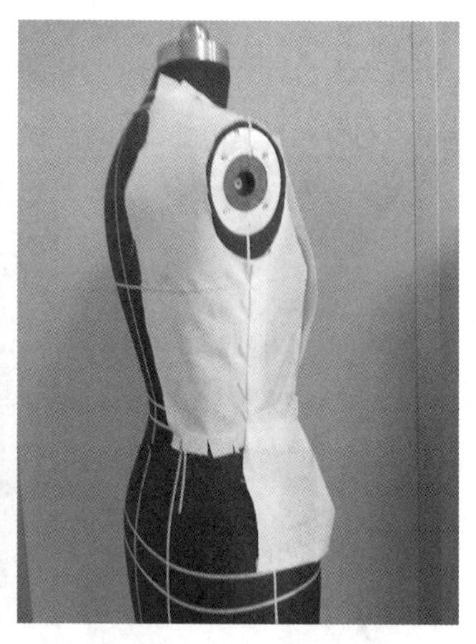

图 5-64　后侧片固定

图 5-65　制作后侧片

(11) 后片固定

将后片坯布固定于人台上，将坯布中心线和围度线分别与人台的后中心和胸围线对齐，抚平坯布，修剪右边后片，点影拓样，并叠别后片分割线，如图 5-66 所示。

(12) 后片下摆片

固定后片下摆布，注意将坯布中心线与人台的中心线对应，抚平坯布，捏合多余布量为褶裥的量，插针固定，点影拓样至坯布右侧，如图 5-67 所示。

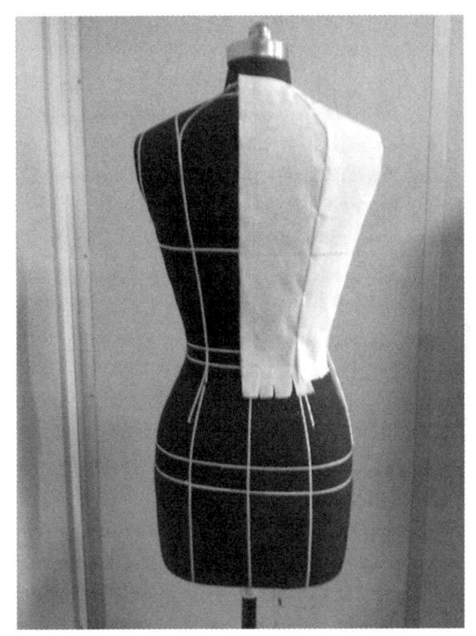
图 5－66　后片固定

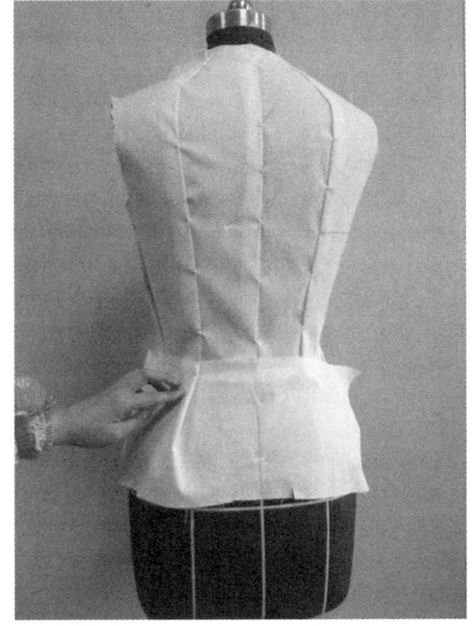
图 5－67　后片下摆片

(13) 完成衣身塑型

叠别侧缝及肩缝，衣身造型初步完成，如图 5－68 所示。

(14) 领片样板图

绘制领片样板，拓印至坯布上，修剪，如图 5－69 所示。

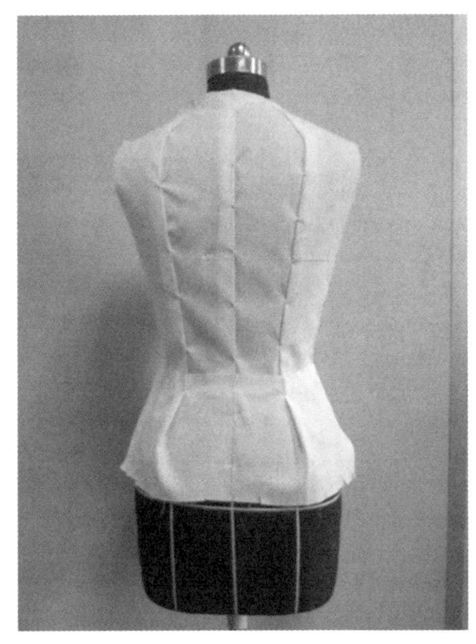
图 5－68　完成衣身塑型

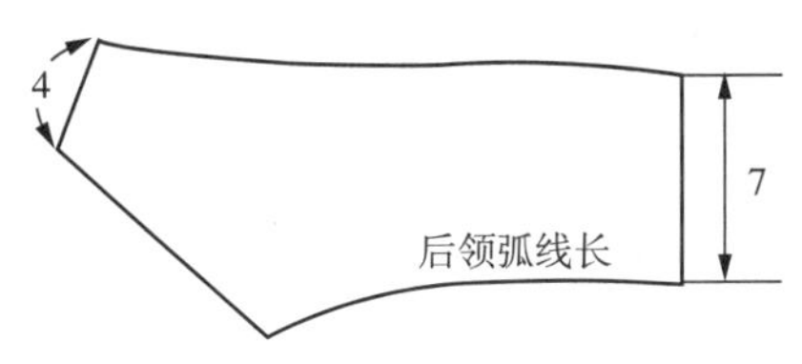

图 5－69　领片样板图

(15) 制作翻领

固定领片，修剪领片形状，并用别针固定缝边，如图 5－70 所示。

(16) 绘制袖片样板

绘制袖片样板如图 5－71 所示。

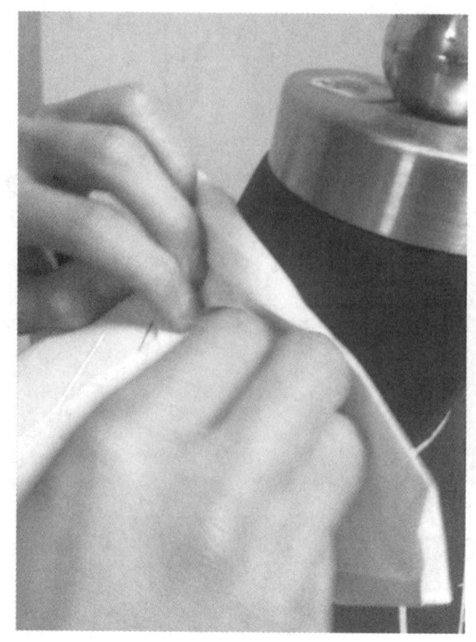

图 5－70　制作翻领

图 5－71　绘制袖片样板

(17）袖片样板

绘制大小袖片样板，拓印至坯布上，修剪，如图 5－72 所示。

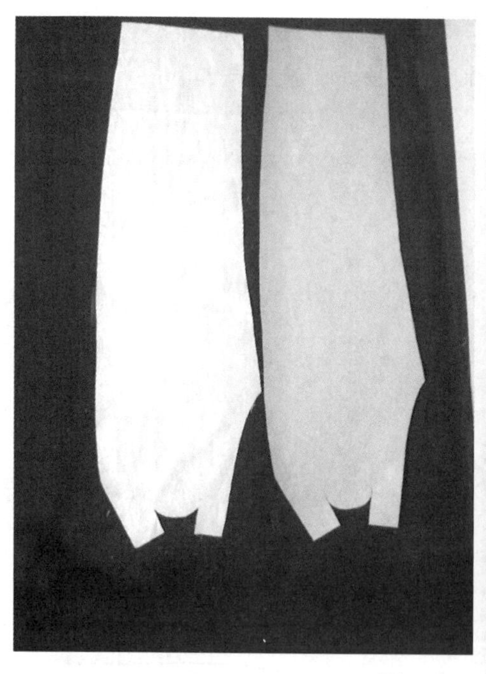

图 5－72　袖片样板

(18）制作袖子造型

缝合袖山左右两边中心量，并缝合袖上头的缝份，如图 5－73 所示。

(19）收拢袖山吃势

在袖山缝份处约 0.5cm 用手工针线走针，并均匀分配袖山吃势，做适当抽缩，如图 5－74所示。

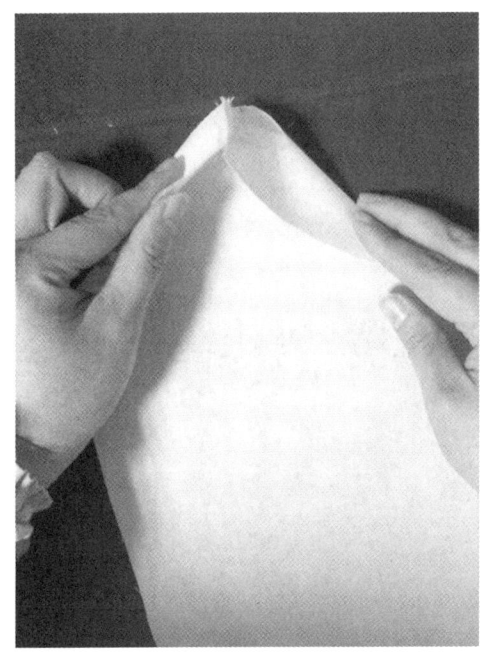

图5－73　制作袖子造型

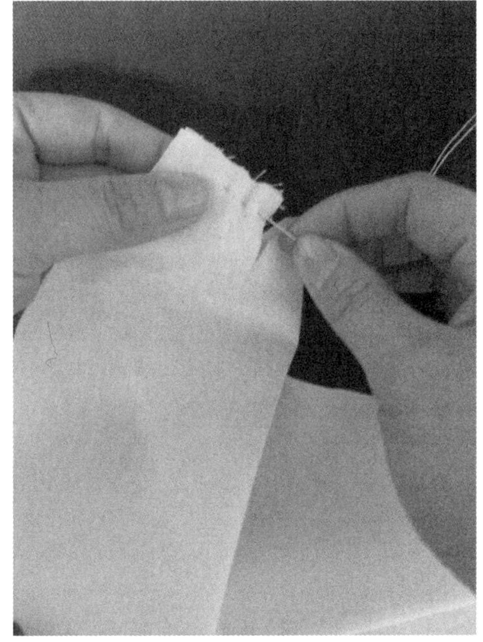

图5－74　收拢袖山吃势

（20）别合袖身

折叠袖子缝份，别合大小袖片，完成袖片造型，如图5－75所示。

（21）绱袖

将袖子底缝与袖窿低点位置对齐，固定袖窿底部弧线，用立裁针从袖子的内部与衣身别合，固定至前胸和后背，袖山顶点固定于衣身肩点。沿袖窿弧线别缝袖片与衣身袖窿，注意袖身前倾，袖窿底无吃势，保持平服，确保袖山弧线的圆顺、饱满，如图5－76所示。

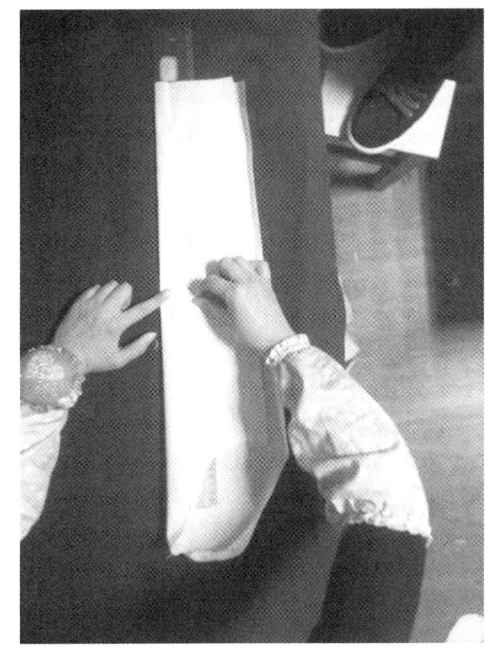

图5－75　别合袖身

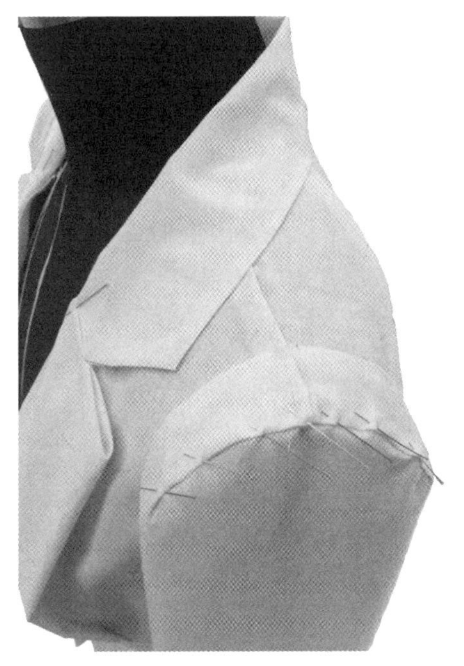

图5－76　绱袖

（22）调整试样，完成整体造型

整理坯布，调整试样，完成整体造型，如图 5－77 所示。

图 5－77　翻驳领外套款式变化整体造型

思考与练习

试述翻驳领外套的制作过程。

任务四 波浪领外套款式变化的立体裁剪

<table>
<tr><td>班级</td><td></td><td>姓名</td><td></td><td>学习时间</td><td></td><td>上交时间</td><td></td></tr>
<tr><td colspan="8"> 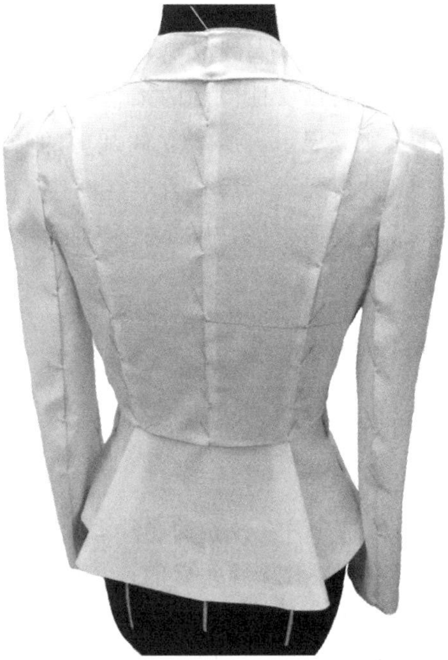</td></tr>
<tr><td colspan="4">款式描述</td><td colspan="4">作品质量标准</td></tr>
<tr><td colspan="4">大波浪领开口斜下摆修身女套，前侧片腰部翻折褶裥，后片直线分割，下摆褶裥装饰，袖山三个褶裥装饰</td><td colspan="4">身结构设计合理，不起皱，平整；丝绺正确；领头平服，领角长短一致，不反翘；绱袖均匀，整体整洁、美观</td></tr>
<tr><td colspan="4">工具材料准备</td><td colspan="4">产品规格</td></tr>
<tr><td colspan="2">名称</td><td colspan="2">数量</td><td>部位</td><td>规格</td><td>部位</td><td>规格</td></tr>
<tr><td colspan="2">熨斗</td><td colspan="2">1台</td><td>后衣长</td><td>54cm</td><td>肩　宽</td><td>38cm</td></tr>
<tr><td colspan="2">白坯布</td><td colspan="2">若干</td><td>胸　围</td><td>90cm</td><td></td><td></td></tr>
<tr><td colspan="2">珠针</td><td colspan="2">若干</td><td>袖　长</td><td>59cm</td><td></td><td></td></tr>
</table>

一、任务与操作技术要求

本任务是服装制作中更为深入的外套制作。外套是穿着在人体最外面一层的服装，一般为大身开门襟、长袖，具有蔽体和保暖的作用。

本任务是学生在系统性地学习立体裁剪的基础知识和简单的款式变化后对立体裁剪技术的进一步探讨，使学生能够更深入地了解立体裁剪塑型操作、更好地完成具有设计感的造型制作。

外套在立裁制作中要求丝绺正确，纵直横平；衣身整洁美观，前后衣长平衡；胸围松量适宜，腰部合体，胸腰曲面饱满；领子结构准确，领座光滑平顺，领上口线圆顺，领口弧线长度合适，与颈部关系合理，领角对称、服帖不起翘；门襟长短一致不起吊；袖子外观造型美观，袖山的弧线和袖子的前倾性合理，绱袖吃势均匀，左右袖长短、袖肥一致。

二、波浪领外套款式变化简介

该模块是制作一款大波浪领、开口斜下摆、修身时尚女外套立体造型。本款式的设计在细节上无不透露出女性似水的柔情，领口为V形大波浪领，区别于传统的领子的制作，在结构制作上充分展示出服装立体裁剪的特点；衣身前腰部从前侧片向内翻折形成褶裥，延续了领口大波浪元素，后片为丰富设计，直线公主线分割，下摆打断分割做褶裥；斜开口直下摆突显简约而干练，肩部三个细褶裥的制作，使袖山造型饱满立体，在柔美中更显精力充沛。

三、制作过程介绍

1. 准备工作

（1）白坯布估料

上衣前片：前中片2片；前侧片2片。

上衣后片：后中片2片；后侧片2片；后下摆片1片。

袖片：大袖片2片；小袖片2片。

前中片规格：长度＝衣长＋8cm左右；宽度＝前胸围/2＋领造型＋6cm左右。

前侧片规格：长度＝衣长＋8cm左右；宽度＝前侧片宽＋下摆褶裥大＋6cm左右。

后中片、后侧片：长度＝衣长－下摆长＋8cm左右；宽度＝后中、后侧片宽＋6cm左右。

大、小袖片：长度＝袖长＋8cm左右；宽度＝袖肥＋6cm左右。

（2）画辅助线

面料丝绺调整完成后，在坯布上绘出各辅助线条，要求各裁片丝绺纵直横平：大身片对应人台中线和胸围、腰围的围度线，如图5－78所示。

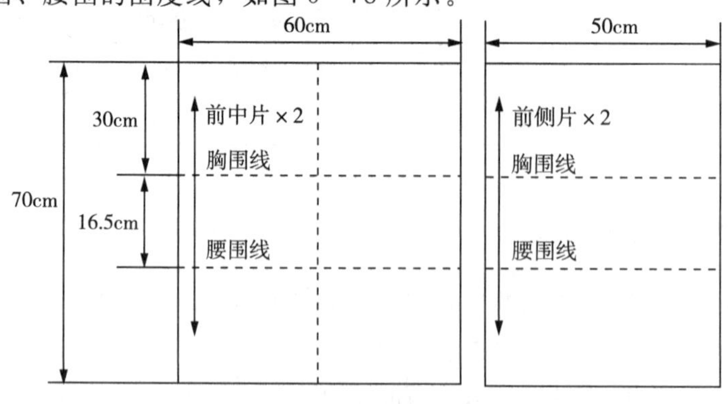

图5－78　辅助线（1）

袖片分是将袖子的中心与坯布的中心对应以及袖子的手肘线与大身的腰围线、袖肥线对于胸围线，如图 5－79 所示。

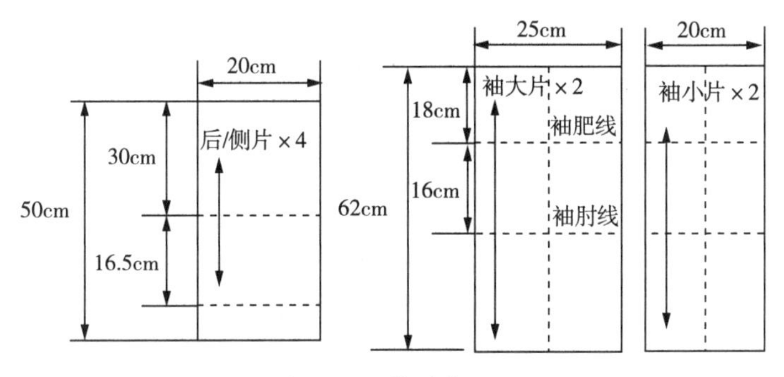

图 5－79 辅助线（2）

（3）工具

熨斗、大头针、人台等。

2. 制作过程

（1）粘贴造型线

根据款式粘贴款式造型线，如图 5－80 所示。

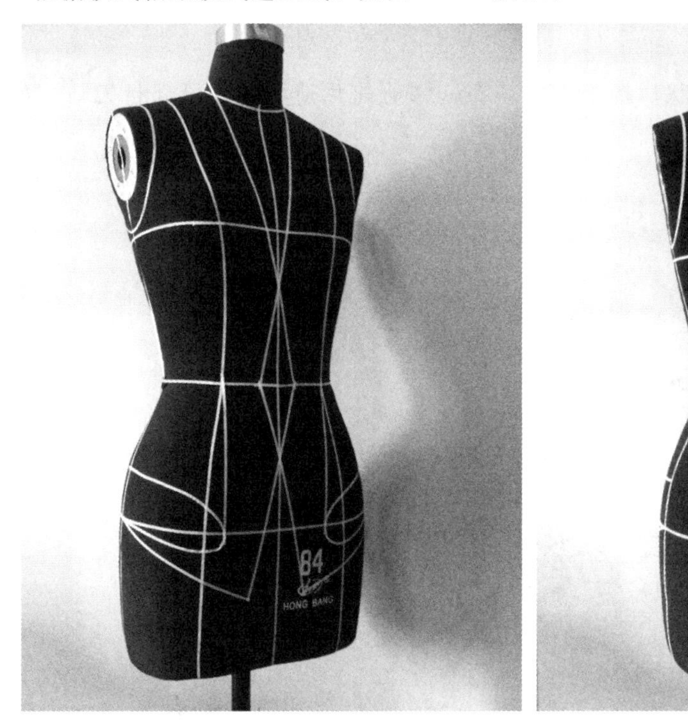

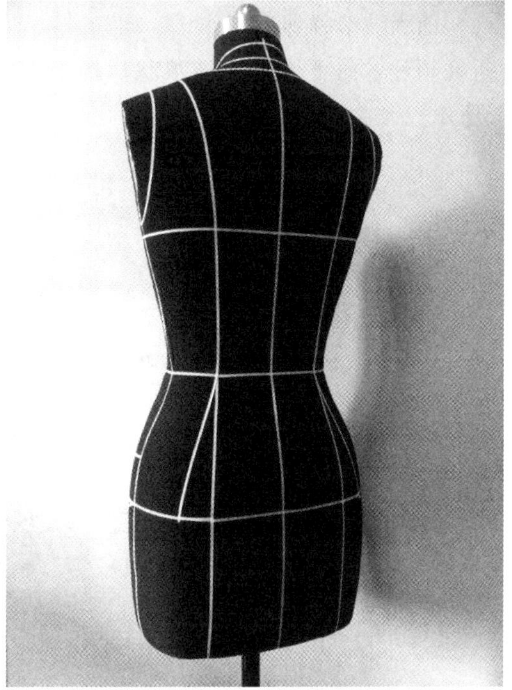

图 5－80 粘贴造型线

（2）固定左前中片坯布并修剪

将前片布固定于人台上，注意将前中心线和围度线分别与人台的前中心线和胸围线对齐，如图 5－81 所示。

（3）修剪领口大波浪

沿领口线折叠前片坯布，在腰部横开一个剪口，抚平，在侧颈点固定，如图 5－82 所示。

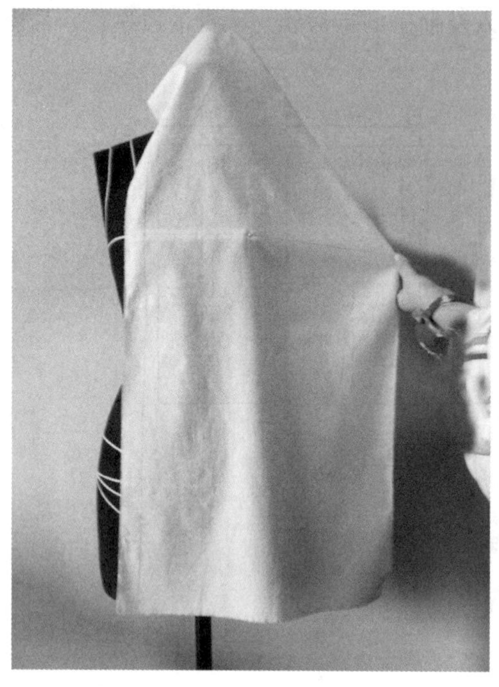

图 5 - 81　固定左前中片坯布并修剪

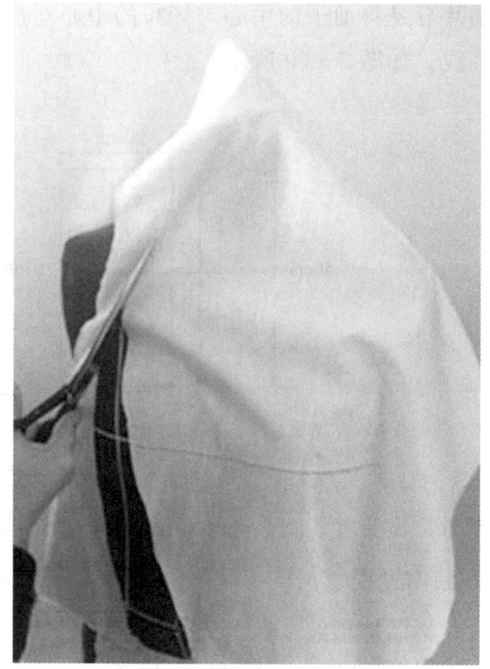

图 5 - 82　修剪领口大波浪

（4）前大波浪领塑型制作

折叠领片，向下带形成波浪状；抚平前中坯布，修剪前片造型，在局部打刀口，如图 5 - 83所示。

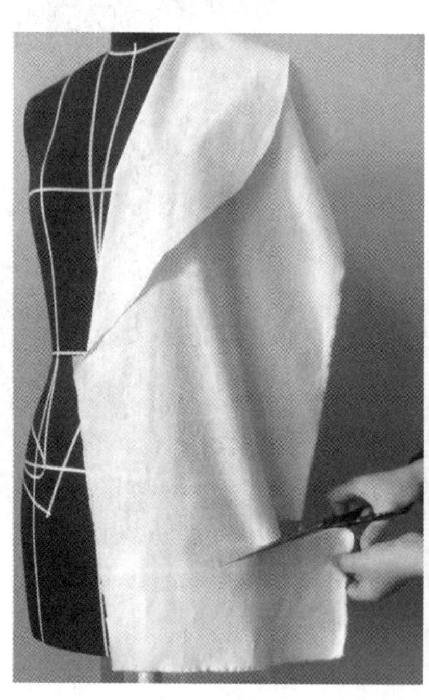

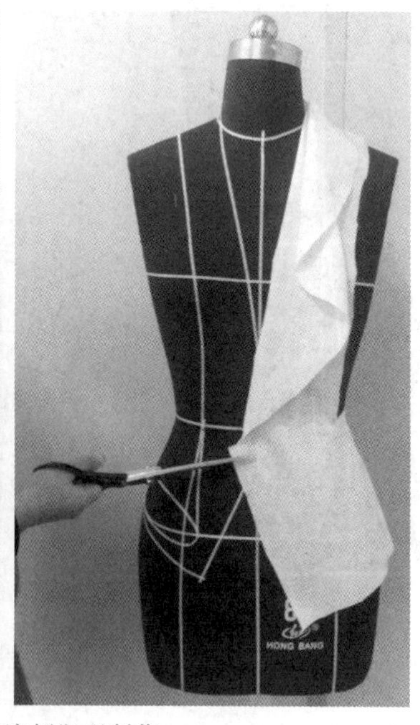

图 5 - 83　前大波浪领塑型制作

（5）修剪后领

后领由前中片延伸出来，不拼接，所以在制作时要注意坯布的抚平，一步打剪口，一步修剪，不可强制牵扯坯布，如图 5 - 84 所示。

(6) 后领打剪口

抚平肩部、颈部坯布，边抚平布料边修剪，尤其是在颈侧部要注意坯布的转弯，所以在此处剪口要密集，如图 5-85 所示。

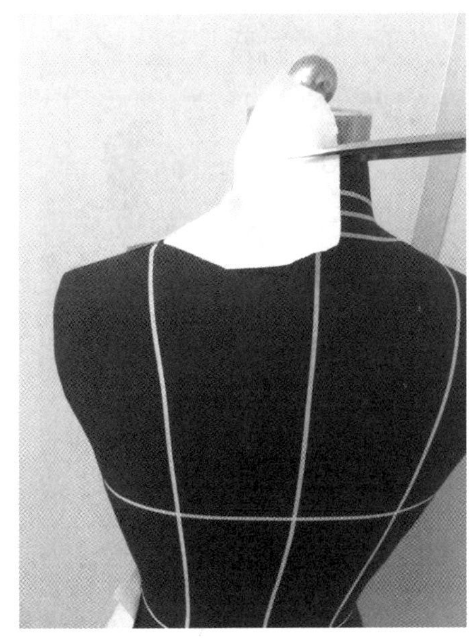

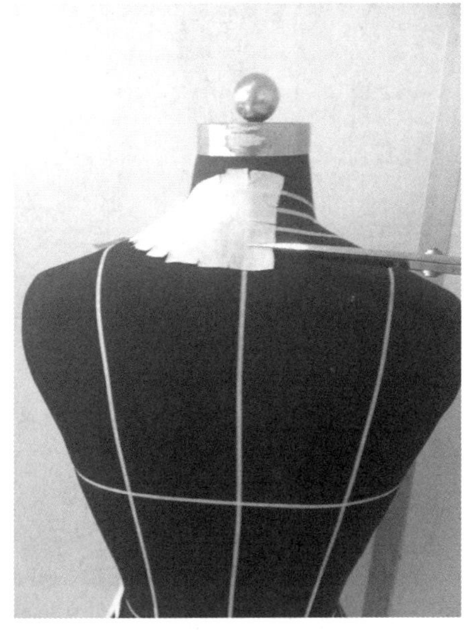

图 5-84　修剪后领　　　　图 5-85　后领打剪口

(7) 制作前侧片

固定前侧片坯布，将坯布围度线与人体的胸围和腰围对应，抚平坯布，修剪造型，在腰部向内斜折出褶裥并点影，如图 5-86 所示。

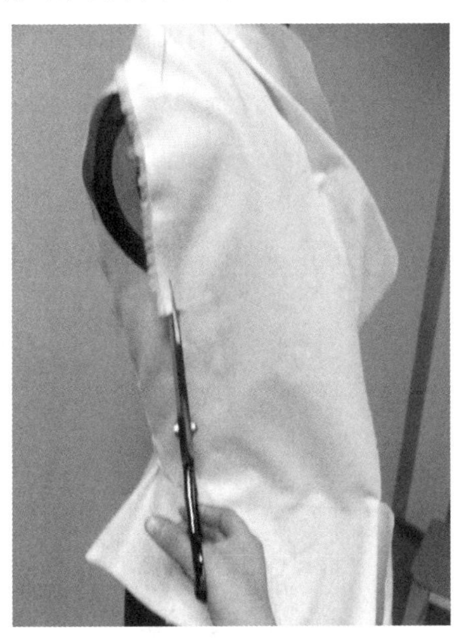

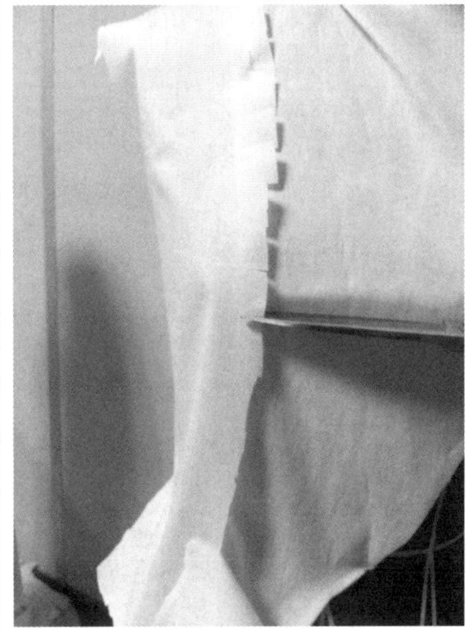

图 5-86　制作前侧片

(8) 完成前片制作

依据左前片点影、修版、拓版，用叠别针别和前片，如图 5-87 所示。

（9）制作后中片

固定坯布后片，注意将坯布直线和围度线分别与人台的后中心线和胸围线对齐，按造型线要求修剪造型，并点影，如图 5－88 所示。

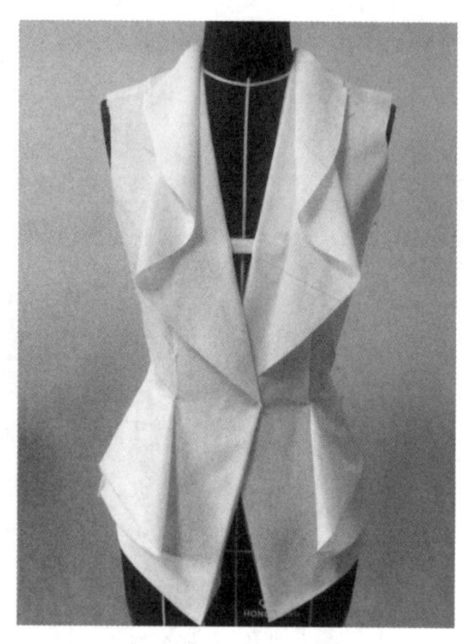

图 5－87　完成前片制作

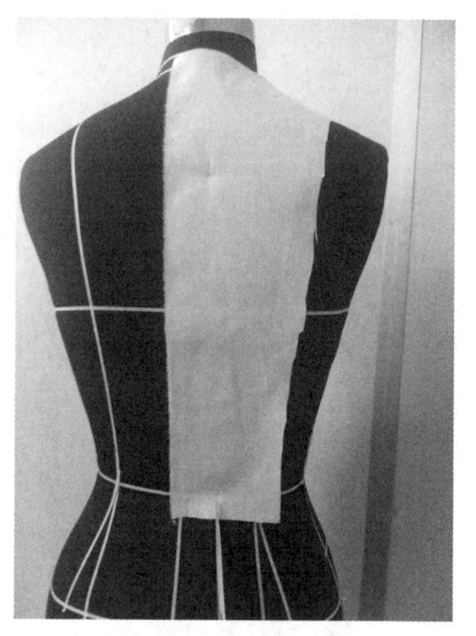

图 5－88　制作后中片

（10）制作后侧片

固定后侧片，将坯布围度线与人台的胸围线对齐，按造型线抚平坯布，修剪造型，点影，如图 5－89 所示。

（11）完成后片衣身制作

依据点影修改样板，拓印，用叠别针别合后衣身和后领中线，与衣身相叠别，如图5－90 所示。

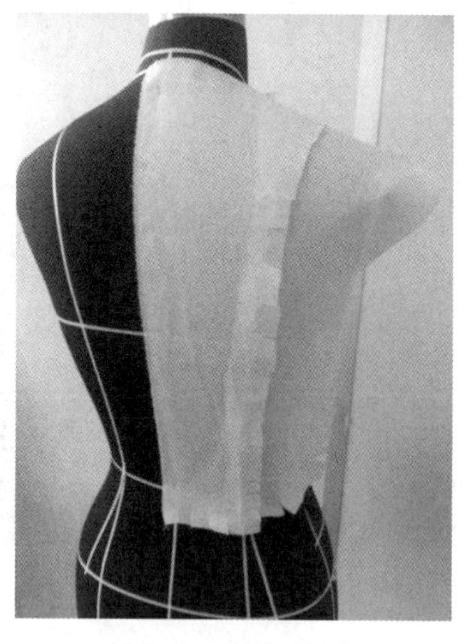

图 5－89　制作后侧片

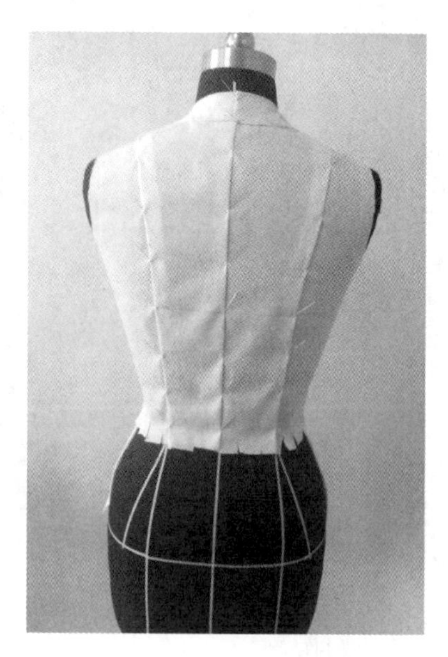

图 5－90　完成后片衣身制作

(12) 固定后下摆坯布

固定后片下摆坯布，将坯布中心线与人台后中心线对齐，如图 5-91 所示。

(13) 制作下摆褶裥

抚平后中坯布，做斜向褶裥，插针固定，修剪轮廓造型，如图 5-92 所示。

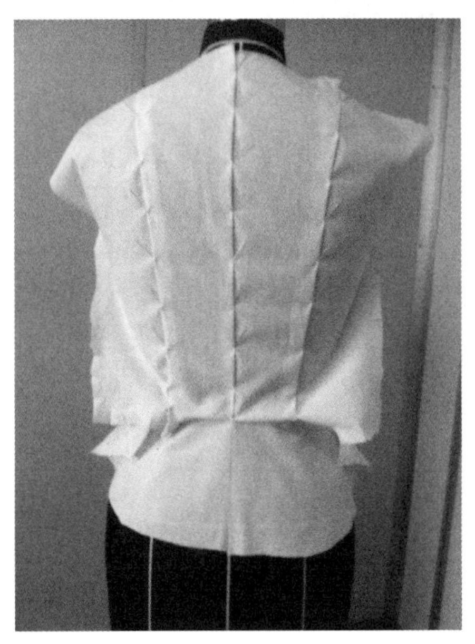

图 5-91 固定后下摆坯布

图 5-92 制作下摆褶裥

(14) 完成衣身塑型

叠别侧缝及肩缝，衣身造型初步完成，如图 5-93 所示。

(15) 袖子样板绘制

袖子样板绘制如图 5-94 所示。

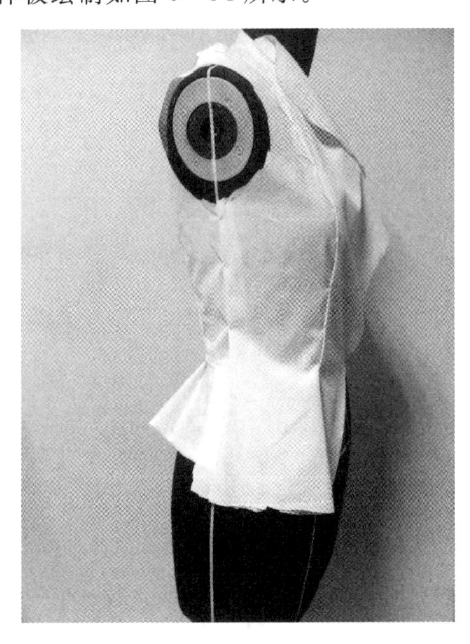

图 5-93 完成衣身塑型

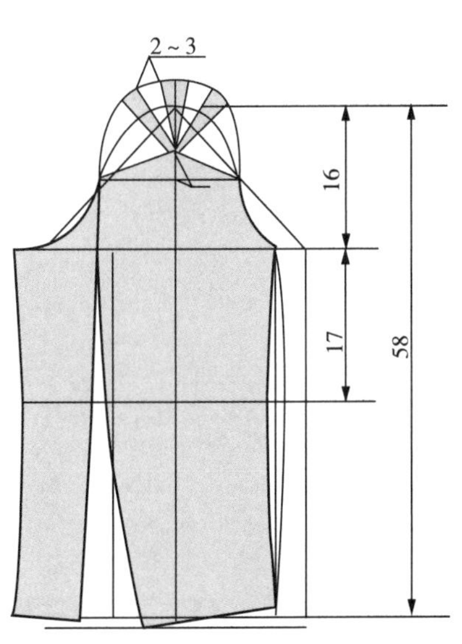

图 5-94 袖子样板绘制

（16）袖片样板

绘制大小袖片的样板，拓印至坯布上，修剪，如图 5－95 所示。

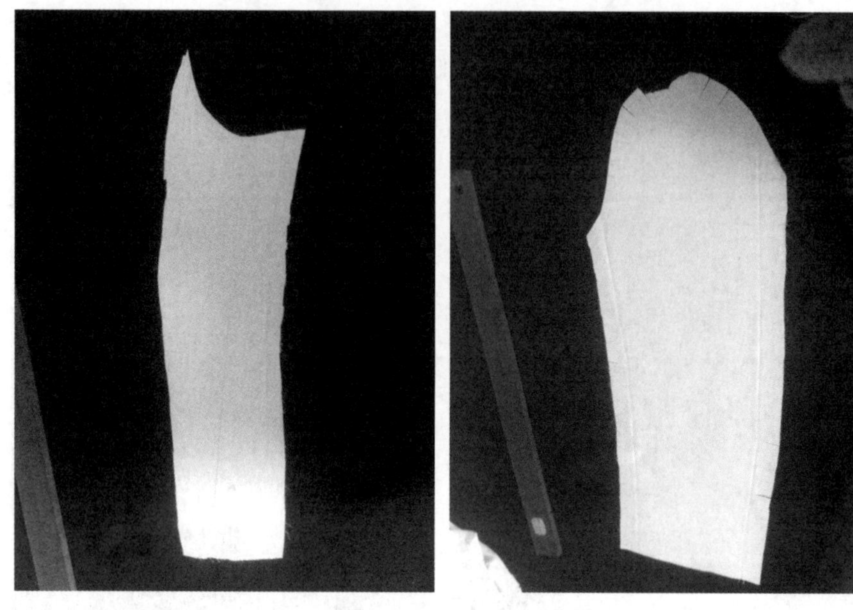

图 5－95　袖片样板

（17）别合袖身

折叠袖子缝份，别合大小袖片，在确定的袖山褶裥处固定，完成袖片造型，如图 5－96 所示。

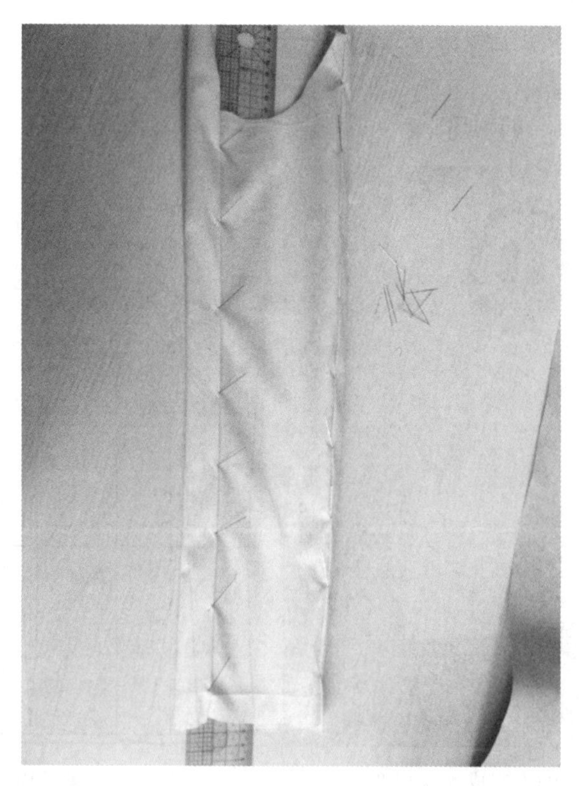

图 5－96　别合袖身

（18）绱袖

袖子底缝与袖窿低点位置对齐，固定袖窿底部弧线；用立裁针从袖子的内部与衣身别合，固定至前胸和后背，袖山顶点固定于衣身肩点。沿袖窿弧线别缝袖片与衣身袖窿，注意袖身前倾，袖窿底无吃势，保持平服，确保袖山弧线的圆顺、饱满，如图5-97所示。

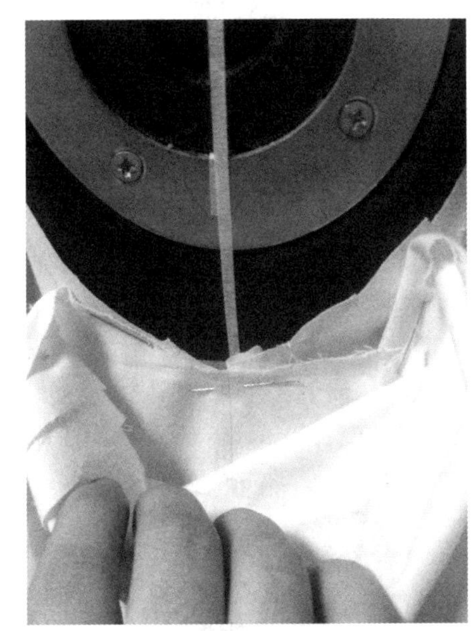

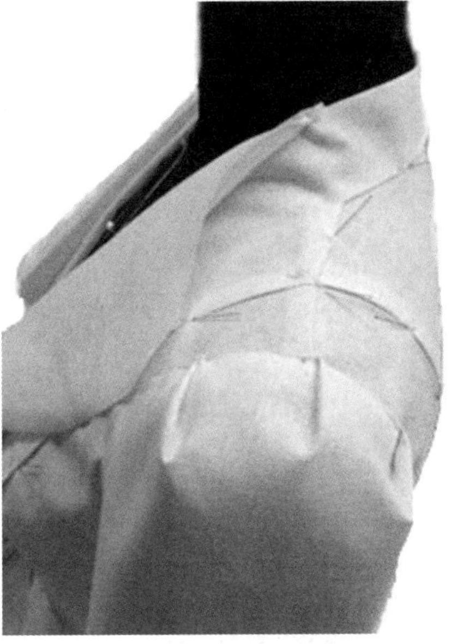

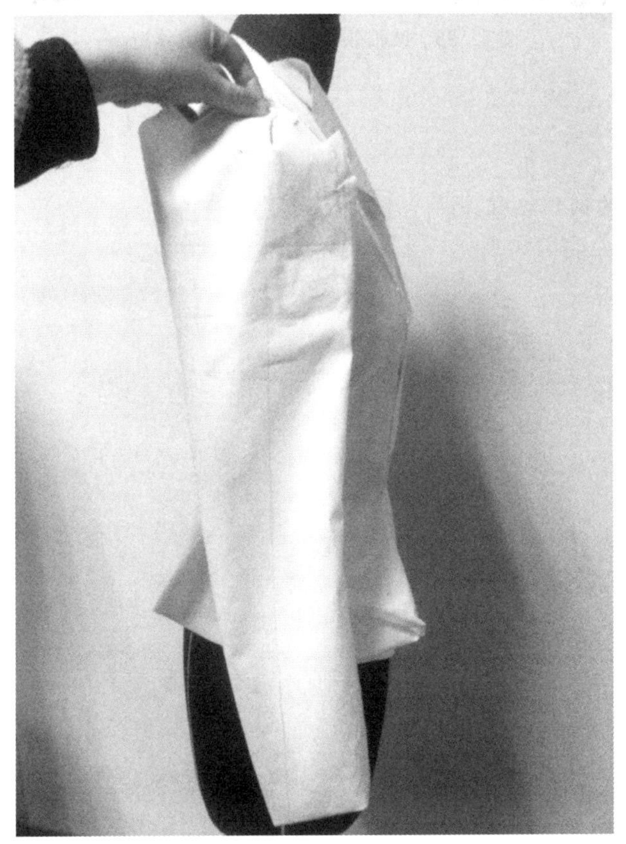

图5-97　绱袖

(19) 调整试样，完成整体造型

整理坯布，调整试样，完成整体造型，如图 5-98 所示。

图 5-98　波浪领外套款式变化整体造型

思考与练习

试述波浪领外套的制作过程。

参考文献

[1] 张惠晴．服装立体裁剪与设计［M］．郑州：河南科学技术出版社，2017.

[2] 刘咏梅．服装立体裁剪·基础篇（第2版）［M］．上海：东华大学出版社，2016.

[3] 於琳，张杏，赵敏．服装立体裁剪（第2版）［M］．上海：东华大学出版社，2021.

[4] 陶辉．服装立体裁剪基础（第2版）［M］．上海：东华大学出版社，2021.